Kooperatives Lieferantenmanagement im Maschinen- und Anlagenbau

Von der Fakultät für Maschinenwesen
der Rheinisch-Westfälischen Technischen Hochschule Aachen
zur Erlangung des akademischen Grades eines
Doktors der Ingenieurwissenschaften
genehmigte Dissertation

vorgelegt von

Claus Narr

Berichter:

Univ.-Prof. Dr.-Ing. Dipl.-Wirt.Ing. Günther Schuh
Univ.-Prof. Dr.-Ing. Achim Kampker

Tag der mündlichen Prüfung: 21. Dezember 2011

ERGEBNISSE AUS DER PRODUKTIONSTECHNIK

Claus Narr

Kooperatives Lieferantenmanagement im Maschinen- und Anlagenbau

Herausgeber:
Prof. Dr.-Ing. Dr.-Ing. E.h. Dr. h.c. Dr. h.c. F. Klocke
Prof. Dr.-Ing. Dipl.-Wirt.Ing. G. Schuh
Prof. Dr.-Ing. C. Brecher
Prof. Dr.-Ing. R. H. Schmitt

Band 5/2012

WZL
RWTHAACHEN

Fraunhofer
IPT

Bibliografische Information der Deutschen Nationalbibliothek
Die Deutsche Nationalbibliothek verzeichnet diese Publikation in der Deutschen Nationalbibliografie; detaillierte bibliografische Daten sind im Internet über http://dnb.ddb.de abrufbar.

Claus Narr:

Kooperatives Lieferantenmanagement im Maschinen- und Anlagenbau

1. Auflage, 2012

Apprimus Verlag, Aachen, 2012
Wissenschaftsverlag des Instituts für Industriekommunikation und Fachmedien an der RWTH Aachen
Steinbachstr. 25, 52074 Aachen
Internet: www.apprimus-verlag.de, E-Mail: info@apprimus-verlag.de

Druck: KN Digital Printforce GmbH, Stuttgart

ISBN 978-3-86359-057-4

D 82 (Diss. RWTH Aachen University, 2011)

Vorwort

Diese Arbeit ist während meiner Tätigkeit als wissenschaftlicher Mitarbeiter am Lehrstuhl für Produktionssystematik des Werkzeugmaschinenlabors (WZL) an der RWTH Aachen entstanden.

Für die Gelegenheit zur Promotion und seine jederzeit wohlwollende Unterstützung danke ich Herrn Professor Schuh, dem Inhaber des Lehrstuhls für Produktionssystematik. In dem von Ihm geprägten Umfeld konnte ich wertvolle Erfahrungen für meinen beruflichen Werdegang sammeln.

Herrn Professor Kampker danke ich für die Übernahme des Koreferates und die eingehende Durchsicht meiner Dissertation.

Mein besonderer Dank gilt allen Kolleginnen und Kollegen die meinen Weg begleitet und mich in vielfältiger Weise unterstützt haben. Der durch sie gelebte „Laborgeist" macht das Besondere am Werkzeugmaschinenlabor aus.

Danken möchte ich auch meinen studentischen Mitarbeitern, die mich sowohl bei der Erstellung dieser Arbeit als auch bei den vielen Forschungs- und Industrieprojekten tatkräftig unterstütz haben. Dies waren in besonderem Maße Anton Sialiauka, Sascha Fuchs, Zeynep Erden, Sonja Dittrich, Saskia Horn und Stefan Sander.

Für die Durchsicht in der Endphase meiner Arbeit danke ich Dr. Sebastian Gottschalk und Jens Boywitt. Alex Craemer danke ich für die intensiven Gespräche zur technischen Umsetzung meiner Arbeit und für die große Hilfe bei der Erstellung des Softwareprototypens.

Ganz besonderer Dank aber gilt meiner Familie, ohne deren Beistand diese Arbeit so nicht entstanden wäre.

Aachen, im Dezember 2011

Claus Narr

Inhaltsverzeichnis

Verzeichnis der Abbildungen

Verzeichnis der Tabellen

Verzeichnis der Formeln

Verzeichnis der Abkürzungen

AB:	Auftragsbestätigung
Aufl.:	Auflage
bzw.:	beziehungsweise
ca.:	circa
d.h.:	das heißt
DIN:	Deutsches Institut für Normung e.V.
ECl@ss	Klassifikationssystem für Warengruppen und Warenmerkmale
ECR	Efficient Consumer Response
EDI:	Electronic Data Interchange
UN/EDIFACT	United Nations Electronic Data Interchange For Administration, Commerce and Transport
ERP:	Enterprise Resource Planning
et al.:	et alii
EU:	Europäische Union
f.:	folgende
ff.:	fortfolgende
ggf.:	gegebenenfalls
hrsg. v.:	herausgegeben von
Hrsg.:	Herausgeber
i.A.a.:	in Anlehnung an
i.d.R.:	in der Regel

i.e.S.:	im engeren Sinn
IDoc	Intermediate Document
IT:	Informationstechnik
i.w.S.:	im weiteren Sinn
Mrd.:	Milliarden
Nr.:	Nummer
OEM	Original Equipment Manufacturer
o.g.:	oben genannt
PPS:	Produktionsplanung und –steuerung
QR	Quick Response
RWTH:	Rheinisch-Westfälische Technische Hochschule
S.:	Seite(n)
SCM	Supply Chain Management
TCO	Total-Cost-of-Ownership
u.a.:	unter anderem
überarb.	überarbeitet
USA:	Vereinigte Staaten von Amerika (United States of America)
usw.:	und so weiter
VDA	Datenstandard des Verbands der Automobilindustrie
VDMA:	Verband Deutscher Maschinen- und Anlagenbau e.V.
VMI	Vendor Managed Inventory
Verl.:	Verlag
vgl.:	vergleiche
XML	Extensible Markup Language
z.B.:	zum Beispiel
z.T.:	zum Teil

1 Einleitung

1.1 Ausgangssituation

Der deutsche Maschinen- und Anlagenbau hat sich in den letzten Jahrzehnten als einer der weltweit erfolgreichsten Industriezweige behauptet.[1] Mit einem Anteil von ca. 20 Prozent an der weltweiten Maschinenproduktion ist Deutschland Marktführer vor den USA und Japan. Diesen Vorsprung gilt es gleichermaßen gegenüber den etablierten Maschinenbaunationen wie den aufstrebenden Schwellenländern zu behaupten.[2] Drei Trends dominieren dabei den Wettbewerb um Marktanteile (Abbildung 1-1).[3]

Zum einen kommt es zu einer weiteren Globalisierung der Absatzmärkte.[4] Während das Wachstum in den traditionellen Märkten abnimmt, ist weiterhin mit hohen Wachstumsraten in den Schwellenländern zu rechnen. Um in diesen Märkten konkurrenzfähig auf die Kundenbedürfnisse reagieren zu können, regionalisieren[5] die deutschen Maschinenbauer ihre Produkte. In Produktion und Beschaffung führt die Regionalisierung zu einer steigenden Variantenvielfalt.

Auch der zweite Trend, der zunehmende Innovationsdruck, wirkt sich auf die Variantenvielfalt aus.[6] Die mit dem erhöhten Innovationsdruck einhergehende Verkürzung der Produktlebenszyklen hat die Produktvielfalt im letzten Jahrzehnt deutlich erhöht.[7] Daneben wirken sich Innovationen in der Materialforschung und Automatisierungstechnik durch den Einsatz neuer Materialien und Fertigungstechnologien auf die zu beherrschende technologische Prozessvielfalt aus.

1 Vgl. VDMA (2008), Maschinenbau in Zahl und Bild, S.4.
2 Vgl. BMWi (2008), Branchenfokus. S.5ff.
3 Vgl. ebenda, S.6.
4 Vgl. z.B. Corsten (2001), Internationales SCM, S.2; Fleischer et al. (2004), Wertschöpfung, S.470.
5 Regionalisierung beziehungsweise Lokalisierung beschreibt den Vorgang der Entwicklung unterschiedlicher Produktmerkmale für unterschiedliche Regionen.
6 Vgl. Uhlmann/Yalniz (2004), Kooperationsplattform, S.243.
7 Vgl. Schuh, G.; Gottschalk, S.; Höhne, T.;Attig, P. (2008); Potentials of Smart Logistics, S.93f.

Die zunehmende Varianten- und Prozessvielfalt resultiert in einer steigenden Volatilität der Kapazitätsbedarfe in Produktion und Lieferkette: Über- und Unterlastsituationen wechseln sich heute beständig ab. Gerade in der für den deutschen Maschinenbau charakteristischen Einzel- und Kleinserienproduktion ist das Ergebnis eine große Zahl von Sonderlösungen; es gibt nur wenige, standardisierte Produktionsprozesse.[8]

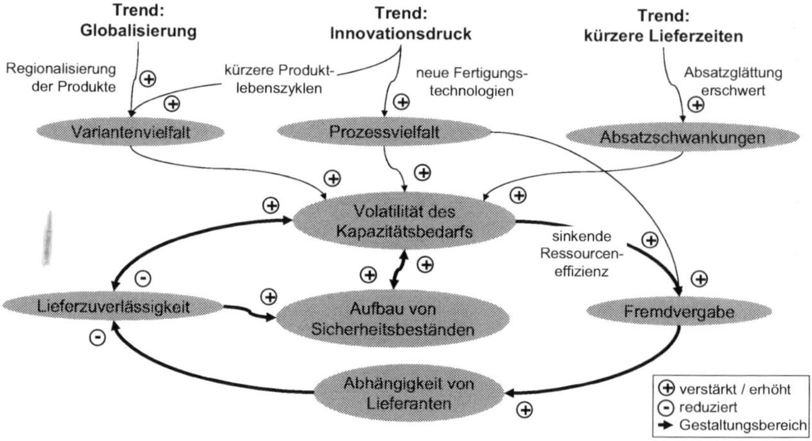

Abbildung 1-1: Ausgangssituation und Gestaltungsbereich der Arbeit

Der dritte Trend, der Zwang zu kürzeren Lieferzeiten, bewirkt eine weitere Verschärfung der beschriebenen Volatilität der Kapazitätsbedarfe. Mit der Abnahme der Lieferzeiten hat gleichzeitig die Dynamik des Marktes signifikant zugenommen. So übersteigen die monatlichen Schwankungen beim Auftragseingang regelmäßig die 30-Prozent-Marke. Außerdem wird durch die verkürzten Lieferzeiten eine zeitliche Glättung der aus den Auftragsschwankungen resultierenden Auslastungsspitzen und -täler deutlich erschwert.

Zusammenfassend kann festgestellt werden, dass das aktuelle Marktumfeld hohe Anforderungen an die Zuverlässigkeit und Flexibilität der Wertschöpfungskette stellt, um eine termingerechte Auslieferung der Produkte zu gewährleisten.[9]

Die dargestellten Trends haben im deutschen Maschinen- und Anlagenbau zu einer Verschiebung der Gewichtung der klassischen Ziele der Produktionsplanung und -steuerung geführt. Während in der Vergangenheit die Auslastung der eigenen Be-

[8] Vgl. VDMA (2007), Strategien, S.11ff.

[9] Vgl. VDMA (2007), Strategien, S.20.

triebsmittel und der kostengünstige Einkauf des Fremdbezugs als wichtigstes Kriterium für den Erfolg eines Unternehmens gesehen wurden,[10] rücken heute mehr und mehr die Optimierung der Durchlaufzeiten, die Erhöhung der Termintreue, aber auch niedrige Bestände in den Fokus.[11]

Des Weiteren lagern Unternehmen des Maschinenbaus aufgrund der beschriebenen Auslastungsschwankungen kapitalintensive Produktionsprozesse vermehrt an spezialisierte Lieferanten aus.[12] Die Fertigungstiefe im Maschinen- und Anlagenbau nimmt durch diese Konzentration kontinuierlich ab. Lag sie 2007 im Durchschnitt noch bei 52 Prozent[13], ist sie im Jahre 2009 bereits auf 50 Prozent[14] im Mittel gefallen. Bis 2012 wird mit einer weiteren Reduktion auf 46 Prozent[15] gerechnet.

Dies führt in einzelnen Bereichen der Wertschöpfung zu einem Kontrollverlust an die Lieferanten. Die Planung der eigenen Produktionsprozesse und damit die an den Kundenbedürfnissen ausgerichtete Leistungserstellung werden abhängig von der Flexibilität und der Zuverlässigkeit der Zulieferer.[16]

Während in anderen Branchen weit geringere Wertschöpfungsquoten sicher beherrscht werden, führt die mittelständische Struktur des Maschinen- und Anlagenbaus zu wachsenden Problemen bei der Lieferantenkoordination. Im Gegensatz zur Automobilindustrie oder aber dem Handel können Liefernetzwerke im Maschinen- und Anlagenbau in der Regel nicht durch die Einkaufsmacht eines dominanten Unternehmens gesteuert und überwacht werden.[17] Durch die zunehmende Varianten- und Prozessvielfalt nimmt das ohnehin vergleichsweise geringe Einkaufsvolumen bei jedem einzelnen Lieferanten weiter ab.[18] Dies reduziert die Beeinflussbarkeit der Lieferanten weiter und wirkt sich negativ auf deren Lieferleistung (Flexibilität und Zuverlässigkeit) aus.[19] Der geringe Einzelumsatz mit den diversen Lieferanten führt insbesondere bei den Unternehmen mit Einzel- und Kleinserienfertigung zu einer

[10] Als komplementäre Ziele der Produktion bezeichnet man die sich gegenseitig ausschließenden Kriterien: Erhöhung der Auslastung, Verringern der Bestände, Verkürzen der Lieferzeiten und Erhöhen der Liefertreue eines Unternehmens.
[11] Vgl. Wiendahl (1996), PPS, S.2f.
[12] Vgl. Müller (2004), Fremdvergabe, S.118.
[13] Vgl. VDMA (2007), Strategien, S.24.
[14] Vgl. Schuh (2009), Beschaffungslogistik, S.7.
[15] Vgl. VDMA (2007), Strategien, S.24.
[16] Vgl. ebenda, S.24.
[17] Vgl. Malanowski (2004), Unternehmensnetzwerke, S.478.
[18] Vgl. VDMA (2007), Strategien, S.26.
[19] Vgl. Broda (2005), Marketing-Praxis, S.64.

schwachen Lieferperformance. Als B- oder C-Kunde haben sie bei einer Vielzahl ihrer Lieferanten eine untergeordnete Stellung.

Die mangelnde Lieferleistung der Zulieferer führt zu erheblichen Störungen bei der Materialversorgung. Dies schlägt sich bei den Maschinenbauern in hohen Sicherheitsbeständen und Effizienzeinbußen in Montage und Fertigung nieder.[20] Vor dem Hintergrund, dass im Jahr 2008 durchschnittlich ein Sechstel des Beschaffungsvolumens im Maschinen- und Anlagenbau verspätet angeliefert wurde, ist die Steigerung der Lieferzuverlässigkeit der Lieferanten einer der relevantesten Stellhebel für eine wettbewerbsfähige Wertschöpfung im Maschinenbau.[21]

Ausgehend von der oben beschriebenen Problemstellung wird im folgenden Kapitel 1.2 die Zielsetzung dieser Arbeit definiert. Anschließend werden mit der Forschungskonzeption die wissenschaftstheoretische Positionierung sowie die Forschungsmethodologie beschrieben (Kapitel 1.3). Entsprechend der herausgearbeiteten Zielsetzung werden in Kapitel 1.4 die für diese Arbeit handlungsleitenden, theorie- und praxisbezogenen Forschungsfragen formuliert. In Kapitel 1.5 schließt das Einleitungskapitel mit einem Überblick über den Aufbau der vorliegenden Arbeit.

1.2 Ziel der Arbeit

Das leitende Ziel der Dissertation ist die Stärkung der Wettbewerbsfähigkeit des deutschen Maschinen- und Anlagenbaus im internationalen Wettbewerb.

Als schwer imitierbarer Standortvorteil gilt dabei die kooperative Zusammenarbeit mittelständischer Unternehmen in dynamischen, teils projektspezifischen Produktionsnetzwerken. Das dabei entstehende Kompetenznetzwerk stellt die hohe Qualität und Innovativität der Erzeugnisse sicher.[22]

Die beschriebene Verschiebung der Ziele der Produktionsplanung und –steuerung hin zu kurzen Lieferzeiten und einer hohen Termintreue führt gerade bei der Koordination dieser Lieferantennetzwerke zu neuen Anforderungen. Während in der Vergangenheit der Fokus der Beschaffung auf der Realisierung niedriger Einstandspreise lag, müssen Vergabeentscheidungen zunehmend unter dem Gesichtspunkt einer optimalen Versorgungssicherheit getroffen werden. Dies ermöglicht dem Unternehmen die Einhaltung der geforderten kurzen Lieferzeiten und hohen Termintreue.

---

[20] Vgl. Schuh (2009), Beschaffungslogistik, S.2.

[21] Vgl. ebenda, S.2.

[22] Vgl. Schuh (2008), Effiziente Auftragsabwicklung, S.1.

Im Vergleich mit anderen Branchen wie der Automobilindustrie oder aber dem Handel belegen Studien im Bereich der Versorgungssicherheit ein wachsendes Defizit des Maschinen- und Anlagenbaus und legen eine Neugestaltung der Koordinationsprozesse mit den Lieferanten nahe.[23]

Versuche der Übertragung in anderen Branchen erfolgreich eingesetzter hierarchischer Ansätze zur Lieferantenkoordination haben sich für den mittelständischen Maschinenbau dabei als nicht erfolgreich erwiesen. Für einen wirkungsvollen Einsatz dieser Konzepte fehlt den Unternehmen die Einkaufsmacht, um notwendige, zentrale Planungsprozesse und eine weitreichende IT-technische Integration der Logistikprozesse bei den Zulieferern durchzusetzen. Als Resultat dominieren nach wie vor Telefon und Fax die Bestellabwicklung im Maschinenbau.[24] Um die geforderte Lieferzuverlässigkeit entlang der gesamten Wertschöpfungskette zu realisieren, ist die Entwicklung neuer Mechanismen zur effizienten Koordination der Liefernetzwerke mittelständischer Maschinen- und Anlagenbauer erforderlich.[25]

Ziel dieser Arbeit ist die Entwicklung eines neuen Koordinationsmechanismus zur Steigerung der Liefertreue in mittelständischen Netzwerken des Maschinen- und Anlagenbaus. Das Potenzial einer optimierten Synchronisierung mit den Zulieferern ist dabei beachtlich. So ergeben sich laut einer Studie der RWTH-Aachen für Unternehmen mit einer optimierten Lieferantensteuerung Kostenvorteile von bis zu 5,4 Prozent ihres Umsatzes im Vergleich zu Unternehmen mit ineffizienten Beschaffungsprozessen.

1.3 Wissenschaftstheoretische Positionierung und Forschungskonzeption

1.3.1 Grundlegende Erkenntnisperspektive

Jede Wissenschaft entwickelt ein Selbstverständnis darüber, welchen Ausschnitt der Wirklichkeit sie in ihren Theorien und Modellen erfassen und erklären will. Sie definiert ihren Objekt- oder Gegenstandsbereich mit dem Zweck, sich selbst ein operationales Betätigungsfeld abzustecken und sich dadurch gegenüber anderen wissenschaftlichen Disziplinen abzugrenzen.[26] Die Betriebswirtschaftslehre und Ingenieurwissenschaften zeichneten sich in den vergangenen Jahrzehnten durch eine Auswei-

23 Vgl. Schuh (2009), Beschaffungslogistik, S.4.
24 Vgl. Westkämper (2006), Liefertreue im Maschinen- und Anlagenbau, S.34.
25 Vgl. BME (2000), Best Practice, S.5.; Uhlmann/Yalniz (2004), Kooperationsplattform, S.243.
26 Vgl. Schwarz (1979), Kooperationen und Verbände, S.4.

tung ihres Objektbereichs aus - bei gleichzeitiger Ausweitung des Realobjektbereichs. So begann der Übergang der Betriebswirtschaftslehre von einer rein ökonomischen Gestaltungslehre zu einer interdisziplinären Führungslehre.[27]

Grundlegend können Wissenschaften in Formal- und Realwissenschaften unterteilt werden (Abbildung 1-2).[28] Formalwissenschaften verfolgen das Ziel, Zeichensysteme mit Regeln zu identifizieren, die zur formal richtigen Verwendung der Elemente der Zeichensysteme und Regeln führen (Mathematik, Philosophie oder Logik). Gegenstand der Formalwissenschaften sind abstrakte und in der Realität nicht existente Entitäten wie Zahlen, Mengen und Sätze bzw. Beziehungen zwischen diesen.[29] Die formalwissenschaftlichen Aussagen sind analytisch und beziehen sich nicht auf tatsächlich existierende Objekte; die Prüfung ihrer Richtigkeit ist allein auf die Suche nach logischen Widersprüchen zu beschränken.[30] Inhalt der Realwissenschaften ist dagegen die Beschreibung, Erklärung und Gestaltung empirisch wahrnehm- und nachweisbarer Wirklichkeiten[31], die sich mit den Problemen der Gestaltung, Lenkung und Entwicklung zweckgerichteter sozio-technischer Systeme befassen.[32]

Abbildung 1-2: System der Wissenschaften[33]

[27] Vgl. Wunderer (1995), BWL, vgl. auch Ulrich (2001), Systemorientiertes Management.
[28] Vgl. Ullrich (1976), Grundlagen Teil 1, S.305.
[29] Vgl. Schleyer (2006), Kooperationsmanagement, S.5.
[30] Vgl. ebenda, S.5.
[31] Vgl. Ullrich (1976), Grundlagen Teil 1, S.305.
[32] Vgl. Ulrich (2001), Systemorientiertes Management; vgl. auch Bleicher (1999), Integriertes Management
[33] Vgl. Ullrich (1976), Grundlagen Teil 1, S.305.

Zu unterscheiden sind dabei Grundlagenwissenschaften und angewandte Handlungswissenschaften.[34] Die Problemstellung der Grundlagenwissenschaften entsteht im Theoriezusammenhang, ihre Lösung zielt auf ein besseres Verständnis der belebten und unbelebten Natur.[35] Alle Naturwissenschaften fallen z.B. unter diese Wissenschaftskategorie. Die angewandten Wissenschaften haben dagegen Erkenntnisse über das Verhalten von Menschen als Individuum (Psychologie) in Interaktion (Sozialpsychologie) oder als Gesellschaft (Soziologie) zum Ziel.[36] Während in der empirischen Grundlagenwissenschaft die Realität selber den Untersuchungsgegenstand darstellt, ist dies für die angewandten Wissenschaften lediglich Ausgangspunkt für die Analyse zur Gestaltung zukünftiger Realität.[37] Das Problem entsteht damit im Praxiszusammenhang, die Lösung wird entsprechend an Praxiskriterien wie Schnelligkeit und Kostenminimierung gemessen.[38]

Die vorliegende Arbeit liegt an der Schnittstelle von Betriebswirtschaftslehre und Ingenieurwissenschaft und ist den Handlungswissenschaften zuzuordnen. Die Betriebswirtschaftslehre in Verbindung mit einem organisationstheoretischen Bereich der Ingenieurwissenschaft wird dabei als Führungs- und Managementlehre verstanden. Anerkannt wird die Komplexität des sozio-technischen Systems „Unternehmung", hier im Besonderen des Systems „Unternehmensnetzwerk"; der Standpunkt einer totalen Beherrschbarkeit wird aufgegeben. In Anlehnung an ULRICH et. Al. werden die Betriebswirtschaftslehre und Ingenieurwissenschaft als interdisziplinäre Wissenschaften aufgefasst, die Erkenntnisprogramme verschiedener Disziplinen vereinen und diese auf die Probleme der Praxis ausrichten. Gemäß dem Postulat ULRICHS der Interdisziplinarität einer umfassenden Managementlehre mit dem Ziel, der Praxis unmittelbaren Nutzen zu stiften, nähert sich das dieser Arbeit zugrunde liegende Verständnis der Ingenieurwissenschaft als reziprok angewandte Wissenschaft der Gestaltung, Lenkung und Entwicklung sozio-technischer Systeme an das Paradigma des systemorientierten Managements produzierender Unternehmen an.[39]

1.3.2 Forschungskonzeption

Im Kern des verfolgten Forschungsprozesses steht der heuristische Bezugsrahmen, der das Verständnis des Forschers expliziert, den Forschungsprozess steuert und Orientie-

---

[34] Vgl. Ullrich (1976), Grundlagen Teil 1, S.305.

[35] Vgl. Ullrich (1984), Betriebswirtschaftslehre, S.172.

[36] Vgl. Schanz (1987), Grundfragen, S.2039f.

[37] Vgl. Ullrich (1984), Betriebswirtschaftslehre, S.174.

[38] Vgl. Lenk (1979), Vernunft, S.141ff.

[39] Vgl. Ulrich (2001), Systemorientiertes Management, S.5,

rungshilfen für die Lösung praktischer Probleme liefert.[40] Abbildung 1-3 zeigt den heuristischen Bezugsrahmen als Konzept dieser Dissertation.

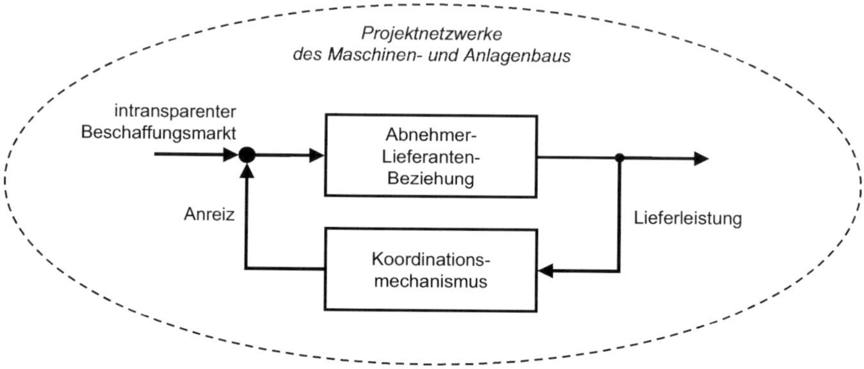

Abbildung 1-3: Bezugsrahmen der Arbeit und Forschungsfragen

Der Bezugsrahmen beinhaltet stets nur ein Potenzial für wissenschaftlichen Fortschritt. Die Verwertung dieses Potenzials erfolgt im Zuge der Beantwortung der im Bezugsrahmen beinhalteten Fragen. Die Iteration aus Frageformulierung, Modifikation der ursprünglichen Forschungshypothesen und die Formulierung weitergehender Fragen zur Erreichung neuer Erkenntnisse stellen den grundlegenden Mechanismus zum Erkenntnisgewinn in dieser Arbeit dar.

Bei der Veröffentlichung der Dissertation wird der iterative Erkenntnisprozess pragmatisch eingefroren.[41]

Zentrale Bestandteile des heuristischen Bezugsrahmens der Dissertation sind die Objekte „Abnehmer-Lieferanten-Beziehung“ und „Koordinationsmechanismus“. Diese werden in Form eines Regelkreises in Verbindung gesetzt. Dabei bildet das Objekt „Abnehmer-Lieferanten-Beziehung“ die Regelstrecke und der „Koordinationsmechanismus“ den Regler. Ergänzt wird der Regelkreis durch die Störgröße „intransparenter Beschaffungsmarkt“, die Regelgröße „Lieferleistung“ und die Stellgröße „Anreiz“. Die Zielsetzung der Arbeit ist die Entwicklung eines Koordinationsmechanismus, der in den betrachteten Projektnetzwerken Anreize zur termintreuen Lieferung schafft.

---

40 Vgl. Tomczak (1992), Forschungsmethoden, S.84.

41 Vgl. Kubicek (1997) Konstruktionsstrategie, S.28, Klotzbach (2006), Industrieller Werkzeugbau, S.11.

1.3.3 Forschungsfrage

Die Dissertation orientiert sich unter Einbeziehung eines pragmatischen Wissenschaftsziels am explorativen Forschungsansatz von KUBICEK.[42] Die Formulierung von grundlegenden Forschungsfragen basiert auf den Problemen der Praxis, bewirkt eine Eingrenzung des Betrachtungsbereichs und hilft bei der Ausrichtung der weiteren Untersuchung innerhalb der Dissertation. Zur Vorbereitung auf die Formulierung der Forschungsfragen kann die Arbeit wie folgt eingegrenzt werden:

- Untersuchungsobjekt sind die Abnehmer-Lieferanten-Beziehungen im Maschinen- und Anlagenbau, wobei ein besonderer Schwerpunkt auf den Liefernetzwerken mittelständischer Maschinenbauer liegt.

- Untersuchungsgegenstand ist die Gestaltung der Koordinationsprozesse innerhalb einer Abnehmer-Lieferanten-Beziehung zur termintreuen Lieferung des Fremdbezugs.

- Untersuchungsmotivation ist der hohe Wettbewerbsdruck in der Branche des Maschinen- und Anlagenbaus sowie die Erkenntnis, dass die mittelständische Branchenstruktur zu vergleichsweise großen Ineffizienzen und Sicherheitsbeständen im Bereich der Beschaffung führt.

- Wichtigster theoretischer Untersuchungsgegenstand ist die Prüfung bestehender marktlicher und hierarchischer Koordinationsmechanismen als Basis für den neu zu entwickelnden Koordinationsmechanismus. Praktischer Untersuchungsgegenstand ist die erfolgreiche Umsetzung des Mechanismus mittels Standardisierung und Einsatz eines IT-Systemen zum überbetrieblichen Datenaustausch. Eine effiziente IT-Unterstützung erlaubt eine kostengünstige und schnelle Verbreitung des Mechanismus und determiniert damit wesentlich seine Erfolgsaussichten.

- Untersuchungsziel ist die Erkenntnis, anhand welcher Koordinationsmechanismen Liefernetzwerke mittelständischer Maschinen- und Anlagenbauer zukünftig gesteuert werden sollen und welche Methoden und IT-Werkzeuge dafür einzusetzen sind.

Entsprechend dieser Eingrenzung des Themenfeldes kann folgende handlungsleitende Forschungsfrage formuliert werden: **Wie ist ein effizienter Koordinationsmechanismus für Projektnetzwerke des Maschinen- und Anlagenbaus zu konzipieren?**

---

[42] Vgl. ebenda, S.28ff.

Abgeleitet von der Hauptforschungsfrage ergeben sich im Zusammenhang mit den Untersuchungsobjekten des Bezugsrahmens weitere Forschungsfragen, die jeweils einen Beitrag zur Beantwortung der leitenden Forschungsfrage liefern:

- Wie entsteht opportunistisches Verhalten von Lieferanten und welche Auswirkung hat dieses auf die Wertschöpfung des Abnehmers?
- Welche Konzepte zur Anreizgestaltung können aus anderen Wirtschaftsbereichen übertragen werden, um das opportunistische Verhalten der Lieferanten zu unterdrücken?
- Welche Werkzeuge müssen für den Einsatz dieser Anreizsysteme entwickelt werden?

1.4 Aufbau der Arbeit

Aufgrund der Orientierung des in dieser Arbeit verfolgten Forschungsprozesses an der Methodologie der explorativen Forschung lehnt sich der Aufbau der Arbeit an der Strategie der angewandten Forschung an, die der Praxis Anhaltspunkte zu „verbessertem" Handeln geben möchte.[43] Als Forschungsrelativ wird daher nicht die Wahrheit der Grundlagenforschung, sondern die Nützlichkeit des erarbeiteten Modells angesehen.[44] Dies muss sich im Sinne des „aufgeklärten Empirismus" in weiteren empirischen Untersuchungen bewähren.[45]

In diesem Sinne wird die Konzeption einer möglichen Realität mit dem Fortschrittskriterium der praktischen Problemlösekraft des Modells angesteuert, das nur in der Praxis realisiert werden kann.[46] Da die bearbeitete Thematik ein Problem der Zukunft lösen soll[47], treten Grenzen bei der quantitativen Forschung auf, die auf Vorhandenem bzw. zu Messendem basiert.[48] Eine empirische Forschungsstrategie mit rein deduktiven Erklärungsansätzen und einer formal verfahrenstechnischen Orientierung ist daher zum Erreichen des pragmatischen Wissenschaftsziel dieser Arbeit nicht zweckmäßig.[49] ULRICH schlägt einen Forschungsprozess vor, der mit der Analyse der Praxis beginnt, um anschließend analytisch induktiv entsprechende Regeln und Modelle abzuleiten, welche wiederum vor dem Hintergrund der Praxis zu bewerten

[43] Vgl. Heinen (1985), Betriebswirtschaftslehre, S.26.
[44] Vgl. Szyperski (1971), Betriebswirtschaftslehre, S.279.
[45] Vgl. Wollnik (1977), Erfahrungswissen, S.42.
[46] Vgl. Ulrich (1998), Managementlehre, S.163.
[47] Vgl. Ulrich (1984), Betriebswirtschaftslehre, S.20.
[48] Vgl. Flick (1996,) Forschung, S.10.
[49] Vgl. Ulrich (1984), Betriebswirtschaftslehre, S.174.

sind.[50] Der sich hieraus und aus dem heuristischen Bezugsrahmen ergebende Aufbau der vorliegenden Arbeit ist in Abbildung 1-4 dargestellt.

Abbildung 1-4: Aufbau der Arbeit[51]

Vor dem Hintergrund der veränderten Wettbewerbsbedingungen im Maschinen- und Anlagenbau verfolgt die vorliegende Untersuchung das Ziel, die Koordination der Wertschöpfung in Netzwerken in der Branche zu analysieren und die Anwendbarkeit und den Modifizierungsbedarf bekannter Koordinationsmechanismen für den Maschinen- und Anlagenbau zu prüfen.

Im Rahmen dieser Zielsetzung erfolgt im zweiten Kapitel zunächst eine Darstellung der Branchenstruktur des Maschinen- und Anlagenbaus mit einem besonderen Fokus auf den vorherrschenden Abnehmer-Lieferanten-Beziehungen. Um die Ausgestaltung der Abnehmer-Lieferanten-Beziehungen näher zu beleuchten, werden im Weiteren die Aufgaben und Ziele des Lieferantenmanagements als Teilgebiet der Beschaffung eingehend behandelt und die für diese Arbeit relevanten Zusammenhänge eindeutig definiert.

Im dritten Kapitel werden die für diese Dissertation problemrelevanten Theorien erfasst und bewertet. Im Mittelpunkt steht der Begriff der Koordination. Neben der Darstellung der relevanten Kooperationstheorien wird die Funktionsweise verschie-

---

50 Vgl. Szyperski (1971), Betriebswirtschaftslehre, S. 279; vgl. auch Ullrich (1984), Betriebswirtschaftslehre, S.92.

51 I.A.a Ulrich (1984), Betriebswirtschaftslehre, S.193.

dener Koordinationsmechanismen erläutert. Weiter werden die in der Automobilbranche und im Einzelhandel genutzten Supply Chain Management-Konzepte vorgestellt und auf ihre Anwendbarkeit im Maschinen- und Anlagenbau hin überprüft.

Im vierten Kapitel wird der Lösungsentwurf für einen Koordinationsmechanismus in Liefernetzwerken des Maschinenbau- und Anlagenbaus auf Basis von Hypothesen entwickelt. Durch die Modifizierung des Marktmechanismus wird aufbauend auf den Hypothesen das kooperative Lieferantenmanagement zur Steuerung der Lieferantenleistung entwickelt. Die Nutzenbewertung des entwickelten Mechanismus erfolgt anhand einer spieltheoretischen Betrachtung des betrachteten Problems fehlender Liefertreue im Maschinen- und Anlagenbau.

Zur Operationalisierung des erarbeiteten Koordinationsmechanismus werden im fünften Kapitel die zur Umsetzung des Mechanismus notwendigen Instrumente im Detail dargestellt.

Das sechste Kapitel dient der kritischen Reflexion durch die Umsetzung der Koordinationsmechanismen anhand eines IT-Prototypen zum standardisierten Lieferantenmanagement. Weiter erfolgt die Analyse der Wirkung des kooperativen Lieferantenmanagements anhand von Fallbeispielen.

Eine Zusammenfassung und kritische Würdigung erfolgt im siebten Kapitel.

2 Abnehmer-Lieferanten-Beziehungen im Maschinen- und Anlagenbau

Die Entwicklung eines Koordinationsmechanismus zur Steigerung der Lieferleistung im Maschinen- und Anlagenbau kann nur auf Basis eines genauen Verständnisses der Randbedingungen, unter denen die Unternehmen in dieser Branche kooperieren, gelingen.

Daher wird in Kapitel 2.1 zunächst näher auf die mittelständische Struktur der Branche eingegangen. Aufgrund der kleinen Betriebsgrößen dominieren in der Branche die Einzel- und Kleinserienproduktion. Die daraus resultierenden besonderen Herausforderungen bei der Gestaltung der Versorgungsprozesse mit den Lieferanten werden im Abschluss genauer betrachtet. Schwerpunkt ist die Analyse der Ursachen für das vergleichsweise hohe Versorgungsrisiko in den Beschaffungsprozessen.

In Kapitel 2.2 folgt die Darstellung der Aufgaben des Beschaffungsmanagements. Im Detail werden die für diese Arbeit relevanten Instrumente des Lieferantenmanagements zur Steuerung der Abnehmer-Lieferanten-Beziehungen beschrieben.

Das Kapitel schließt mit einer Beschreibung der Defizite dieser Instrumente (Kapitel 2.3) bei den Versorgungsprozessen der Einzel- und Kleinserienfertigung und stellt damit den Bedarf der Praxis für die Entwicklung eines neuen Koordinationsmechanismus eingehend dar.

2.1 Struktur des deutschen Maschinen- und Anlagenbaus

2.1.1 Wirtschaftliche Bedeutung des deutschen Maschinen- und Anlagenbaus

Der deutsche Maschinen- und Anlagenbau ist neben der Elektrotechnik und der Fahrzeugindustrie einer der wichtigsten Industriezweige des produzierenden Gewerbes in Deutschland. Er nimmt als weltweit operierender Technologielieferant eine Schlüsselposition in der deutschen Wirtschaft ein.[52]

[52] Vgl. Bauernhansl (2003), Entwicklungsmanagement, S.20.

Mit rund 965.000 Arbeitnehmern war der Maschinen- und Anlagenbau 2008 der größte industrielle Arbeitgeber und erwirtschaftete einen Umsatz von ca. 205 Mrd. Euro [53] (vgl. Abbildung 2-1).

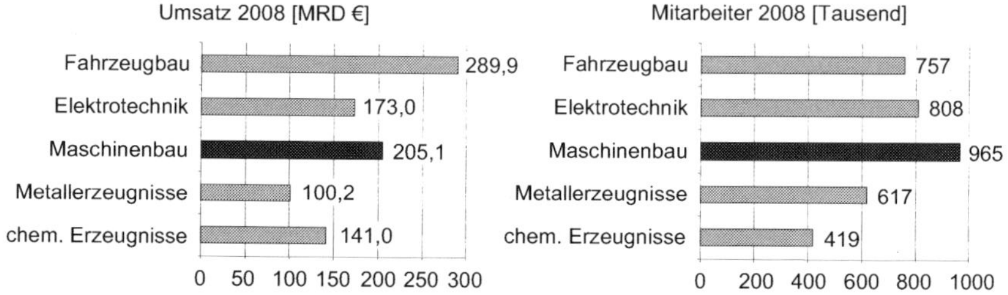

Abbildung 2-1: Umsatz[54] und Beschäftigte[55] im deutschen Maschinenbau

Im europäischen Vergleich nimmt Deutschland in dieser Branche eine ebenfalls bedeutende Position ein (vgl. Abbildung 2-2). Im Jahr 2008 erwirtschafteten die deutschen Unternehmen mit 205 Mrd. Euro einen fast doppelt so hohen Umsatz wie die zweitstärkste Nation Italien. Damit steuerten sie ca. ein Drittel zur Gesamtwertschöpfung im Maschinenbau der Europäischen Union in Höhe von 621,3 Mrd. Euro (2008) bei. Von den ca. 3,65 Mio. Arbeitnehmern im europäischen Maschinen- und Anlagenbau ist ebenfalls gut ein Drittel (28,9 Prozent in 2008) in Deutschland beschäftigt.[56]

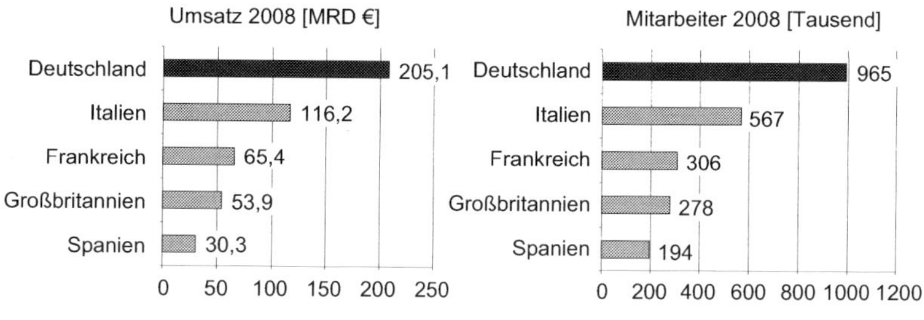

Abbildung 2-2: Umsatz und Beschäftigte des Maschinenbaus in Europa[57]

[53] Vgl. VDMA(2009), Statistisches Handbuch, S.16.
[54] Vgl. ebenda, S.16.
[55] Vgl. ebenda, S.16.
[56] Vgl. Eurostat (2009), Statistikdaten, S.239.
[57] Vgl. ebenda, S.255.

2.1.2 Absatzmärkte und Kundenstruktur

Die internationale Spitzenposition des deutschen Maschinenbaus ist nicht zuletzt auf seine hohe Exportquote zurückzuführen. Fast drei viertel (72 Prozent in 2008) des Umsatzes der Branche werden mit internationalen Aufträgen generiert.[58] Hauptabnehmerländer waren hierbei vor allem die europäischen Staaten mit fast 60 Prozent, gefolgt von Asien, Nordamerika und Lateinamerika, siehe Abbildung 2-3.

Im internationalen Vergleich ist Deutschland damit Exportweltmeister und übernimmt mit einem Weltmarktanteil von 19 Prozent (2007) die führende Position vor den USA (11,9 Prozent) und Japan (10,9 Prozent).[59]

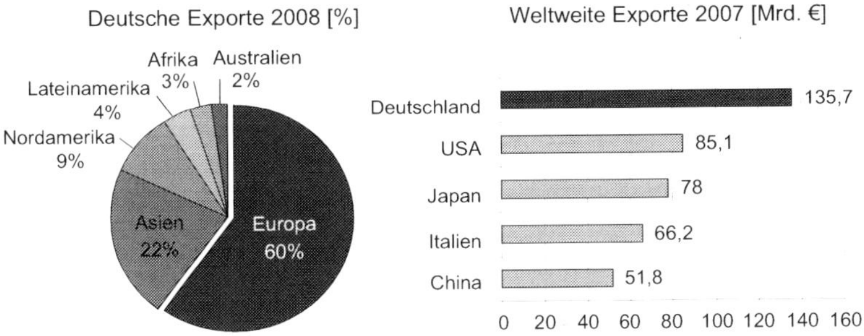

Abbildung 2-3: Deutsche[60] und weltweite Exporte der wichtigsten Lieferländer[61]

Die Unternehmen des Maschinen- und Anlagenbaus verkaufen ihre Produkte vor allem an die eigene Branche. Fast 40 Prozent des Umsatzes werden im allgemeinen Maschinenbau und im Fahrzeugbau generiert (vgl. Abbildung 2-4). Weitere wichtige Kunden sind Handels- und Dienstleistungsunternehmen, die einen Anteil von gut zehn Prozent am Umsatz beitragen.[62]

2.1.3 Größenverteilung und Positionierung der Unternehmen

Die Struktur des deutschen Maschinen- und Anlagenbaus ist geprägt von kleinen und mittelständigen Unternehmen.[63] Mehr als 88 Prozent der knapp 6000 Betriebe beschäftigen weniger als 250 Mitarbeiter. Daneben existiert eine kleine Anzahl großer

58 Vgl. VDMA(2009), Statistisches Handbuch, S.43.
59 Vgl. ebenda, S.214.
60 Vgl. VDMA (2009), Statistisches Handbuch, S.52ff.
61 Vgl. ebenda, S.214.
62 Vgl. ebenda, S.77.
63 Vgl. Vieweg (2001), Mittelständischer Maschinenbau, S.45.

Unternehmen mit mehr als 1000 Beschäftigten. Diese machen zwar weniger als zwei Prozent der Unternehmen der Branche aus, erwirtschaften aber fast 30 Prozent des Umsatzes[64] (Abbildung 2-5).

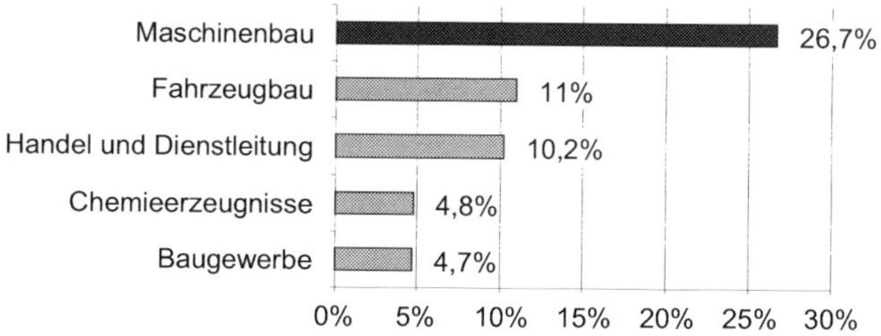

Abbildung 2-4: Kundenstruktur des Maschinen- und Anlagenbaus[65]

Der hohe Anteil an kleinen und mittelständischen Unternehmen lässt sich anhand der vorherrschenden Fertigungstypen erklären. Im Gegensatz z.B. zur Fahrzeugindustrie dominieren im Maschinen- und Anlagenbau die Einzel- und Kleinserienproduktion.[66] Laut einer Studie der Deutschen Bank werden 50% der Erzeugnisse in Einzelfertigung und 25% in Kleinserienfertigung hergestellt, wodurch die Branche nur bedingt in der Lage ist, Lern- und Skaleneffekte zu realisieren.[67]

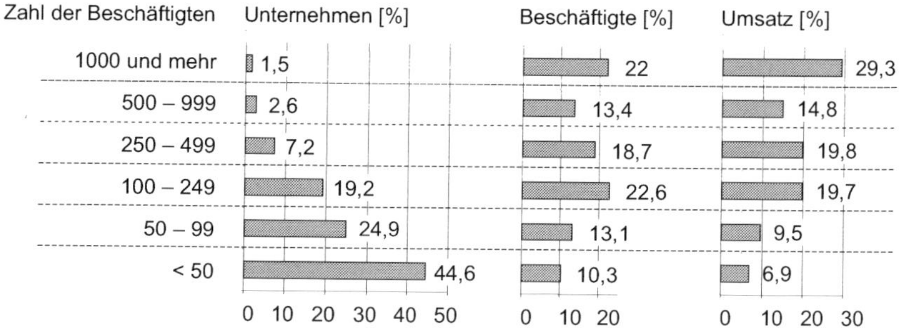

Abbildung 2-5: Unternehmensgrößenklassifizierung im deutschen Maschinenbau[68]

Ein detaillierter Blick auf die einzelnen Stufen der Wertschöpfungspyramide der Branche gibt ein genaueres Bild über die inhomogene Verteilung der Unternehmens-

[64] Vgl. VDMA (2009), Statistisches Handbuch, S.73.
[65] Vgl. ebenda, S.77.
[66] Vgl. VDMA (2009), Maschinenbau in Zahl und Bild, S.4.
[67] Vgl. Auer (2008), Zukunftsmärkte, S.9; Vieweg (2001), Mittelständischer Maschinenbau, S.66.
[68] Vgl. VDMA (2009), Statistisches Handbuch, S.73

größen und Fertigungstypen. An der Spitze der Pyramide, siehe Abbildung 2-6, befinden sich die mittelständig geprägten Hersteller der komplexen Endprodukte.

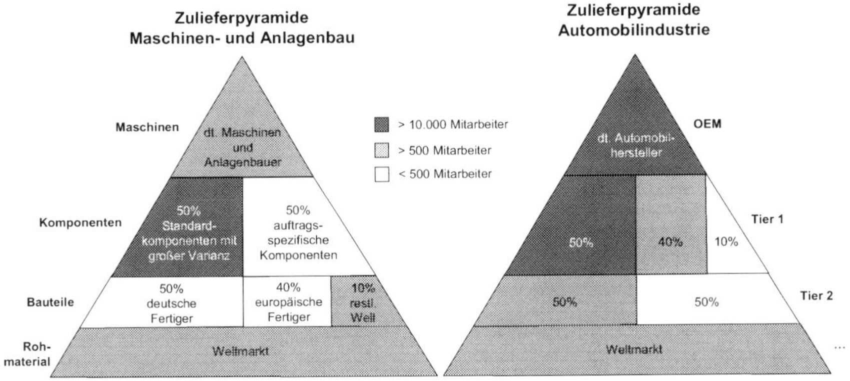

Abbildung 2-6: Branchenpyramide des Maschinen- und Anlagenbaus im Vergleich mit der Automobilindustrie

Dies sind zum einen Maschinenhersteller, die durch die Integration von Komponenten und Teilen[69] kundenindividuelle Endprodukte mit einer hohen Variantenvielfalt und einem starken Diversifikationsgrad montieren.[70] Abhängig vom Grad der Standardisierung werden die hierzu benötigten Einzelteile bedarfsgerecht beschafft oder in Lagern bevorratet.[71] Zum anderen sitzen die Sondermaschinen- und Anlagenbauer in der Spitze der Pyramide. Ihre Erzeugnisse übersteigen die Komplexität eines Maschinenbauers deutlich. In einmalig durchgeführten Projekten werden komplexe Anlagen aus einer Vielzahl oft fremdbezogener Maschinen und Komponenten konstruiert, hergestellt und in Betrieb genommen. Die Beschaffung findet hier ausschließlich auftragsbezogen statt.[72] Je weiter man sich in der Wertschöpfungspyramide zur Basis bewegt, desto geringer wird die Komplexität der Erzeugnisse und desto stärker liegt der Fokus der Wertschöpfung auf der Fertigung von Komponenten.

Im Gegensatz zu anderen Industriezweigen, wie beispielsweise der Automobilindustrie, befinden sich im Maschinen- und Anlagenbau die umsatzstärksten Unternehmen nicht an der Spitze der Wertschöpfungspyramide. Die wenigen Großunternehmen

69 Vgl. Baumbach (2004), After-Sales-Management, S.10, Kriegbaum (2000), EU-Maschinenbau, S.12ff.
70 Vgl. Schuh (2004), Komplexitätsmanagement, S.8ff.
71 Vgl. Baumbach (2004), After-Sales-Management, S.10.
72 Vgl. Hein (2007), Strategisches Risikomanagement, S.22.

der Branche sind insbesondere im Bereich der Komponenten und DIN- und Normteile auf der zweiten oder dritten Wertschöpfungsstufe zu finden. Sie dominieren mit Serienerzeugnissen wie beispielsweise Antriebskomponenten oder Kugellagern Teile des Zuliefermarktes.[73] Neben den großvolumigen Serienherstellern sind auf der gleichen Ebene auch Lohnfertiger für kundenindividuelle Zeichnungsteile oder Unternehmen für Gießereiprodukte platziert, die oft deutlich weniger als 100 Mitarbeiter beschäftigen und ihre Produkte vorwiegend in Einzel- und Kleinserien fertigen.

2.1.4 Organisation der Wertschöpfung in Netzwerken

Der zunehmende Wettbewerbsdruck zwingt gerade die kleinen und mittelständischen Unternehmen an der Spitze der Branchenpyramide zu einer Organisation ihrer Wertschöpfung in auftragsspezifischen Produktionsnetzwerken.[74] Diese Netzwerke bieten auf der einen Seite Chancen zur Kostenreduzierung und Kapazitätsflexibilisierung, können aber auch zu einem Kontrollverlust der eigenen Wertschöpfung an die Netzwerkpartner oder Lieferanten führen.[75]

Bei der Zusammenarbeit in Wertschöpfungsnetzwerken haben sich je nach Branche, Produkt oder Produktionsstruktur unterschiedliche Kooperationsformen entwickelt. Abhängig von der Machtverteilung und der Dauer der Zusammenarbeit können verschiedene Netzwerktypen voneinander abgegrenzt werden.[76]

Im Folgenden werden die drei im Maschinen- und Anlagenbau anzutreffenden Kooperationsformen vorgestellt (Hierarchisch-stabile Kette, Hybridfertigungsnetzwerk, Projektnetzwerk), von denen das Projektnetzwerk die größte Bedeutung hat (vgl. Abbildung 2-7). Sowohl die Produktionsnetzwerke der Sondermaschinen- und Anlagenbauer, als auch der Einzel- und Kleinserienfertiger entsprechen im Wesentlichen dieser Kategorie.

Geprägt von einer langfristigen und stabilen Zusammenarbeit der Netzwerkpartner wird die **Hierarchisch-stabile Kette** durch das absatznahe Unternehmen dominiert und gesteuert. Die Wertschöpfung findet häufig in lokaler Nähe des großen Kernunternehmens statt, wobei die spezialisierten Partner arbeitsteilig die benötigten Ressourcen beisteuern.[77] Dabei werden in der Regel komplexe Produkte mit kundenspezifischen Varianten in kleinen und großen Serien hergestellt. Die Geschäftsbeziehun-

---

[73] Vgl. Vieweg (2001), Mittelständischer Maschinenbau, S.46.
[74] Vgl. Rosgen (2007), Supply Chain Management, S.18f.
[75] Vgl. VDMA (2007), Strategien, S.24.
[76] Vgl. Bach (2003), Geschäftsmodelle für Netzwerke, S.5.
[77] Vgl. ebenda, S.6.

gen zwischen den Unternehmen sind durch Fertigungs-, Entwicklungs-, oder Logistikpartnerschaften gezeichnet, die in langfristigen Kooperationsverträgen abgesichert werden.[78] Die Zulieferer planen einen Teil ihrer Kapazität fest für das Netzwerk ein.[79] Ein Austausch einzelner Partner wird nur selten vollzogen, da er mit großen Kosten verbunden ist.[80] Zur Steuerung der Supply Chain werden hierarchische Koordinationsmechanismen eingesetzt, die durch das dominierende Unternehmen vorgegeben werden. Als klassisches Beispiel für eine Hierarchisch-stabile Kette können die Zuliefernetzwerke der Automobilindustrie herangezogen werden, in denen die Original Equipment Manufacturer (OEM) und ihre Zulieferer in hierarchischen Strukturen miteinander zusammenarbeiten.[81] Die OEMs können durch ihre dominante Machtposition an der Spitze der Wertschöpfungspyramide auf die Lieferanten einwirken und somit das gesamte Netzwerk lenken und kontrollieren.[82] Aber auch im Maschinen- und Anlagenbau gibt es hierarchische Netzwerkstrukturen. Sie sind vor allem bei der Serienfertigung von weitgehend standardisierten und modularisierten Maschinen und Komponenten ausgeprägt und werden durch die umsatzstarken Unternehmen der Branche gesteuert.

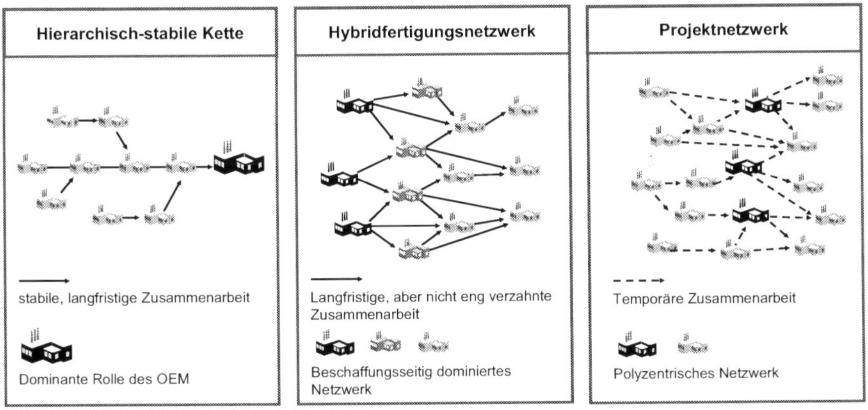

Abbildung 2-7: Typen von Wertschöpfungsnetzwerken[83]

---

[78] Vgl. Schuh (2006), PPS, S.94.
[79] Vgl. Sydow (2003), Netzwerke, S.87.
[80] Vgl. Schuh (2006), PPS, S.94.
[81] Vgl. Schuh (2008), Effiziente Auftragsabwicklung, S.18.
[82] Vgl. Sydow (2003), Netzwerke, S.83.
[83] i.A.a. Schuh (2006), PPS, S.94.

Als ebenfalls langfristig angelegtes Netzwerk, bei dem die Unternehmen jedoch nicht eng miteinander verzahnt sind und eine Substitution einzelner Partner jederzeit möglich ist, wird das **Hybridfertigungsnetzwerk** durch die beschaffungsseitigen, rohstoffnahen Unternehmen dominiert. Die Produkte solcher Netzwerkstrukturen sind in der Regel geringteilige Standarderzeugnisse mit vernachlässigbarem Kundenänderungseinfluss, die in großen Serien auf Lager gefertigt werden.[84] Die Koordination der Zusammenarbeit findet in der Regel über das Produktionsprogramm und über langfristige Absatzprognosen statt. Die Hybridfertigungsnetzwerke sind im Maschinen- und Anlagenbau lediglich in der Serienproduktion von DIN- und Normteilen ausgeprägt und haben insgesamt eine untergeordnete Bedeutung.[85]

Als dritten Typ der hier vorgestellten Wertschöpfungsnetzwerke soll das im Maschinen- und Anlagenbau dominierende **Projektnetzwerk** abgegrenzt werden. Im Gegensatz zu den beiden anderen Ausprägungen liegt hier keine mit Macht legitimierte Steuerung durch einzelne Unternehmen vor, sondern es wird durch ein hohes Maß an Eigenständigkeit der Partner dominiert. In einer solchen polyzentrischen Struktur kann grundlegend jede Einheit im Netzwerk Steuerungsaufgaben übernehmen.[86] In der Regel erfolgt die Koordination dieser Netzwerke über dezentrale, marktgebundene Mechanismen. Die Preisbildung über den Ausgleich von Angebot und Nachfrage soll die Qualität zwischen Lieferanten und Abnehmern im Unternehmensnetzwerk sicherstellen.[87] Daneben sind Projektnetzwerke durch eine dynamische Zusammenarbeit der Beteiligten charakterisiert, wobei die Kooperation in der Regel nur auf ein Projekt beschränkt ist, aber zum Teil auch wiederkehrenden Charakter hat.[88] Durch die lokale oder regionale Ausdehnung des Netzwerks sowie die geringe Unternehmensgröße der komplementären Partner kann eine flexible Kapazitätserweiterung in solchen Strukturen realisiert werden.[89] Das Produktspektrum ist durch komplexe, mehrteilige Erzeugnisse geprägt, die durch den Kunden bereits im Entwicklungs- und Konstruktionsstadium beeinflusst werden können.[90]

2.1.5 Versorgungskonzepte im Maschinen- und Anlagenbau

Wie die Analyse der Branchenstruktur des Maschinen- und Anlagenbaus zeigt, beziehen die mittelständischen Produzenten innerhalb ihrer Projektnetzwerke die un-

[84] Vgl. ebenda, S.94.
[85] Vgl. Schuh (2009), Beschaffungslogistik, S.22.
[86] Vgl. Bach (2003), Geschäftsmodelle für Wertschöpfungsnetzwerke, S.5.
[87] Vgl. Bodendorf (2006), E-Business-Management.
[88] Vgl. Schuh (2008), Effiziente Auftragsabwicklung, S.18.
[89] Vgl. Bach (2003), Geschäftsmodelle für Wertschöpfungsnetzwerke, S.7.
[90] Vgl. Schuh (2006), PPS, S.97.

terschiedlichsten Leistungen von einer heterogenen Lieferantenbasis. Dies erfordert den Einsatz unterschiedlicher Versorgungskonzepte zur Steuerung der einzelnen Abnehmer-Lieferanten-Beziehungen.

Das Spannungsfeld der Anforderungen reicht dabei von der verbrauchsorientierten Beschaffung standardisierter DIN- und Normteile bei Handelsunternehmen bis zum Bezug von auftragsspezifisch konstruierten Langläuferteilen (z.B. Maschinenbetten oder aber ganze Anlagenteile) bei mittelständischen Lohnfertigern.

Abhängig von der Lage des Kundenentkopplungspunkts lassen sich die eingesetzten Versorgungskonzepte in die vier Kategorien Make-to-Stock, Configure-to-Order, Build-to-Order und Engineer-to-Order unterteilen (vgl. Abbildung 2-8).

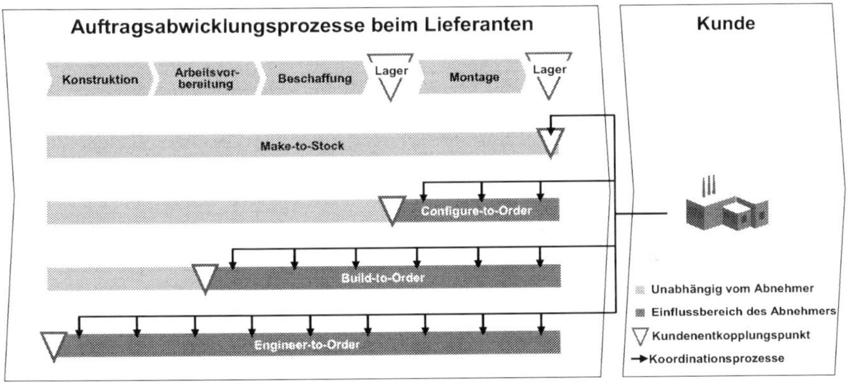

Abbildung 2-8: Versorgungskonzepte im Maschinen- und Anlagenbau

Die Auftragsabwicklung beim **Make-to-Stock-Konzept** bezieht sich auf den Beschaffungsprozess von auf Lager gefertigtem, standardisierten Serienmaterial. Durch die zu vernachlässigende Individualität der Bedarfe kann der Lieferant eine eigenoptimierte Lagerfertigung mit geringem individuellen Koordinationsaufwand installieren. Der Anstoß der Produktion beim Lieferanten erfolgt i.d.R. auftragsanonym und bedarfsorientiert, d.h. der Abnehmer hat keinen direkten Einfluss auf die Leistungserstellungsprozesse beim Zulieferer. Da die Produkte nach der Fertigung gelagert werden, kann eine Auslieferung direkt nach Auftragseingang erfolgen. Die Produkte werden zumeist in Serienfertigung erstellt und können z.B. per Katalog bestellt werden. Eine weitgehende Prognostizierbarkeit der artikelspezifischen Absatzzahlen bildet jedoch die Voraussetzung zur Planung der Produktionsprozesse beim Lieferanten.[91]

Falls das Beschaffungsvolumen des Abnehmers es zulässt, wird die Beschaffung über regelmäßige Lieferabrufe in optimierten Losgrößen realisiert. Mit fest definierten Lieferanten werden hierzu in mittel- bis langfristigen Verträgen eine Rahmenliefermenge vereinbart und eine zeitliche Vorschau der Lieferabrufe erstellt. Über eine kurzfristige Feinsteuerung (z.B. per Kanban) werden anschließend die einzelnen Materialpositionen bedarfsgerecht vom Abnehmer abgerufen. Die Lieferung der Waren erfolgt ohne weitere Interaktion der Geschäftspartner.[92] Diese Form der Versorgung stellt bei stabilem Materialverbrauch den effizientesten Abwicklungsprozess dar, da sie das größte Automatisierungspotenzial bietet und die geringsten Interaktionen zwischen dem Abnehmer und dem Lieferanten benötigt.[93] Durch feste Rahmenverträge sind die Bedarfe für den Lieferanten über mehrere Perioden klar spezifiziert. Die Lieferzeit ist mit dem Lieferanten fest vereinbart, wodurch eine aktive Terminverfolgung in der Regel nicht betrieben wird.

Bei zunehmender Individualität der zu beschaffenden Standardmaterialien müssen die Bedarfe über den **Configure-to-Order-Prozess** beim Lieferanten beschafft werden. Hierbei konfiguriert das einkaufende Unternehmen die Beschaffungsteile anhand einer vom Lieferanten vorgegebenen Konfigurationslogik aus einem definierten Teilespektrum. Dieses wird in Form von Vormontagegruppen oder Einzelteilen prognosebasiert beim Lieferanten auf Lager gehalten. Lediglich die Endmontage ist kundenindividuell auszuführen und erfordert eine reaktionsschnelle Auftragskoordination. Vor dem Kundenentkopplungspunkt ist der Abwicklungsprozess beim Lieferanten mit der kundenanonymen Lagerfertigung identisch.[94] Ähnlich wie beim Make-to-Stock ist eine hohe Prognosequalität der Verbrauchszahlen einzelner Module eine Voraussetzung für die Steuerung dieses Prozesses. Durch den Eingriff des einkaufenden Unternehmens in die Endmontage des Lieferanten, ergibt sich ein auftragsspezifischer Prozessabschnitt, wodurch der Koordinationsaufwand wächst und sich das Versorgungsrisiko für den Abnehmer erhöht.

---

[91] Vgl. Wiendahl (1996), PPS, S.14-85ff.
[92] Vgl. Appelfeller (2005), Supplier Relation Management, S. 171f.
[93] Vgl. Schuh (2009), Beschaffungslogistik, S.30.
[94] Vgl. ebenda, S.21.

Für das Konzept **Build-to-Order** gilt die auftragsspezifische Fertigung ohne kundenspezifische Entwicklungs- und Konstruktionsumfänge. Bei dieser im Maschinen- und Anlagenbau weit verbreiteten Form der Auftragsabwicklung werden die Leistungserstellungsprozesse beim Lieferanten erst mit Eingang des Kundenauftrags gestartet. Der Abnehmer ist damit beim Lieferanten von den Prozessen bis hin zur Arbeitsvorbereitung abhängig. Durch den überwiegend auftragsspezifischen Herstellungsprozess beim Lieferanten ergibt sich ein erhöhtes Risiko bezüglich unerwarteter Prozessstörungen und ein steigendes Versorgungsrisiko für den Abnehmer. Durch die Individualität der Bedarfe ist eine Reduzierung des Versorgungsrisikos durch Sicherheitsbestände beim Abnehmer i.d.R. nicht möglich. Lediglich die Lieferzeiten können, falls es die Gesamtdurchlaufzeit des Abnehmers erlaubt, mit entsprechenden Sicherheitspuffern versehen werden.

Die Beschaffung wird beim Build-to-Order über Einzelbestellungen mit oder ohne Rahmenvertrag koordiniert. Ohne Rahmenverträge müssen alle Liefertermine angefragt und vom Lieferanten bestätigt werden, was die Planbarkeit der Beschaffungsprozesse weiter erschwert. Der Aufwand für die Auftragsverfolgung wird entscheidend von den Eigenschaften der einzelnen Abnehmer-Lieferanten-Konstellation beeinflusst.[95] Je nach Zuverlässigkeit des Lieferanten und abhängig von der Machtverteilung zwischen den Geschäftspartnern kommt eine Vielzahl von Überwachungsinstrumenten zur Auftragsverfolgung zum Einsatz, um die Versorgung des Unternehmens sicherzustellen.[96]

Das höchste Maß an Spezifität und Komplexität bietet der **Engineer-to-Order-Prozess**. Hier konstruiert und produziert der Lieferant für den Abnehmer auftragsspezifisch eine zumeist komplexe Maschinen- oder Anlagenkomponente. Der Abnehmer ist damit bis in die Konstruktions- und Entwicklungsprozesse vom Lieferanten abhängig. Sowohl beim Abnehmer als auch beim Lieferanten findet so gut wie keine Bevorratung von Bedarfspositionen statt, die Produktion ist ausschließlich auftragsgebunden organisiert.

Die Auftragsabwicklung wird über Vergabeprozesse per Ausschreibung realisiert. Hierbei wird auf Basis eines Lastenhefts eine Vielzahl von Anfragen an potenzielle Lieferanten gestartet. Durch den Vergleich der Angebote und die daran anschließenden Vertragsverhandlungen wird ein passender Lieferant für die spezifische Beschaffungsaufgabe ausgewählt.[97] Aus der Einmaligkeit der Beschaffung und der großen In-

95 Vgl. Appelfeller (2005), Supplier Relation Management, S.160ff.
96 Vgl. Schuh (2009), Beschaffungslogistik, S.30.
97 Vgl. Brenner (2007), Elektronische Beschaffung, S.15f.

dividualität der Bedarfe resultiert ein hoher Freiheitsgrad der Auftragsabwicklung. Der genaue Leistungsumfang der bestellten Güter wird häufig erst im Laufe des Erstellungsprozesses detailliert, was zu einer Vielzahl von Interaktionen zwischen Kunde und Lieferant führt.[98] Auch sind Änderungswünsche des Abnehmers an der Tagesordnung. Das potenziell hohe Versorgungsrisiko für den Abnehmer wird durch eine intensive, kontinuierliche Auftragsverfolgung reduziert. Die termintreue Anlieferung dieser Komponenten ist häufig entscheidend für die termingerechte Auslieferung einer gesamten Anlage bzw. Maschine und entscheidet damit über die Zahlungen von Pönalen (Verzugsstrafen) an den Anlagenbetreiber.

Abbildung 2-9 ordnet die vier vorgestellten Versorgungskonzepte den Unternehmenskategorien des Maschinen- und Anlagenbaus schwerpunktmäßig zu. Besonders die Einzel- und Kleinserienfertiger müssen das gesamte Spektrum der Versorgungskonzepte abdecken. Durch die Integration von Produkten mit Sonder- und Seriencharakter stehen sie vor der Herausforderung eine besonders heterogene Prozesslandschaft abdecken zu müssen. Sie sind gefordert, das gesamte Spektrum der Auftragsabwicklungs- und Leistungserstellungsprozesse gleichzeitig zu beherrschen.

	Engineer-to-Order	Build-to-Order	Configure-to-Order	Make-to-Stock
Maschinenhersteller				
Sondermaschinen- & Anlagenbau	✓	✓		
Einzel- & Kleinserienfertiger	✓	✓	✓	✓
Serienfertiger			✓	✓
Komponentenhersteller				
Einzel- & Kleinserienfertiger	✓	✓	✓	✓
Serienfertiger			✓	✓

Abbildung 2-9: Auftragsabwicklungsarten nach Unternehmenskategorie

98 Vgl. Schuh (2009), Beschaffungslogistik, S.30.

In der Praxis müssen die beschriebenen Versorgungskonzepte häufig noch lieferantenspezifisch angepasst werden, woraus sich für die Beschaffung weitere Varianten ergeben können. Die Herausforderung für die Unternehmen folgt nicht nur aus der isolierten Beherrschung der einzelnen Versorgungskonzepte, sondern im Wesentlichen aus der Koordination der für ein Kundenprojekt parallel eingesetzten Konzepte.

Die lieferantenspezifische Anpassung der Versorgungsprozesse resultiert aus dem unterschiedlichen Versorgungsrisiko bei der Beschaffung eines bestimmten Teils. Je höher das Risiko, desto aufwendiger fallen die Maßnahmen zur Sicherstellung einer termintreuen Lieferung aus (Kontrollbesuche beim Lieferanten, Sicherheitsbestände, etc.). Die Kenntnis über das in einer Abnehmer-Lieferanten-Beziehung vorherrschende Versorgungsrisiko ist damit eine Grundvoraussetzung für die effiziente Ausgestaltung der vorgestellten Versorgungskonzepte.

2.1.6 Analyse des Versorgungsrisiko in den Abnehmer-Lieferanten-Beziehungen

Charakteristisch für die Abnehmer-Lieferanten-Beziehungen im Maschinen- und Anlagenbau ist ein vergleichsweise hohes Versorgungsrisiko auf Abnehmerseite. Für eine detaillierte Analyse dieses Risikos bietet sich eine Aufteilung in drei Dimensionen: Unsicherheiten aufgrund der Machtverteilung zwischen Abnehmer und Lieferant, Prognoseunsicherheiten bei der Planung und Unsicherheiten aufgrund der Eigenschaften der beschafften Güter an (vgl. Abbildung 2-10).

Im Folgenden sollen diese Dimensionen einzeln betrachtet und die sich daraus für die Unternehmen des Maschinen- und Anlagenbaus ergebenden Herausforderungen beschrieben werden.

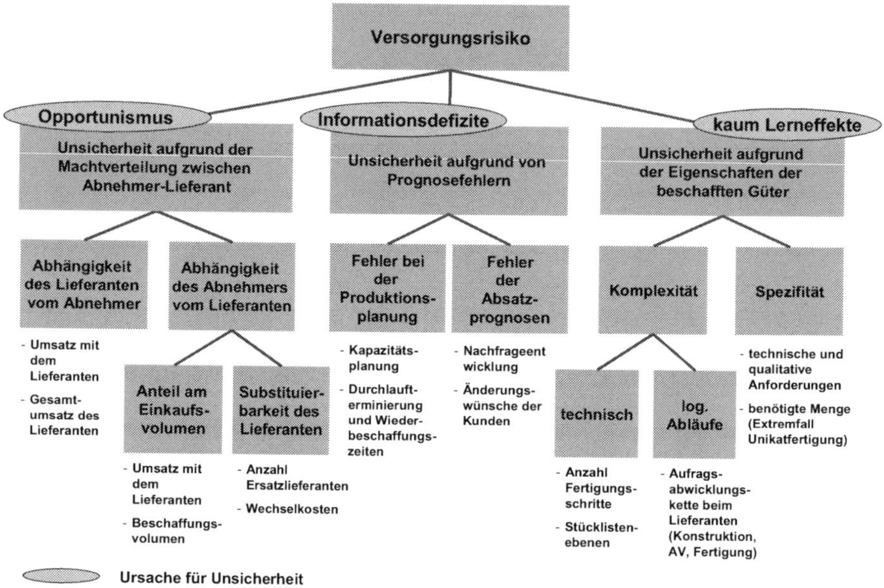

Abbildung 2-10: Einflussgrößen und Ursachen des Versorgungsrisikos

2.1.6.1 Unsicherheit aufgrund der Machtverteilung zwischen Abnehmer und Lieferant

Das Verhältnis zwischen Abnehmern und Lieferanten ist gerade im mittelständischen Maschinen- und Anlagenbau durch ein von Unsicherheit begleitetes Spannungsverhältnis geprägt. Dies ergibt sich aus zwei charakteristischen Eigenschaften der Beziehung: Der gegenseitigen Anhängigkeit von Abnehmer und Lieferant steht das zweckrationale Streben nach der Maximierung des eigenen Erfolgs gegenüber (Opportunismus).[99] Die Verteilung des Nutzens zwischen den Parteien stellt daher ein zentrales Problem jeder Abnehmer-Lieferanten-Beziehung dar, welches insbesondere über die Machtverteilung, d.h. das Ausmaß der gegenseitigen Abhängigkeit, beeinflusst wird.[100]

99 Vgl. Large (2009), Strategisches Beschaffungsmanagement S.150f.
100 Vgl. ebenda S.150f und S.264.

Insbesondere die Einzel- und Kleinserienfertiger der Branche befinden sich in einem ungünstigen Abhängigkeitsverhältnis gegenüber einem Großteil ihrer Lieferanten. Diese ungünstige Position ergibt sich aus einer starken Abhängigkeit von den Lieferungen eines Zulieferers bei gleichzeitig geringer Einkaufsmacht bei dem betreffenden Lieferanten.

Ein erstes Indiz hierfür bilden die geringen Einkaufsvolumen pro Lieferant im Vergleich der Branche.[101] Mit durchschnittlich weniger als 200.000 Euro pro Lieferant liegen sie bei den Einzel- und Kleinserienherstellern um den Faktor Sechs hinter den Serienherstellern von Maschinen und um den Faktor Zwölf hinter den Serienherstellern von Komponenten (vgl. Abbildung 2-11).[102]

Die Ursache für diese Diskrepanz ist in den wertmäßig größeren Projekten der Serienhersteller und Sonderanbieter zu sehen. In den hierarchischen Strukturen der Serienfertigung werden i.d.R. langfristige Rahmenverträge vergeben, die eine feste Abnehmer-Lieferanten-Beziehung formen. Solche Größeneffekte können in der Einzel- und Kleinserienfertigung jedoch nicht generiert werden.

Die kleinen Serien behindern den Abschluss von langfristigen Rahmenverträgen mit Lieferanten und die auftragsspezifisch vergebenen Beschaffungsvolumen sind so gering, dass sie eine Einflussnahme auf die Lieferanten meist nicht zulassen.[103] Erschwerend kommt hinzu, dass durch das variantenreiche Leistungsspektrum eine umfangreiche Lieferantenbasis zur Realisierung aller Spezifikationen benötigt wird. Dies behindert die Konzentration auf Kernlieferanten und damit die Steigerung des Umsatzes pro Lieferant. So beschafft der Kleinserienhersteller von Maschinen bei einem im Durchschnitt vier Mal kleineren Gesamteinkaufsvolumen bei ca. 30 Prozent mehr Lieferanten als sein Pendant mit Seriencharakteristik (vgl. auch Abbildung 2-11).[104]

Der Einzelumsatz mit einem Lieferanten aus Kundensicht dient jedoch nur als Indikator für die Machtverteilung in der Beziehung. Ein genaueres Bild gibt die Bewertung des Einzelumsatzes eines Abnehmers im Verhältnis zum gesamten Umsatz des Lieferanten. Die daraus folgende Klassifizierung des Abnehmers als A-, B- oder C-Kunde des Lieferanten kann als Maß für seine Beeinflussbarkeit interpretiert werden.[105] Wichtige A-Kunden, die einen hohen Anteil am Gesamtumsatz des Lieferanten haben, werden tendenziell bevorzugt behandelt und profitieren von einer insgesamt

---

101 Vgl. Broda (2005), Marketing-Praxis, S.64.

102 Vgl. Schuh (2009), Beschaffungslogistik, S.14f.

103 Vgl. Schuh (2009), Beschaffungslogistik, S.15.

104 Vgl. ebenda, S.14f.

105 Vgl. Gabath (2008), Gewinngarant Einkauf, S.17.

höheren Lieferperformance. Dies kann sich in einer höheren Lieferbereitschaft und –flexibilität äußern oder eine bessere Liefertreue hervorbringen. Außerdem kann es durch den Status als A-Kunde zu einem Angebot besserer Leistungen und Konditionen durch den Lieferanten kommen. Die Klassifizierung als C-Kunde, der nur einen geringen Umsatzanteil des Lieferanten generiert, bringt entsprechende Nachteile mit sich.

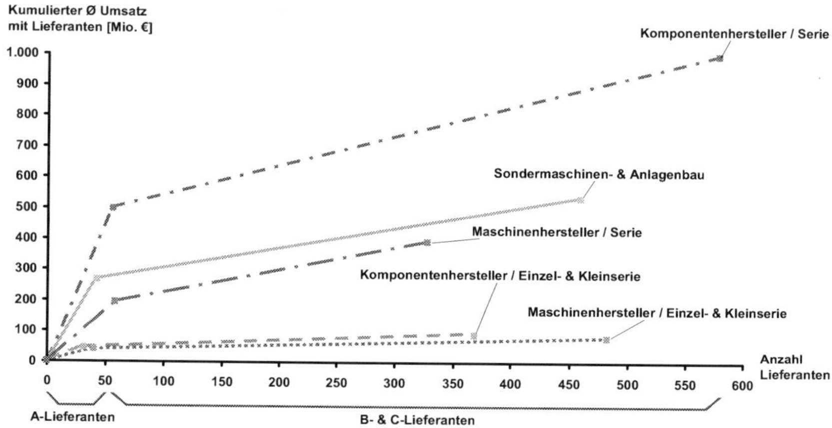

Abbildung 2-11: Lieferantenstruktur im Maschinen- und Anlagenbau[106]

Die Betrachtung der A-, B- und C-Kundenstellung bei den Lieferanten der Maschinen- und Anlagenbaus bestätigt die bereits vermutete schwache Machtstellung der Hersteller von Einzel- und Kleinserien. Laut der Studie „Beschaffungslogistik im Maschinen- und Anlagenbau" erreichten sie lediglich bei einem Viertel ihrer Lieferanten (26 Prozent) eine vorteilhafte Klassifizierung als A-Kunde. Dahingegen werden sie bei fast 40 Prozent aller Lieferanten als C-Kunden kaum wahrgenommen. Sowohl bei den Sondermaschinen- und Anlagenbauern, als auch bei den Serienfertigern zeigt sich ein anderes Bild. Sie erzielen bei 45 bis 60 Prozent der Lieferanten eine Klassifizierung als Vorzugskunde und haben im Durchschnitt bei weniger als einem Viertel ihrer Lieferanten eine benachteiligte Stellung (vgl. Abbildung 2-12).[107]

---

[106] Vgl. Büsch (2007), Strategischer Einkauf, S.237f, zur ABC-Klassifizierung von Lieferanten anhand des Beschaffungsvolumens.

[107] Vgl. Schuh (2009), Beschaffungslogistik, S.15.

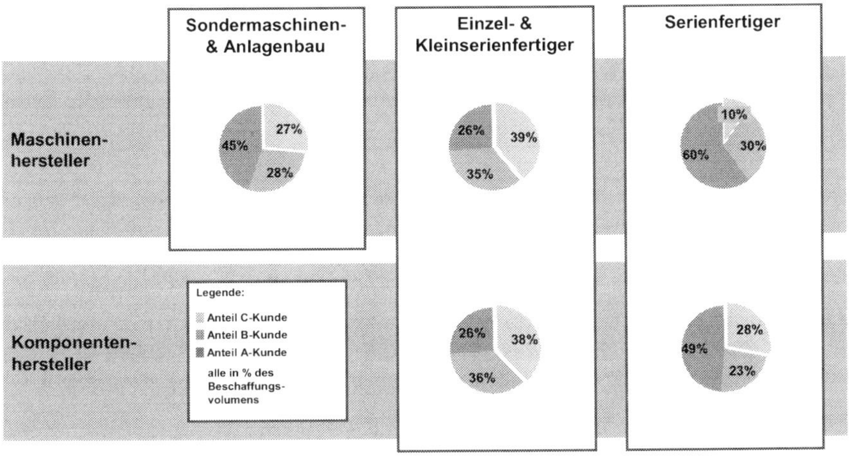

Abbildung 2-12: Verteilung der A-, B-, C-Kundenstellung bei den Lieferanten nach Fertigungstyp[108]

Zusammenfassend lässt sich festhalten, dass im Maschinen- und Anlagenbau allgemein eine ungünstige Machtstellung gegenüber zuliefernden Unternehmen vorherrscht, wobei besonders in der Einzel- und Kleinserienfertigung eine schwache Marktposition ausgeprägt ist. Wie gezeigt wurde, bildet Macht jedoch die Voraussetzung für eine risikoarme Steuerung der Abnehmer-Lieferanten-Beziehung.[109] Hieraus ergibt sich für die Unternehmen der Branche eine besondere Herausforderung bei der Koordination ihrer Beschaffungsprozesse.

2.1.6.2 Prognoseunsicherheiten bei der Planung

Die absatzseitigen Prognoseunsicherheiten beziehen sich im Maschinen- und Anlagenbau im Wesentlichen auf die zukünftige Nachfrageentwicklung nach den angebotenen Produkten und im Auftragsfall auf die Änderungswünsche des Endkunden während der Herstellung. Die sporadischen Absatzmengen der Einzel- und Kleinserie führen daher zu starken Prognoseunsicherheiten und steigern das Versorgungsrisiko für diese Unternehmen weiter.[110]

Die produktions- und beschaffungsseitigen Unsicherheiten beziehen sich auf Probleme bei der Kapazitätsplanung und Durchlaufterminierung. In einer Studie der RWTH

[108] Vgl. ebenda, S.16.
[109] Vgl. Large (2009), Strategisches Beschaffungsmanagement, S.264.
[110] Vgl. ebenda, S.15-33.

Aachen und der Fraunhofer Gesellschaft zur „Liefertreue im Maschinen- und Anlagenbau“ wurden die Defizite bei der Produktionsplanung und Steuerung bei 80 Unternehmen erfasst.[111] In Abbildung 2-13 sind die typischen Ursachen für eine unzuverlässige Koordination der Bedarfe im eigenen Unternehmen und bei den Lieferanten dargestellt.

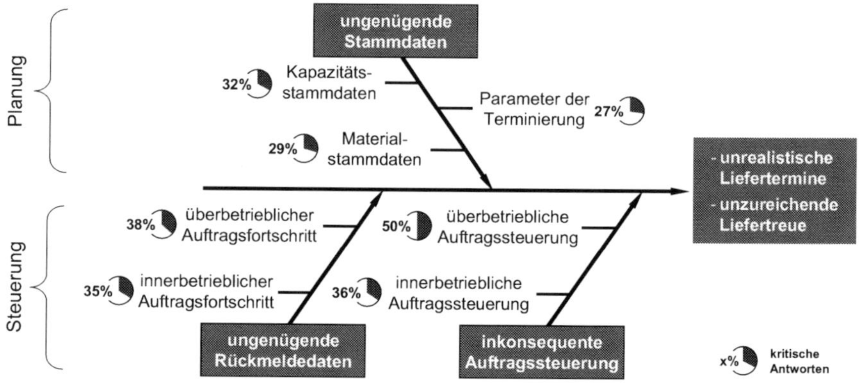

Abbildung 2-13: Ursachen einer unzureichenden Liefertreue[112]

Der obere Teil von Abbildung 2-13 zeigt die Defizite der Planung, d.h. alle Problemfelder in Zusammenhang mit der Ermittlung der Eigenfertigungs- und Fremdbezugstermine. Eine unrealistische Terminermittlung entsteht dabei durch die Planung mit ungenügenden Stammdaten. Dahinter verbergen sich im Wesentlichen veraltete oder ungenaue Kapazitäts-, Material- und Terminierungsparameter. Dies führt zur Annahme falscher Materialverfügbarkeiten und Wiederbeschaffungszeiten bei den Lieferanten und macht eine zuverlässige Produktionsplanung unmöglich.

Als Defizite bei der Steuerung (umfasst alle Prozesse zur Erreichung der geplanten bzw. zugesagten Termine) sind vor allem eine mangelhafte überbetriebliche Auftragssteuerung und fehlende Informationen über den Auftragsfortschritt bei den Lieferanten zu nennen. Folge ist eine unzureichende Liefertreue bei den Zukaufteilen und damit Sicherheitsbestände und Effizienzverluste in der eigenen Produktion.[113]

Ursache für die geringe Transparenz bezüglich des Auftragsfortschritts bei den Lieferanten ist die geringe Neigung der Lieferanten zur proaktiven Abgabe von verlässli-

[111] Vgl. Schuh/Westkämper (2006), Liefertreue im Maschinen- und Anlagenbau, S.19.
[112] Vgl. ebenda, S.19.
[113] Vgl. Schuh/Westkämper (2006), Liefertreue im Maschinen- und Anlagenbau, S.13.

chen Rückmeldungen über den Status der getätigten Bestellungen. Eine Erhöhung der Transparenz durch die Preisgabe von Auslastungs- und Bestandsinformationen der Lieferanten ist von den Kunden i.d.R. auch nicht durchsetzbar.[114]

Bemerkbar machen sich die dargestellten Defizite in einer erhöhten Fehlteilquote in Produktion und Beschaffung und der Notwendigkeit, Sicherheitsbestände vorzuhalten.

2.1.6.3 Produktspezifisches Versorgungsrisiko

Neben der ungünstigen Machtverteilung und den beschriebenen Prognoseunsicherheiten erhöhen Spezifität und Komplexität der beschafften Güter weiter das Versorgungsrisiko in der Beschaffung. Die genannten Kriterien sollen daher im Folgenden näher untersucht werden.

Die Spezifität eines Produktes bezieht sich auf die individuellen Anforderungen des Abnehmers an dessen Herstellung. Stellt ein Abnehmer an das Produkt oder Fertigungsverfahren technische oder qualitative Anforderungen, die über den Industriestandard hinausgehen, und stehen dem Lieferanten nur wenige Abnehmer zur Verfügung, so weist die Beziehung einen hohen Spezifitätsgrad auf.[115] Ein weiterer Einflussfaktor auf die Spezifität einer Leistung ist die benötigte Menge. Mit sinkenden Herstellungsmengen (Extremfall Unikatfertigung) steigt die Spezifität der Leistung, da Lerneffekte geringer ausfallen oder aber gar nicht erzielt werden können. Ein wesentlicher Teil der im Maschinen- und Anlagenbau beschafften A-Komponenten und Langläuferteile weisen daher hohe Spezifitätsgrade auf und unterliegen einem erhöhten Versorgungsrisiko.

Die Komplexität bezieht sich auf logistische Abläufe und technologieorientierte Merkmale. Eine hohe logistische Komplexität liegt vor, wenn eine Vielzahl externer Einflussgrößen entlang der Auftragsabwicklungskette beim Lieferanten (z.T. auch beim Abnehmer selbst) zu beachten sind. Im Maschinenbau trifft dies bei Engineer-to-Order-Teilen zu, da diese ab der Konstruktion bzw. Entwicklung alle Abteilungen beim Lieferanten durchlaufen. Technische Komplexität liegt dann vor, wenn Kaufteile aus einer großen Zahl artverschiedener Einzelteile bestehen, die selbst vielfältige Interdependenzen untereinander aufweisen und/oder bei deren Herstellung mehrere

---

[114] Vgl. ebenda, S.41.

[115] Vgl. Wildemann (1996), Beschaffungsstrategien, S.15-32.

Prozesstechnologien eingesetzt werden. Die Beschaffung komplexer Baugruppen steigert damit das Versorgungsrisiko.[116]

2.1.7 Zwischenfazit: Stuck-in-the-Middle-Position der Einzel- und Kleinserienfertiger erhöht Versorgungsrisiko signifikant

Einzel- und Kleinserienhersteller weisen durch ihre Positionierung zwischen dem Projektgeschäft eines Anlagenbauers und den Standardprozessen eines Serienfertigers in der Beschaffung in allen betrachteten Dimensionen ein besonders hohes Versorgungsrisiko auf.

Im Vergleich zu größeren Serienherstellern stellt die stärkere Individualisierung der Produkte für die Einzel- und Kleinserienhersteller einen vermeintlichen Ausweg dar, um sich auf dem Markt zu behaupten.[117] Diese Entwicklung wird jedoch nicht bis hin zu einem Spezialanbieter kundenindividueller Einzelfabrikate vollzogen, vielmehr findet nur eine Teilindividualisierung der Produkte statt, so dass sich die Unternehmen mit Einzel- und Kleinserienfertigung in der Mitte zwischen zwei Randstrategien (Spezialanbieter und Serienfertiger) befinden.

In dieser Position „zwischen den Stühlen" („Stuck-in-the-middle")[118] müssen beide zentralen Kundenanforderungen nach einem individuellen Leistungsangebot und einer effizienten Leistungserstellung in deutlichem Umfang erfüllt werden. Es können weder die Vorteile eines standardisierten Serienprozesses, noch die frühzeitige Kundeneinbindung wie beim Projektgeschäft eines Spezialanbieters genutzt werden, um die Leistungserstellungs- und Beschaffungsprozesse zu optimieren.[119]

Die fehlende Fokussierung macht sich in überdurchschnittlich hohen Sicherheitsbeständen und Effizienzverlusten durch Fehlteile in der Montage bemerkbar.[120] Daher liegt ein besonderer Optimierungsfokus der Einzel- und Kleinserienhersteller auf einer besseren Integration ihrer Lieferanten. Abbildung 2-14 quantifiziert die resultierenden Bestände und Effizienzverluste für den Maschinen- und Anlagenbau.

---

116 Vgl. Wildemann, (1996), Beschaffungsstrategie, S.15-32.

117 Vgl. Franke (2002), Variantenmanagement, S.5.

118 i.A.a. den von Porter geprägten Begriff, der eine Situation beschreibt, bei der sich ein Unternehmen zwischen zwei Normstrategien positioniert.

119 Vgl. Franke (2002) Variantenmanagement, S.6.

120 Vgl. Schuh (2009), Beschaffungslogistik, S.14f.

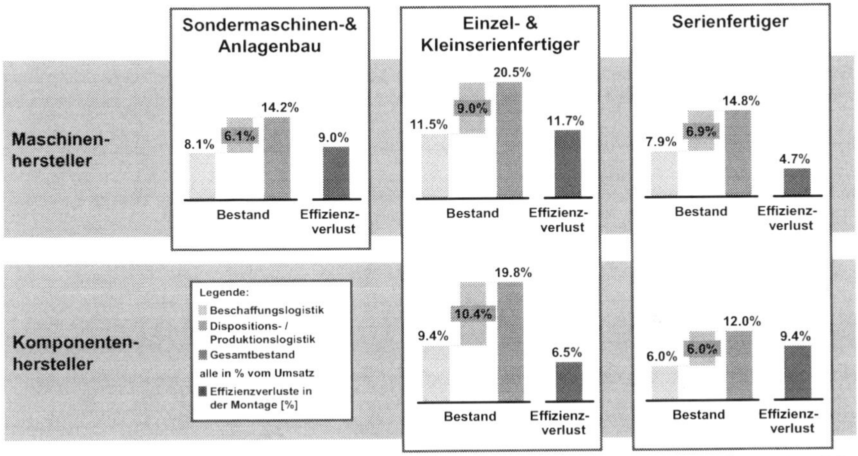

Abbildung 2-14: Durchschnittliches Bestandsniveau und Effizienzverluste im Maschinenbau[121] nach Fertigungstyp

2.2 Management der Abnehmer-Lieferanten-Beziehungen

Den genannten Herausforderungen zur Steuerung der Schnittstelle zwischen Abnehmer und Lieferant begegnen die Unternehmen des Maschinen- und Anlagenbaus mit den klassischen Instrumenten des Beschaffungs- und Lieferantenmanagements. Diese werden in den folgenden Abschnitten näher vorgestellt, um anschließend bestehende Defizite dieser Instrumente in der Einzel- und Kleinserienproduktion aufzuzeigen.

2.2.1 Aufgaben und Ziele der Beschaffung

Die Sicherstellung der Versorgung eines Unternehmens „erfolgt durch Einkaufen, Bestellen, Transportieren, Lagern und Bereitstellen von materiellen Gütern" sowie die Beschaffung von Dienstleistungen und immateriellen Gütern.[122] Für die Beschreibung der betrieblichen Versorgungsfunktion wird eine Vielzahl von Begriffen, wie z.B. Beschaffung, Einkauf, Materialwirtschaft oder Beschaffungslogistik nebeneinander verwendet.[123] Da sie nur teilweise den gleichen Funktionsumfang beschreiben und in der

[121] Vgl. ebenda, S.9.
[122] Vgl. Bloech (1996), Beschaffungslogistik, S.246.
[123] Vlg. Schulte (2006), Logistik, S.1 oder Kluck (2002), Materialwirtschaft, S.1.

betrieblichen Praxis durch unterschiedliche Organisationseinheiten belegt werden[124], sind sie im Folgenden von einander abzugrenzen.

Die Beschaffung wird in der klassischen Betriebswirtschaftslehre als eine betriebliche Grundfunktion angesehen und kann einen großen Aufgaben- und Objektbereich umfassen.[125] Sie hat allgemein zur Aufgabe, das Unternehmen mit allen Einsatzgütern zu versorgen, die es nicht selbst produziert.[126] Dies sind bei der „Beschaffung im weiteren Sinne"[127] neben Material, Investitionsgütern und Dienstleistungen auch Personal und Kapital.

Diese sehr weit gefasste Definition lässt sich objekt- bzw. aufgabenorientiert weiter detaillieren. Im Hinblick auf die zu beschaffenden Objekte ist der Einkauf, der auch als „Beschaffung im engeren Sinne" bezeichnet wird,[128] von der Definition der „Beschaffung im weiteren Sinne" abzugrenzen. Der Einkauf ist für die Versorgung mit Material, Investitionsgütern und Dienstleistungen zur betrieblichen Auftragserfüllung, die nicht selbst erzeugt werden, verantwortlich und beschäftigt sich somit nur mit bestimmten Beschaffungsobjekten.[129] Um die Objekte Kapital und Arbeitsleistung bemühen sich die Finanz- und Personalabteilungen. Diese klare, objektorientierte Abstufung zwischen Beschaffung im Allgemeinen und Einkauf im Speziellen wird häufig jedoch nicht durchgehalten. Die Begriffe werden oft synonym mit Bezug auf die Versorgung mit den Objektklassen Material, Investitionsgüter und Dienstleistungen verwendet.[130]

Zu den Funktionen der Beschaffung werden im Allgemeinen marktorientierte Aufgaben wie die Lieferantenauswahl und der Vertragsabschluss gezählt, aber auch administrative und physische Tätigkeiten wie die operative Durchführung der Lieferung.[131] Dieses umfangreiche Aufgabenfeld legt es nahe, neben der objektorientierten Abgrenzung der Beschaffung auch eine Differenzierung bezüglich der Aufgaben und Ziele vorzunehmen. Dies kann durch die Gliederung in vertragsmäßige und physische Beschaffung vorgenommen werden.[132] Hierbei sind die vertragsmäßigen Aufgaben u.a. in der Erfassung und Spezifikation des Beschaffungsbedarfs, in der Markter-

124 Vgl. Glässner (1995), Beschaffungslogistische Prozesskette, S.8.
125 Vgl. ebenda, S.8.
126 Vgl. Schulte (1999), Lexikon der Logistik, S.35.
127 Vgl. Schulte (2001), Logistikmanagement, S.5.
128 Vgl. ebenda, S.6.
129 Vgl. Glässner (1995), Beschaffungslogistische Prozesskette, S.9.
130 Vgl. z.B. Schulte (2006), Logistik, S.263.
131 Vgl. Vahrenkamp (2007), Logistik, S.206 und Schulte (2006), Logistik, S.263.
132 Vgl. Schulte (1999), Lexikon der Logistik, S.35.

kundung und den Vertragsverhandlungen mit Lieferanten zu sehen. Außerdem gehört im Rahmen der Beschaffungsrealisierung die Überwachung der termingerechten Vertragserfüllung zu ihren Aufgaben. Dagegen beschäftigt sich die physische Beschaffung mit der Bereitstellung der Einsatzgüter für das Unternehmen. Sie hat den Transport zur Unternehmung und die Einlagerung zur Aufgabe.

Eine weitere Differenzierung kann bezüglich der strategischen beziehungsweise operativen Aufgaben und Ziele vorgenommen werden.[133] Die Aufgaben der operativen Beschaffung liegen dabei im kurzfristigen Tagesgeschäft, wohingegen die strategische Beschaffung die langfristige Ausrichtung vorgibt. Strategisch ist vor allem die Versorgungssicherheit unter Berücksichtigung wirtschaftlicher Gesichtspunkte durch die Wahl der richtigen Beschaffungsziele und –strategien zu garantieren. In der operativen Beschaffung müssen diese vorgegebenen Ziele und Strategien umgesetzt und ermöglicht werden.

Zusammenfassend wird die Gesamtaufgabe der Beschaffung häufig in den Bereich des strategischen Beschaffungsmanagements und den Bereich Beschaffungslogistik, welcher die operative bzw. physische Beschaffung repräsentiert, gegliedert.[134]

2.2.1.1 Beschaffungslogistik

Der allgemeine Begriff der Logistik ist in der Literatur relativ eindeutig definiert und beschreibt „alle Prozesse, die der Raumüberwindung und Zeitüberbrückung sowie deren Steuerung und Regelung dienen".[135] Bei diesen Transformationsprozessen werden Güter bewegt und gelagert, aber nicht qualitativ verändert. Hierbei bildet die Logistik keine zusätzliche Unternehmensfunktion neben Beschaffung, Produktion und Vertrieb, sondern sie stellt eine Querschnittsfunktion der Raum- und Zeitüberbrückung über alle Bereiche dar.[136]

Die betriebliche Logistik lässt sich, dem Materialfluss vom Lieferanten bis zum Kunden folgend, in die Beschaffungs-, Produktions- und Distributionslogistik gliedern. Darüber hinaus können die Bereiche Lager- und Entsorgungslogistik abgegrenzt werden.[137]

---

133 Vgl. Wannenwetsch (2007), Integrierte Materialwirtschaft, S.105.

134 Vgl. Wildemann (2001), Logistik, S.33 und Schulte (2006) S.263.

135 Vgl. Kluck (2002), Materialwirtschaft, S.2; vgl. auch Wildemann (2001), Logistik, S.4; vgl. auch Schulte (2001), Logistikmanagement, S.8.

136 Vgl. Troßmann (2002), Beschaffung und Logistik, S.83.

137 Vgl. z.B. Kluck (2002), Materialwirtschaft, S.13.

Neben diesem Gliederungsaspekt kann eine weitere Differenzierung in die wesentlichen Aufgabenbereiche vorgenommen werden. Die physische Logistik beschäftigt sich mit dem Transport der Verpackung und Lagerhaltung, wohingegen die dispositive Logistik die Aufgabe der Prozesslenkung, der Disposition und Informationsverarbeitung wahrnimmt.[138] Als weiterer Strukturierungsansatz kann das logistische Gesamtsystem bezüglich seines Planungshorizonts in eine strategische, taktische und operative Entscheidungsebene untergliedert werden.[139]

Innerhalb dieser Definition beschäftigt sich die Beschaffungslogistik eines Unternehmens allgemein mit „allen Bemühungen, welche der Versorgung mit Gütern dienen“.[140] SCHULTE konkretisiert dies etwas enger als: „Gesamtheit aller Aktivitäten bei der Realisierung von Flüssen nicht selbst produzierter Einsatzgüter sowie der zugehörigen Informationsflüsse zwischen Lieferant und der Unternehmung“.[141] Die Beschaffungslogistik umfasst somit die physischen bzw. dispositiven Teilaufgaben der Beschaffung für die Gesamtheit aller Einsatzgüter.

KLUCK nennt als konkrete Aufgaben der Beschaffungslogistik die Gestaltung der Material- und Informationsflüsse, die Auftragsabwicklung sowie die dispositiven Tätigkeiten. Aufgaben der Gestaltung des Materialflusses sind der externe Transport, die Warenannahme, die Lagerhaltung und der innerbetriebliche Transport.[142] WILDEMANN ergänzt, dass insbesondere die „Strukturierung von Beschaffungskonzepten und deren methodische Unterstützung“ als Gestaltungsfelder der Beschaffungslogistik zu nennen sind.[143] Hierbei bezieht er sich auf die ganzheitliche Planung und Umsetzung von Versorgungskonzepten wie Einzelbeschaffung im Bedarfsfall, Vorratsbeschaffung oder die produktionssynchrone Beschaffung.

In dieser Arbeit sollen die einzelnen Aufgaben der Beschaffungslogistik nicht weiter detailliert werden.

2.2.2 Strategisches Beschaffungsmanagement

Das strategische Beschaffungsmanagement beschäftigt sich im Gegensatz zur Beschaffungslogistik mit Tätigkeiten wie der Beschaffungsmarktforschung, dem Angebotsvergleich oder aber der Vergabeverhandlung und ist somit in erster Linie marktorien-

---

138 Vgl. Glässner (1995), Beschaffungslogistische Prozesskette, S.7.
139 Vgl. ebenda, S.7.
140 Vgl. Bloech (1996), Beschaffungslogistik, S.246.
141 Vgl. Schulte (1999), Lexikon der Logistik, S.35f.
142 Vgl. Kluck (2002), Materialwirtschaft, S.131.
143 Vgl. Wildemann (2001), Logistik, S.58.

tiert.[144] Daneben werden auch eine Reihe langfristiger, strategischer Entscheidungen getroffen oder zumindest vorbereitet.[145]

Strategische Beschaffungsentscheidungen beziehen sich daher auf unterschiedliche Gestaltungsfelder der Abnehmer-Lieferanten-Beziehung und legen auf lange Sicht die Art der Zusammenarbeit mit den Lieferanten für die unterschiedlichen Materialgruppen eines Unternehmens fest. Folgende Gestaltungsfelder lassen sich dem strategischen Beschaffungsmanagement im Einzelnen zuordnen[146]:

- Festlegung der Beschaffungsprogrammpolitik: Die Festlegung der Beschaffungsobjekte nach Art, Eigenschaft und Qualität definiert die relevanten Beschaffungsmärkte und die Anforderung an die Lieferanten innerhalb der Märkte.
- Gestaltung der Sourcing-Startegie: Durch die Variablen Lieferant (Sole, Single, Dual, Multiple), Versorgungskonzepte (Beschaffung im Bedarfsfall, Vorratsbeschaffung, produktionssynchrone Beschaffung), Beschaffungssubjekt (individuell, gemeinsam) und Beschaffungsareal (lokal, global) wird die Sourcing-Strategie gestaltet.
- Definition der Preis- und Konditionenpolitik: Die Bereitschaft von Lieferanten und Abnehmern, Waren auszutauschen, wird von Preisen, Mengen und Konditionen bestimmt. Die Beschaffung setzt diese drei Faktoren so in Beziehung, dass die am Markt gegebenen Möglichkeiten optimal ausgeschöpft werden.
- Durchführung von Beschaffungsmarktforschung: Die Beschaffung muss Informationen über die relevanten Beschaffungsmärkte besorgen.
- Gestaltung der Beschaffungsorganisation: Die Gestaltung der Aufbau- und Ablaufstrukturen der Beschaffungsabteilung wirkt sich auf die Effizienz der Informationsflüsse zwischen dem Unternehmen und den Beschaffungsmärkten und auf das interne Beziehungsmanagement aus. Wesentliche Erfolgspotenziale der Organisationsgestaltung sind die optimale Ausnutzung der Nachfragemacht des Unternehmens und die Realisierung von Bündelungseffekten durch den Aufbau von Kooperationen.
- Gestaltung des Lieferantenportfolios und der Lieferantenbeziehungen: Die Gestaltung der Lieferantenbeziehungen stützt sich auf eine Reihe von Aktivitäten, die unter dem Begriff des Lieferantenmanagements zusammengefasst werden.

---

144 Vgl. Glässner (1995), Beschaffungslogistische Prozesskette, S.9.

145 Vgl. Disselkamp (2004), Lieferantenrating, S.18, vgl. Peukert (2000), Wertbeitrag Beschaffung, S.26ff.

146 Vgl. Wagner (2002), Lieferantenmanagement, S.9f.

Von den genannten Aufgaben wird die Gestaltung des Lieferantenportfolios und der Lieferantenbeziehungen im folgenden Abschnitt genauer beschrieben, da sie für diese Arbeit von besonderer Bedeutung sind.

2.2.3 Lieferantenmanagement

Zur Definition des Lieferantenmanagements und der Beschreibung seiner Aufgaben existiert nur ein begrenzter Umfang an Literatur, die sich direkt mit dieser Thematik auseinander setzt.[147] Wie auch in dieser Arbeit wird das Lieferantenmanagement häufig als Teilbereich des Beschaffungsmanagements behandelt.[148] Im Folgenden soll eine Auswahl einiger Abgrenzungsversuche, die weitgehende Gemeinsamkeiten aufweisen, vorgestellt werden. Hierbei wird nicht der Anspruch auf Vollständigkeit erhoben, sondern es soll ein Eindruck vom Umfang der Aktivitäten vermittelt werden, die dem Lieferantenmanagement zugeordnet werden können.

Nach LARGE ist das Lieferantenmanagement mit dem Management der Abnehmer-Lieferanten-Beziehung aus der Sicht des beschaffenden Unternehmens gleichzusetzen. Es bildet für ihn den Kern des strategischen Beschaffungsmanagements.[149] Ähnlich sieht HOFBAUER es als Untermenge des Beschaffungs- und Supply Chain Managements. Ziel des Lieferantenmanagements ist dabei, „die externen Erfolgspotenziale zu erkennen, zu entwickeln, einzubinden und dauerhaft für das Unternehmen zu nutzen".[150] Die von DRILLER verwendete Definition ergänzt den Ansatz von LARGE, indem er als konkrete Aufgaben die „langfristig zielgerichtete Selektion, Anbahnung, Steuerung und Kontrolle von Geschäftsbeziehungen" nennt.[151] Auch BRETTSCHNEIDER folgt der Ansicht, dass das Lieferantenmanagement alle „Aufgaben (...) zum Auffinden von Lieferanten und zum Aufbau der Beziehung mit ihnen" umfasst.[152] Nach WAGNER sind die Kernaktivitäten im Management der Lieferantenbasis sowie in der Lieferantenentwicklung und –integration zu sehen. Dabei sollen das Lieferantenportfolio und die –beziehungen gestaltet, gelenkt und entwickelt werden.[153] HARTMANN stellt insbesondere heraus, dass nicht die Lieferanten selbst, sondern „die Beziehung zu den Lieferanten" zu managen sind. Dabei nennt er als Handlungsfelder die Lieferantenbewertung, -entwicklung, -kooperation, -integration sowie das Lieferanten-

[147] Vgl. Janker (2008), Multivariante Lieferantenbewertung, S.32.
[148] Vgl. Hofbauer (2009), Lieferantenmanagement, S.23.
[149] Vgl. Large (2009), Strategisches Beschaffungsmanagement, S.41.
[150] Vgl. Hofbauer (2009), Lieferantenmanagement, S.23f.
[151] Vgl. Driller (1995), Beziehungsmanagement, S.286.
[152] Vgl. Brettscheider (2000), Beschaffung im Handel, S.22.
[153] Vgl. Wagner (2002), Lieferanten-Management, S.11f.

controlling.[154] Ähnliche Handlungsfelder sieht GLANTSCHNIG in der Analyse, Bewertung, Auswahl und Kontrolle der Lieferanten.[155] Auch HARTING beschreibt die Auswahl, Bewertung und Kontrolle als Aufgabenschwerpunkte des Lieferantenmanagements.[156]

Wie der Überblick des Lieferantenmanagements in der Literatur zeigt, steht das zielgerichtete Management der Beziehung zwischen Abnehmer und Lieferant im Mittelpunkt der Betrachtung. Dabei herrscht weitgehende Einigkeit über die abzudeckenden Kernaufgabengebiete. Aktivitäten wie die Bewertung, Kontrolle und Entwicklung der Lieferanten werden wiederholt genannt. Abbildung 2-15 stellt die Aufgaben des Lieferantenmanagements als Regelkreis dar, mittels derer die definierten Versorgungsstrategien für die einzelnen Lieferanten ausgewählt und umgesetzt werden sollen.

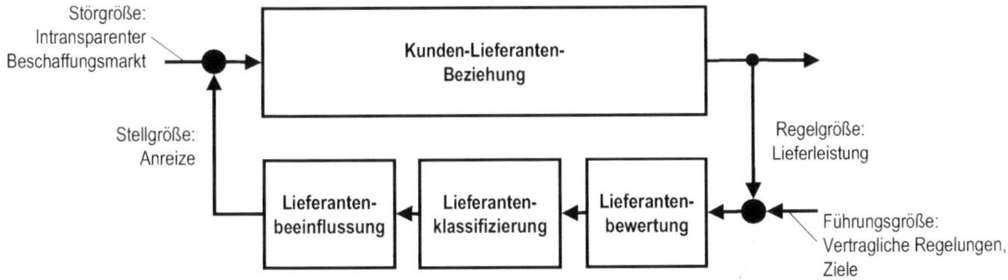

Abbildung 2-15: Regelkreis des Lieferantenmanagements

Die im Regelkreis dargestellten Aufgaben der Lieferantenbewertung, -klassifizierung und –steuerung werden im Folgenden detailliert beschrieben.

2.2.3.1 Lieferantenbewertung

Die „regelmäßige, strukturierte und transparente“[157] Bewertung von Lieferanten gibt einem Unternehmen Sicherheit und Stabilität in seinen Beschaffungsprozessen.

Mit der Lieferantenbewertung kann einerseits im Rahmen einer Auswahl neuer Lieferanten die Leistungsfähigkeit verschiedener Zulieferer miteinander verglichen werden, um den geeigneten Zulieferer für die aktuelle Beschaffungsaufgabe auszuwählen. Auf der anderen Seite können die Bewertungssysteme zur Kontrolle und Steuerung

[154] Vgl. Hartmann (2004), Lieferantenmanagement, S.20ff.
[155] Vgl. Glantschnig (1994), Lieferantenbewertung, S.15.
[156] Vgl. Harting (1994), Lieferanten-Wertanalyse, S.2.
[157] Vgl. Disselkamp (2004), Lieferantenrating, S.15.

der bereits vorhandenen Lieferantenbasis eines Unternehmens eingesetzt werden. Dabei wird die Leistung der Lieferanten im operativen Tagesgeschäft beobachtet und die Entwicklung über mehrere Perioden bewertet.[158] Aus dem Ergebnis können Maßnahmen zur Lieferantensteuerung abgeleitet,[159] die Entscheidung zur Beendigung oder Fortsetzung der Zusammenarbeit mit dem Lieferanten getroffen[160] oder Rationalisierungspotenziale in der Geschäftsbeziehung identifiziert werden.[161]

Bei der ganzheitlichen Bewertung der Qualität einer Abnehmer-Lieferanten-Beziehung sollten sowohl vergangenheitsorientierte als auch zukunftsorientierte Daten genutzt werden. Neben der tatsächlichen erbrachten Lieferleistung können die zukünftige Leistungsfähigkeit und potenzielle Leistungsrisiken voneinander unterschieden werden.[162]

Beim Einsatz eines Lieferantenbewertungssystems ist eine Reihe von grundlegenden Forderungen zu beachten, die eine problemlose Übertragung des Konzepts in die betriebliche Praxis ermöglichen.[163] Dabei können die allgemein an ein Bewertungsverfahren gestellten Anforderungen von den verfahrensspezifischen Anforderungen unterschieden werden, die in direktem Zusammenhang mit dem Verfahren stehen und Einfluss auf dieses ausüben. Abbildung 2-16 gibt einen Überblick über die relevanten Anforderungen.

In der Praxis kommt eine große Anzahl von Methoden zur Bewertung von Lieferanten zum Einsatz, die die vorgestellten Anforderungen in unterschiedlichem Maße erfüllen. Grundsätzlich lassen sich zwei Gruppen voneinander unterscheiden – die quantitativen und die qualitativen Verfahren.[164] Quantitative Verfahren sind durch den Einsatz von mathematisch erfassbaren Daten geprägt, die über Formeln und Gleichungssysteme miteinander verbunden sind und so die optimale Entscheidungsgrundlage liefern. Qualitative Verfahren dagegen setzen zur Bewertung vor allem subjektive Meinungen und Einschätzungen ein und beziehen sich häufig auf generelle Einflüsse der Beschaffungsziele.[165] Eine klare Zuordnung der Methoden zu den beiden Verfahrensgruppen ist oft nicht trennscharf möglich, da häufig beide Aspekte berücksichtigt werden.

158 Vgl. Harting (1994), Lieferanten-Wertanalyse, S.10f, Hartmann (2008), Lieferantenbewertung, S.17.
159 Vgl. Disselkamp (2004), Lieferantenrating, S.16.
160 Vgl. Hess (2008), Supply-Strategien, S.261.
161 Vgl. Wildemann (2001), Logistik, S.313.
162 Vgl. Hartmann (2004), Lieferantenmanagement, S.51, Hess (2008), Supply-Strategien, S.263.
163 Vgl. Glantschnig (1994), Lieferantenbewertung, S.20.
164 Vgl. Glantschnig (1994), Lieferantenbewertung, Kap.2.2, Janker (2008), Lieferantenbewertung, Kap.3.5.
165 Vgl. Adam (1996), Planung und Entscheidung, S.81f.

Allgemeine Anforderungen

transparente und gerechte Regeln bei der Bewertung:
- offene Kommunikation der Bewertungskriterien und –verfahren an die Lieferanten
- Grundsatz der Gerechtigkeit durch die Verwendung lieferantenunabhängiger Bewertungskriterien

cross-funktionaler Bewertungsansatz:
- alle mit dem Lieferanten in Berührung stehenden Bereiche (Entwicklung, Beschaffung, Produktion, Logistik, Qualität) sollten in die Beurteilung involviert werden.

regelmäßige Bewertung:
- Wiederholhäufigkeit ist der strategischen Bedeutung des Lieferanten beziehungsweise seiner Leistung anzupassen.

Objektivität & Reproduzierbarkeit der Ergebnisse:
- Überführung von qualitativen, subjektiven Kriterien in messbare Werte
- Bewertung muss personenunabhängig zum gleichen Ergebnis führen

Verfahrensspezifische Anforderungen

ganzheitlicher Überblick über die Lieferantenleistung und –fähigkeit:
- Berücksichtigung quantitativer und qualitativer Daten (Einkauf, Logistik, Qualität, Innovation, etc.)
- Gesamtzahl an Bewertungskriterien darf jedoch keinen zu großen Umfang annehmen

materialgruppenspezifische Kriterien & Gewichtungen:
- anpassen der Bewertung an die verschiedene Beschaffungsmärkte mit divergierende Anforderungen

geringer Bewertungsaufwand:
- automatische Nutzung und Auswertung von ERP- oder EDI-Daten (quantitative Kriterien)
- hoher Standardisierungsgrad

Klassifizierung der Lieferanten und Maßnahmenableitung
- Bewertungssystem muss unmittelbare Handlungsschwerpunkte und Verbesserungspotenziale zur Steuerung der Abnehmer-Lieferanten-Beziehung geben

Abbildung 2-16: Anforderungen an ein Lieferantenbewertungssystem[166]

Abbildung 2-17 gibt einen Überblick gängiger Lieferantenbewertungsmethoden und stellt den Erfüllungsgrad der zuvor präsentierten Anforderungen an eine Bewertungssystematik dar.

Die Einordnung der einzelnen Methoden wurde dabei anhand der dominierenden quantitativen oder qualitativen Ausprägung vorgenommen. Zu den quantitativen Verfahren sind zum einen die Bilanzanalyse sowie die Preis- und Kosten-Entscheidungsanalyse zu zählen. Zum anderen gehören die Optimierungs- und Kennzahlenverfahren dieser Gruppe an. Die qualitativen Verfahren lassen sich in drei weitere Untergruppen ordnen. Zu den numerischen, qualitativen Instrumenten gehören Notensysteme, Punktbewertungsverfahren sowie die Nutzwertanalyse. Bei den verbalen Methoden können das Checklistenverfahren, die Portfolio-Analyse und die Lieferantentypologien unterschieden werden. Schließlich sind zu den graphischen Verfahren die Profilanalyse sowie die Lieferanten-Gap-Analyse zu zählen.[167]

---

[166] i.A.a. Janker (2008), Multivariante Lieferantenbewertung, S.82.

[167] Vgl. Glantschnig (1994), Lieferantenbewertung , S.23, Koppelmann (2000) S.266, Janker (2008) S.102.

Verfahren / Anforderungen	Quantitativ				Qualitativ								
	Bilanzanalyse	Preisvergleich	Kostenvergleich	Kennzahlen	Profilanalyse	Gap-Analyse	Checklisten	Typologien	Portfolio	Notensystem/ Scoring-Methode	Punktbewertung	Nutzwertanalyse	Geldwertmethode
Berücksichtigung der Entscheidungssituation	-	-	-	-	o	+	+	+	o	o	+	+	o
Berücksichtigung qualitativer und quantitativer Kriterien	-	-	-	-	+	+	+	+	-	+	+	+	+
Einbeziehung des Erfahrungspotenzials der Entscheidungsträger	-	-	-	-	+	+	+	+	+	+	+	+	+
Teilautomatisierung von Bewertung und Auswahl	+	+	+	+	+	+	+	+	+	+	+	+	+
Geringer Bewertungsaufwand	+	+	+	+	+	-	+	-	o	+	o	-	o
Objektivierung der Ergebnisse	o	+	+	+	o	o	+	-	o	+	-	-	-
Klassifizierung der Lieferanten	-	-	-	-	-	-	-	+	+	+	+	-	-
Repräsentation der Lieferanten	-	-	-	-	+	+	-	-	-	-	-	-	-
Verdichtung der Daten zu Kennzahlen	-	-	-	+	-	-	-	+	-	+	+	+	+

Legende: + voll erfüllt, o teilweise erfüllt, - nicht erfüllt

Abbildung 2-17: Lieferantenbewertungsverfahren[168]

Auf eine Darstellung der einzelnen Bewertungsverfahren soll an dieser Stelle verzichtet werden. Eine detaillierte Beschreibung bieten zum Beispiel GLANTSCHNIG oder JANKER.[169] Im Detail soll nur auf die Scoring-Methode eingegangen werden, da diese heute im Wesentlichen zur Bewertung von Lieferanten eingesetzt wird und einen hohen Erfüllungsgrad bezüglich der Anforderungen[170] an ein Lieferantenbewertungssystem hat.

168 Vgl. Janker (2008), Multivariante Lieferantenbewertung, S.176.

169 Vgl. Glantschnig (1994), Lieferantenbewertung, Kap.2.2, vgl. auch Janker (2008), Multivariante Lieferantenbewertung, Kap.3.5.

170 Vgl. Janker (2008), Multivariante Lieferantenbewertung, S.176.

Bei der **Scoring-Methode** handelt es sich um ein durch Gewichtungsfaktoren erweitertes Modell des Notensystems, wobei eine Vielzahl von Einzelkriterien für die Beurteilung der Lieferanten herangezogen wird. Die Gewichtungsfaktoren repräsentieren dabei die Bedeutung der jeweiligen Bewertungskriterien. Abhängig vom Erfüllungsgrad erhalten die Lieferanten bei der Bewertung für jedes Kriterium eine Punktezahl oder eine Note. Die bestmöglich zu erreichende Bewertung entspricht dabei der Höchstpunktzahl beziehungsweise der Höchstnote. Die Einzelscores werden anschließend mit dem jeweiligen Gewichtungsfaktor multipliziert und ergeben aufsummiert die Gesamtbewertung des Lieferanten. Dabei können die Daten neben einem Gesamt-Scoring-Index auf unterschiedliche Aggregierungsniveaus zusammengefasst werden und so auf der Ebene von Haupt- oder Teilkriterien eine detailierte Aufschlüsselung des Leistungsspektrums eines Lieferanten bilden.

In Abbildung 2-18 ist ein Lieferant beispielhaft mit der Scoring-Methode bewertet worden. Es wurden hierzu drei Hauptkriterien verwendet, die sich jeweils aus mehreren Teilkriterien zusammensetzen. Abhängig von der Bedeutung der einzelnen Kennzahlen wurden Gewichtungsfaktoren vergeben, wobei ihre Summe jeweils bei den Haupt- und Teilkriterien 100 Prozent ergibt. Abhängig vom Erfüllungsgrad wurden für die einzelnen Bewertungskriterien 1-100 Punkte verteilt. Die Höchstpunktzahl beträgt somit für jedes einzelne Kriterium sowie für die unterschiedlichen Aggregierungsniveaus jeweils 100 Punkte. Der Lieferant erfüllt beispielsweise 74,55 Prozent (74,55 von 100 Punkten) der Gesamtanforderungen aber 71,25 Prozent (71,25 von 100 Punkten) der logistischen Anforderungen.

Durch die Bewertung einer Vielzahl von Einzelkriterien kann ein umfangreiches Bild über die Leistungsfähigkeit der Lieferanten geschaffen werden. Die Verdichtung zu übergeordneten Kennzahlen hilft dabei, einen schnellen Überblick der Lieferantenqualität in den einzelnen Hauptkriterien zu erlangen und somit zielgerichtete Handlungsmaßnahmen abzuleiten.

Neben dem eigentlichen Bewertungsverfahren sind es vor allem die zugrundeliegenden Bewertungskriterien sowie deren Gewichtung, die über den Erfolg und die Qualität der Lieferantenbewertung entscheiden.[171]

---

171 Vgl. Appelfeller (2005), Supplier Relation Management, S.47.

Hauptkriterium / **Teilkriterium**		**Gewichtung**		**Punktzahl (1-100)**	**Punktzahl gewichtet**
Einkauf		30%			
	Preisstabilität (EZ1)		30%	80,00	
	Umwandlungsrate (EZ2)		15%	92,00	
	Preisniveau (EZ3)		55%	65,00	
	Gesamte Teilpunktzahl			*73,55*	
	Gewichtete Gesamtpunktzahl				*22,07*
Qualität		15%			
	Reklamationsquote (QZ1)		20%	95,00	
	Fehlermenge (QZ2)		80%	87,00	
	Gesamte Teilpunktzahl			*88,60*	
	Gewichtete Gesamtpunktzahl				*13,29*
Logistik		55%			
	Lieferzuverlässigkeit (LZ1)		25%	87,00	
	Lieferbereitschaft (LZ2)		25%	32,00	
	Lieferflexbibilität (LZ3)		25%	76,00	
	Änderungsrate des Lieferanten (LZ4)		25%	90,00	
	Gesamte Teilpunktzahl			*71,25*	
	Gewichtete Gesamtpunktzahl				*39,19*
Summe		**100%**			**74,55**

Abbildung 2-18: Scoring-Methode

Ziel muss es sein, anhand von ausgewählten Kenngrößen ein umfangreiches Abbild über den Zustand der Abnehmer-Lieferanten-Beziehung aufzubauen.[172] Die Grundlage für den Aufbau einer Bewertungssystematik bildet ein umfangreicher Kennzahlenkatalog. Wichtig ist eine Ausrichtung der Bezugsgrößen an den Zielen der Lieferantensteuerung.[173] Grundsätzlich gibt es jedoch eine Reihe von Kriterien, die eine Basis für die Beurteilung der Lieferanten bilden und somit stets berücksichtigt werden sollten. Darüber hinaus sind abhängig vom Unternehmen und der Beschaffungssituation zusätzliche Kriterien in die Bewertung einzubeziehen.

Bei der Auswahl der Bewertungskriterien hat sich im Laufe der Jahre ein Wandel vollzogen. Während früher fast ausschließlich operative Bewertungskriterien wie

172 Vgl. Pfefferli (2002), Lieferantenqualifikation, S.67.

173 Vgl. Kruse (1998), Anreizsysteme, S.62.

Preis oder Lieferzeit verwendet wurden, wächst seit Anfang der 1990er Jahre die Bedeutung strategischer Kriterien.[174] Wie die empirische Untersuchung von SIMPSON zeigt, hat die Bewertung des grundlegenden Logistik- und Qualitätsmanagementsystems eines Lieferanten oder seiner Technologie- und Innovationspotenziale einen steigenden Stellenwert. [175]

Abhängig von der Bedeutung der einzelnen Bewertungskriterien können KO-Kriterien sowie Haupt- und Teilkriterien voneinander unterschieden werden.[176] KO-Kriterien wie beispielsweise die Zertifizierung des Qualitätsmanagementsystems spielen in der kontinuierlichen Lieferantenbewertung und -kontrolle nur eine untergeordnete Rolle. Ihre Erfüllung wird schon bei der Lieferantenauswahl überprüft, so dass lediglich die Aktualität dieser Informationen regelmäßig kontrolliert werden muss. Neben den KO-Kriterien werden i.d.R. einige wenige Hauptkriterien unterschieden, die sich wiederum in zahlreiche Teilkriterien detaillieren lassen. Abhängig von der Beschaffungssituation können diese Unterkriterien vollständig oder teilweise in die Bewertung einfließen und somit den Aufwand anpassen, ohne dabei den umfassenden Charakter der Beurteilung zu verlieren.[177]

Auf eine umfassende Darstellung möglicher Kriterien soll an dieser Stelle verzichtet und auf den Anhang verwiesen werden.

2.2.3.2 Lieferantenklassifizierung

Das Ergebnis der Lieferantenbewertung kann u.a. durch eine Klassifizierung der beurteilten Lieferanten repräsentiert werden. Diese Klassifizierung hilft, den Prozess des Lieferantenmanagements zu strukturieren. Abhängig von der leistungsorientierten Einordnung des Lieferanten können verschiedene Bewertungsgrundlagen oder Steuerungsmaßnahmen zum Einsatz kommen.[178] Dabei sind die Entwicklungspotenziale des Lieferanten sowie seine strategische Bedeutung für die Ableitung von Strategien zu berücksichtigen.[179]

Eine allgemeingültige Norm zur Einteilung der Klassen gibt es, vergleichbar mit einer A, B, C-Analyse, nicht. Das Ergebnis der Strukturierung gleicht jedoch i.d.R. einer Lieferantenpyramide. In der Spitze dieser Pyramide befinden sich nur wenige Top-Lieferanten, an die besondere Ansprüche gestellt werden und deren strategische Be-

---

[174] Vgl. Ellram (1990), Total Cost of Ownership, S.8ff.

[175] Vgl. Simpson (2002), Performance of Suppliers S.35f.

[176] Vgl. Janker (2008), Multivariante Lieferantenbewertung, S.87.

[177] Vgl. ebenda, S.87.

[178] Vgl. Hartmann (2008), Lieferantenbewertung, S.48, Hess (2008), Supply-Strategien, S.261.

[179] Vgl. Appelfeller (2005), Supplier Relation Management, S.49.

deutung besonders hoch ist. Zur Basis hin, in der die große Anzahl grundlegend geeigneter Lieferanten positioniert ist, nehmen die Anforderungen ab.[180]

Zur übersichtlichen Darstellung der Lieferantenklassen und zur Ableitung von Strategien werden im Rahmen der Klassifizierung die im folgenden Kapitel vorgestellten Beschaffungsportfolios und Normstrategien eingesetzt.

2.2.3.2.1 Lieferantenklassifizierung mittels Portfoliotechnik

Für die Definition materialgruppenspezifischer Lieferantenstrategien hat sich der Einsatz der Portfoliotechnik als ein wesentliches Hilfsmittel etabliert.[181] Daher wird sie im Folgenden näher beschrieben.

Um aus den Ergebnissen strategischer Analysen konkrete Maßnahmen ableiten zu können, müssen die vorhandenen Informationen aus dem eigenen Unternehmen und über die Beschaffungsmärkte in verdichteter Form zusammengestellt werden. Für eine solche aggregierte Darstellung von strategisch relevanten Informationen hat sich die Portfolio-Methode als hilfreiches Instrument etabliert.

Portfolios für absatzmarktorientierte Strategieempfehlungen, wie z.B. das Portfolio der Beratungsfirma Boston Consulting Group zur Bewertung strategisch relevanter Geschäftseinheiten, sind in der Praxis seit langem stark verbreitet. [182] Mit der stärkeren Fokussierung der Beschaffung auf ein erfolgreiches Agieren in den Beschaffungsmärkten hat sich in den 80er Jahren die Portfoliomethode auch für beschaffungsseitige Betrachtungen entwickelt.[183]

Grundgedankte der Portfolio-Methode ist es, die entsprechenden Analyseobjekte in einer Matrix, die durch zwei strategisch bedeutsame Dimensionen aufgespannt wird, zu platzieren und aus der Position des Analyseobjektes Normstrategien abzuleiten. Hierzu bedient sich das Portfolio eines Rasters, das i.d.R. vier oder neun Felder umfasst. Jedem der Felder wird eine klar definierte Strategie zugeordnet. Bei der Wahl der Dimensionen werden meist eine interne, beeinflussbare und eine externe, nicht beeinflussbare Dimension gewählt.

In dieser Arbeit dient der Überblick über die unterschiedlichen, in der Literatur bekannten Beschaffungssportfolios der Erlangung eines besseren Verständnisses der dominanten Einflussfaktoren bei der Gestaltung einer Abnehmer-Lieferanten-

[180] Vgl. Orths (1998), Controlling im Einkauf, S.131.
[181] Vgl. Janker (2008), Multivariante Lieferantenbewertung, S.127.
[182] Vgl. Bea, Haas (2005), Strategisches Management, S.139f.
[183] Vgl. Boutellier (2003), Handbuch Beschaffung.

Beziehung. Zum einen lassen sich aus der Analyse der für die Portfolios verwendeten Dimensionen und Analyseobjekte Rückschlüsse auf die relevanten Einflussgrößen einer Abnehmer-Lieferanten-Beziehung ableiten. Zum anderen lassen sich die hinterlegten Referenzstrategien auf ihre Eignung in der Einzel- und Kleinserie des Maschinen- und Anlagenbaus hin kritisch untersuchen und aus dieser Analyse bestehende Defizite bei der Koordination erklären.

2.2.3.2.2 Überblick über verbreitete Beschaffungs-Portfolios

Einer der Ersten, der die Portfolio-Methoden für Beschaffungsentscheidungen einsetzte, war KRALJIC.[184] Abbildung 2-19 zeigt das von KRALJIC entwickelte Einkaufsportfolio.

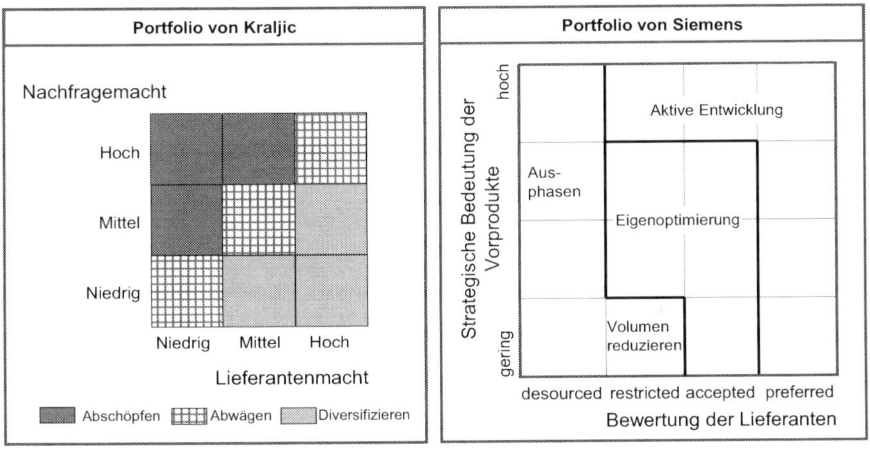

Abbildung 2-19: Einkaufsportfolios nach Kraljic[185] und Siemens[186]

Bei KRALJIC sind die Dimensionen, aus denen sich die Beschaffungsstrategien ableiten lassen, die Machtverhältnisse zwischen Lieferant und Abnehmer auf dem Beschaffungsmarkt. KRALJIC führt als Grundlage seines Portfolios zunächst eine Analyse der Beschaffungsobjekte und des Lieferantenmarktes durch. Er unterscheidet bei den Beschaffungsobjekten unkritische Güter, Hebelprodukte, Engpassgüter und strategische Produkte. Die Analyse der Beschaffungsobjekte führt somit zu einer Erfassung ihrer Bedeutung für die Leistungserstellung eines Unternehmens. Wichtige Faktoren sind

[184] Vgl. Kraljic (1977), Beschaffungsmarketing. S.85.

[185] Vgl. Kraljic (1988), Versorgungsstrategie, S.491.

[186] Vgl. Zachau (1999), Beschaffungsmanagement, S.41.

hierfür das Einkaufsvolumen und das Beschaffungsrisiko einzelner Beschaffungsobjekte. Das Beschaffungsrisiko erfasst er anhand der Kriterien: Komplexität der Objekte, Substituierbarkeit und Lagerungseigenschaften.

Die Analyse des Lieferantenmarktes führt simultan zu unkritischen Lieferanten, Hebellieferanten, kritischen Lieferanten und Kernlieferanten. Wichtige Faktoren sind in diesem Fall z.B. Kostenstruktur, Kapazitätsauslastung, Logistik, Sublieferanten, relativer Marktanteil und die Konkurrenten der einzelnen Lieferanten. Ziel der Lieferantenmarktanalyse ist es, die Lieferstabilität und die Verhandlungsstärke einzelner Lieferanten zu bewerten und damit Rückschlüsse auf mögliche Beschaffungsrisiken und Verhandlungspotenziale zu ziehen.[187] Aus diesen Analysen wird die Positionierung der verschiedenen Beschaffungsobjekte im Einkaufsportfolio ermittelt und daraus die entsprechende Beschaffungsstrategie abgeleitet.

Die zu gruppierenden Objekte stellen hier Materialgruppen dar. In der Folge wurde dieses Modell von verschiedenen Autoren aufgegriffen und weiterentwickelt. Beispielsweise wurden Portfolios nicht nur für die Klassifizierung von Warengruppen, sondern auch zur Klassifizierung der Lieferanten verwendet.

Ein in der betrieblichen Praxis verbreitetes Portfolio zur Klassifizierung der Lieferanten ist die Beschaffungsmatrix der SIEMENS AG. Bei diesem Konzept werden die Dimensionen Versorgungsrisiko und die strategische Bedeutung des Lieferanten bewertet.[188] Zur Bewertung des Versorgungsrisikos werden hier die Lieferfähigkeit und Liefertreue der Lieferanten in Bezug auf Preis, Qualität und technischem Know-how betrachtet. Der Ergebniseinfluss des kaufenden Unternehmens hängt vom Auftragsvolumen bezogen auf das Beschaffungsobjekt ab.

Abhängig von der erreichten Punktzahl bei der zugrundeliegenden Bewertung werden die Lieferanten in eine von vier Leistungsklassen (desourced, restricted, accepted, preferd) eingeteilt (vgl. Abbildung 2-19). Im aufgespannten Portfolio sind verschiedene Handlungsalternativen (Normstrategien) und Entwicklungspfade hinterlegt. Abhängig von der Positionierung des Lieferanten im Portfolio können somit auf Basis seiner Bewertung und seiner strategischen Bedeutung direkte Konsequenzen für die zukünftige Zusammenarbeit abgeleitet werden.[189]

Eine Weiterentwicklung der beschriebenen Portfolios stellen schließlich diejenigen Methoden dar, die mehrere Portfolios, i.d.R. ein Material- und ein Lieferantenportfo-

---

[187] Vgl. Kraljic (1977), Beschaffungsmarketing, S.76-78.

[188] Vgl. Zachau (1999), Beschaffungsmanagement, S.41.

[189] Vgl. Appelfeller (2005), Supplier Relation Management, S.50.

lio, miteinander kombinieren. Hier sei aus einer Vielzahl an Methoden (NESSLICH/LUMBE (1994), S.22ff.; VERBECK et. al. (2003), S. 50ff.) das Vorgehen von WILDEMANN herausgegriffen.

Das in der Praxis verbreitete Beschaffungsgüter-/Beschaffungsquellen-Portfolio zur Steuerung von Abnehmer-Lieferanten-Beziehungen ist in Abbildung 2-20 zu finden.[190]

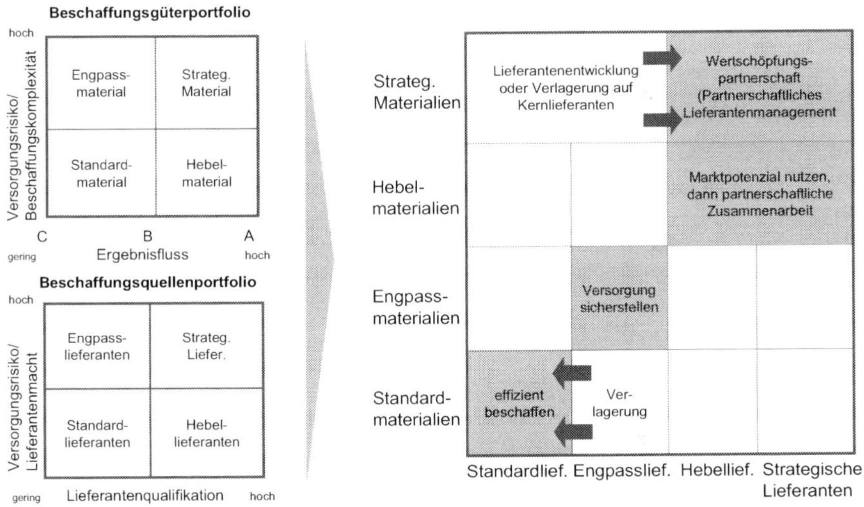

Abbildung 2-20: Portfolio zur Lieferantenklassifizierung[191]

Der Aufbau des Beschaffungsgüter-/Beschaffungsquellen-Portfolios vollzieht sich in drei Schritten. Der erste Schritt der Portfolio-Analyse besteht in der Vorbereitung des Portfolios durch Bildung von homogenen Materialgruppen.[192] Im zweiten Schritt wird das Beschaffungsgüterportfolio mit den Dimensionen „Versorgungsrisiko" und „Ergebnisfluss" aufgebaut. Zur Konkretisierung der Dimension „Ergebnisfluss" bietet sich die Klassifizierung anhand einer ABC-Analyse[193] des Beschaffungsvolumens an. Aufwendiger ist die Bestimmung der Dimension „Versorgungsrisiko" anhand der Kri-

[190] Vgl. Zachau (1999), Beschaffungsmanagement, S.39ff,

[191] Vgl. Zachau (1999), Beschaffungsmanagement, S.41.

[192] Vgl. Wildemann, (1996), Beschaffungslogistik, S.15-30.

[193] Durch Kombination von Häufigkeit und Wert der Bedarfe innerhalb einer Materialgruppe ergibt sich eine ABC-Analyse nach dem Jahresbezugswert des Fremdbezugs.

terien Spezifität, Komplexität und Unsicherheit.[194] Entsprechend der Gesamtbewertung nach Versorgungsrisiko und Ergebniseinfluss erfolgt die Positionierung im Beschaffungsgüter-Portfolio als Standard-, Hebel-, Engpass- und strategisches Material (vgl. Abbildung 2-20), welche jeweils differenzierte Normstrategien repräsentieren.

In einem dritten Schritt wird für jede identifizierte Materialgruppe ein Beschaffungsquellen-Portfolio erstellt, in dem die aktuellen Lieferanten hinsichtlich ihres Entwicklungspotenzials und Versorgungsrisikos (Angebotsmacht des Lieferanten) bewertet werden. Hinter dieser materialgruppenbezogenen Vorgehensweise steckt der Gedanke einer geschäftsbeziehungsspezifischen Lieferantenbewertung. Das Entwicklungspotenzial des Lieferanten wird auf Grundlage einer subjektiven Einschätzung des Produktions-, Entwicklungs- und Logistik-Know-hows bewertet.[195] Das Kriterium Versorgungsrisiko/Angebotsmacht berücksichtigt die Gefahr von Lieferengpässen oder Lieferantenabhängigkeit. Letztendlich wird mit dem Einfluss auf den Lieferanten die Macht des beschaffenden Unternehmens auf den Lieferanten abgebildet.[196] Die Anzahl potenzieller Anbieter, der Anteil des Abnehmers am Umsatz der Lieferanten, Marktpreistendenzen, der Aufwand eines Lieferantenwechsels und die künftige Nachfrageentwicklung stellen Kriterien zur Einschätzung der Angebotsmacht des Lieferanten dar.[197]

Aus der Kombination von Beschaffungsquellen- und Beschaffungsgüter-Portfolio lässt sich ableiten, ob für die jeweiligen Materialgruppen auch der geeignete Lieferant eingesetzt wird, siehe Abbildung 2-20. Weiter kann aus der Positionierung einer Materialgruppen-Lieferanten-Beziehung auf die richtigen Normstrategien geschlossen werden. Eine Übersicht über die heute verbreiteten Versorgungsstrategien gibt das nächste Kapitel.

2.2.3.2.3 Normstrategie zur Gestaltung von Abnehmer-Lieferanten-Beziehungen

Die folgende Übersicht über die heute dominierenden Strategieempfehlungen zur Gestaltung der Lieferantenbeziehungen bildet die Grundlage zur Beschreibung der Defizite bei der Gestaltung der Abnehmer-Lieferanten-Beziehungen in der Einzel- und Kleinserienproduktion des Maschinen- und Anlagenbaus am Ende dieses Kapitels. An dieser Stelle wird daher lediglich ein Überblick über die heute verbreiteten

---

194 Eine detaillierte Beschreibung der Kriterien ist in Kapitel 2.1.6 zu finden.

195 Vgl. Back (2008) Integriertes Beschaffungskonzept, S.1.

196 Vgl. Schmitt (2009), Qualitätsmanagement, S.7.

197 Vgl. ebenda, S.7.

Normstrategien gegeben. Die Bewertung der Sinnhaftigkeit einzelner Strategieempfehlungen für die Einzel- und Kleinserienfertigung folgt am Ende des Kapitels

KRALJIC kommt in seinem Einkaufsportfolio zu den drei Strategierichtungen: Abschöpfen, Abwägen und Diversifizieren.[198] Die Beschaffungsmatrix nach Siemens führt zu vier Strategierichtungen: technische Zusammenarbeit, Marktpotenzial ausschöpfen, Verfügbarkeit gewährleisten und effizient abwickeln.[199] Diese groben Strategierichtungen nach Siemens entsprechen denen nach WILDEMANN, der sie als Wertschöpfungspartnerschaft (entspricht technischer Zusammenarbeit), Marktpotenzial nutzen, Sicherstellen der Verfügbarkeit und effizient beschaffen bezeichnet, siehe Abbildung 2-21.[200] Diese werden im Folgenden detailliert dargestellt:

- „Effizient beschaffen" heißt die Normstrategie für die Beschaffung von Standardmaterialien bei Standardlieferanten. Die Beschaffungssituation ist durch ein begrenztes materialgruppenspezifisches Versorgungsrisiko bei insgesamt geringem Beschaffungsvolumen der Materialgruppe gekennzeichnet. Die Einkaufspreise sind meist ausgereizt und es bestehen kaum Preisdifferenzen zwischen den Anbietern. Die Zielausrichtung der Geschäftsbeziehung zwischen Abnehmer und Lieferant ist eher marktlicher Natur und anbieterdominiert. Die Hebel zur Potenzialrealisierung bestehen in einer Vereinfachung der Bestell- und Anlieferprozesse, einer Bedarfsbündelung oder aber der Dezentralisierung der Entscheidungsbefugnisse.[201]

- Problematischer werden für Unternehmen Beschaffungsobjekte eingeschätzt, bei denen die Unternehmen durch ihr geringes Nachfragevolumen wenig Einflussmöglichkeiten auf den Beschaffungsmarkt haben und gleichzeitig mit Versorgungsproblemen rechnen müssen, da z.B. Produktionskapazitäten oder Rohstoffe knapp sind (Engpassteile). Die in diesen Situationen empfohlene Normstrategie „Diversifizieren" bzw. „Verfügbarkeit gewährleisten/sicherstellen", kann zu Sicherheitsbeständen führen, aber auch die Suche nach neuen Lieferanten und gegebenenfalls die Substitution der Beschaffungsobjekte beinhalten.

- Die Strategie „Abschöpfen" bzw. „Marktpotenzial nutzen/ausschöpfen" wird immer dann empfohlen, wenn die Marktsituation die nachfragenden Unternehmen begünstigt. Eine solche Situation liegt vor, wenn ein Unternehmen hohe

198 Vgl. Kraljic (1988), Versorgungsstrategie, S.490f.

199 Vgl. Müller (1990), Gestaltungspotentiale in der Logistik, S.51f.

200 Vgl. Wildemann, (1996), Beschaffungslogistik, S.15-33.

201 Vgl. Winkler (2005), VISCO, S.221.

Beschaffungsvolumina bei standardisierten Beschaffungsobjekten nachfragt und somit zwischen einer Vielzahl vergleichbarer Lieferanten wählen kann. Die Strategie bei der Beschaffung dieser Kernmaterialien bei Kern- oder strategischen Lieferanten sieht zunächst vor, in einem initiierten Wettbewerb der Lieferanten (Ausschreibungsprozess) einen günstigen Einstandspreis zu erzielen, und erschließt dann durch die kooperative Ausrichtung der Geschäftsbeziehung das Entwicklungspotenzial des Lieferanten zum Nutzen des Abnehmers. [202]

- „Wertschöpfungspartnerschaft“ bzw. „technische Zusammenarbeit“ ist die empfohlene Beschaffungsstrategie bei strategischen Materialien mit erhöhtem materialgruppenspezifischem Versorgungsrisiko. Das lieferantenseitige Versorgungsrisiko soll dabei durch den Aufbau einer gegenseitigen Abhängigkeit zwischen Abnehmer und Lieferant reduziert werden. Dies kann gelingen, wenn der Abnehmer starken Einfluss auf den Beschaffungsmarkt nehmen kann, weil hohe Volumina nachgefragt werden. Der abnehmerinternen Komponente dieses Risikos soll durch gezielte Nutzung des Lieferanten-Know-hows vorgebeugt werden. Die Hebel zur Potenzialrealisierung liegen hier in der Nutzung des Lieferanten-Know-hows bei der Produkt- und Prozessentwicklung sowie in der Zusammenarbeit während der Lieferbeziehung.

Die dargestellten Normstrategien sind als Grundausrichtung für detaillierte Aktionspläne zu verstehen, die durch Teilstrategien umgesetzt werden können. Die unternehmensspezifische Ausgestaltung der Normstrategien ist dabei Teil des Lieferantenmanagements.

Ein wirksames Mittel zur Umsetzung der definierten Beschaffungsstrategien ist häufig die Gestaltung von Anreizsystemen zur aktiven Steuerung der Lieferanten. So ist es z.B. gängige Praxis, guten Zulieferern in den jährlichen Lieferantengesprächen bei einer weiterhin guten bzw. gesteigerten Lieferleistung eine Erhöhung der Lieferquoten zu versprechen. Dies soll auf den Lieferanten als Anreiz wirken, weiterhin so gut wie in der Vergangenheit mit dem Abnehmer zu kooperieren, da als Belohnung eine Umsatzsteigerung winkt.

Ziele und Aufgaben der Anreizgestaltung werden im Folgenden näher beschrieben. Des Weiteren werden die am häufigsten verwendeten Anreizarten im Bereich des Lieferantenmanagements systematisiert dargestellt.

---

[202] Vgl. Wildemann (1999), Konzept der Einkaufpotenzialanalyse, S.444.

	Effizient beschaffen	Sicherstellen der Verfügbarkeit	Marktpotential nutzen, dann partnerschaftliche Zusammenarbeit	Wertschöpfungs-partnerschaft
Auftrags-abwicklung	automatische Nachbe-stellung durch System bei wiederkehrendem Bedarf	rollierende Vorausschau, Einzelabrufe der Produktion, liegt kein Rahmenvertrag vor, Einzelbestellung durch Einkauf	für Stammlieferanten: rollierende Vorausschau, EDI-Anbindung	rollierende Voraussschau, EDI-Anbindung, Rohstoff-disposition durch Lieferant
Material-fluss	Sammelanlieferungen durch gebündelte Bedarfe vom liefernden Zulieferer	Kontrollierter Bestands-aufbau zur Reduzierung des Versorgungsrisikos	JIT-Beschaffung, Konsignationslager, Ring- und Gebietsspediteurs-konzepte, Behälterpool	Direktanlieferung, Ring- und Gebietsspediteurskonzepte, gemeinsame Versorgungs-konzeptgestaltung mit Lieferant, Behälterpools
Sourcing-Strategie	Bedarfsbündelung und Einsatz eines Beschaffungs-dienstleisters, Prüfung der Konditionen in größeren Zeitabständen (jährlich)	Breite potentielle Lieferantenbasis, Beschaffungsalternativen prüfen, Produktions-substitution anstreben	Dual Sourcing, Auslands-einkauf/Global Sourcing, Einkauf definierter Quoten	Single Sourcing, Aufbau gegenseitiger Abhängigkeit
Vertrags-gestaltung	Verträge wertmäßig ohne Artikel- und Mengen-spezifikation, Ausschreibung, Bestellung aus Katalog	weltweite Ausschreibungen, langfristiger Rahmenvertrag zur Sicherstellung von Liefermengen	Vertrag mit Rationali-sierungsklausel, langfristige Rahmenverträge, Qualitäts-sicherungsvereinbarung	Rationalisierungspotentialsch lüsselung und -aufteilung Geheimhaltungsvertrag, Qualitätssicherungs-vereinbarung
F & E	in erster Linie Rückgriff auf bestehende Produkte oder Qualitätsvorgabe durch F&E bzw. Produktion	Vorgabe Pflichtenheft an Lieferant, weltweite Suche nach alternativen Technologien und Substitutionsmaterialien	Wertanalyse, Wertgestaltung, Black-Box-Entwicklung	Grey-box-, Glas box-Entwicklung, gemeinsame Wertgestaltung, Supplier Road Maps
Organisation		prüfen Eigenfertigung, Beschaffungsmarkt-forschung, konzernweite Bedarfsbündelung durch Einkaufskooperation	intensive Beschaffungs-marktforschung, konzernweite Bündelung von Beschaffungsvolumina durch Einkaufskooperation	target costing, gemeinsame Prozesskostenbetrachtung, Optimierungsteams, Zugang zum Einkaufsverbund des Abnehmers

Abbildung 2-21: Normstrategien für die Gestaltung der Abnehmer-Lieferanten-Beziehungen[203]

2.2.3.3 Steuerung der Lieferantenbeziehung

Mit Hilfe der Lieferantenbewertung und –klassifizierung wird eine erhöhte Transparenz über die aktuelle Leistung und die zukünftige Leistungsfähigkeit des Lieferanten gewonnen.[204] Dies ermöglicht, Probleme, Schwachstellen oder zukünftige Risiken in der Abnehmer-Lieferanten-Beziehung frühzeitig zu erkennen und rechtzeitig geeignete Gegenmaßnahmen einzuleiten. [205] Anhand der im letzten Kapitel vorgestellten Normstrategien kann eine zielgerichtete Steuerung der Lieferanten vorgenommen werden.

---

[203] i.A.a. Wildemann (2010), Einkaufspotenzialanalyse, S.11f.

[204] Vgl. Hartmann (2008), Lieferantenbewertung, S.21.

[205] Vgl. Disselkamp (2004), Lieferantenrating, S.28.

Die Steuerung der Lieferantenbeziehungen sollte „zielgerichtet, strategisch orientiert und mittels eines Maßnahmenplans erfolgen".[206] Die an den Kundenanforderungen ausgerichtete Optimierung der gesamten Wertschöpfungskette sowie die Steigerung der Wettbewerbsfähigkeit durch die Beseitigung von Schwachstellen und die Förderung von Stärken der Lieferanten sollte dabei das oberste Ziel bilden. Zur strategiekonformen Beeinflussung der Lieferanten bieten sich Anreizsysteme an, mit denen Gut- bzw. Schlecht-Leistungen des Lieferanten entsprechend belohnt oder sanktioniert werden.

Der aus der Organisations- und Personalwirtschaft stammende Begriff des Anreizes beschreibt ursprünglich ein Werkzeug mit dessen Hilfe die Handlungen von Mitarbeitern beeinflusst und gelenkt werden können; somit kann das Unternehmen intern gesteuert werden.[207] Der Einsatz von Anreizen ist jedoch nicht auf die unternehmensinterne Verwendung beschränkt, sondern kann grundsätzlich bei jeder Interaktion zweier Parteien mit unterschiedlichem Interesse erfolgen.[208] Somit können Anreize auch als Instrument zur Steuerung von Abnehmer-Lieferanten-Beziehungen eingesetzt werden. Hierbei ist der Lieferant der Geschäftsbeziehung der Anreizempfänger und der Abnehmer repräsentiert den Anreizgeber. Beispiele für ein solches Instrument sind Vertragsstrafen für Schlechtleistungen oder die öffentliche Lieferantenauszeichnung für eine herausragende Lieferleistung.

Zu diesem Zweck sind **Anreize (i.e.S.)** etwas allgemeiner, als „an bestimmte Bezugsgrößen gekoppelte Belohnungen oder Bestrafungen, die die Entscheidungen des Anreizempfängers beeinflussen sollen", zu verstehen.[209] Diese Definition kommt dem bisherigen Verständnis schon relativ nahe, es ist jedoch zu beachten, dass die Existenz eines Anreizgebers vorausgesetzt wird, der den Empfänger mit einem Anreiz beeinflusst. Es wird also mit Hilfe des Anreizes auf die Erfüllung einer extern festgelegten Anforderung abgezielt. Somit schränkt diese Definition die Ausgestaltung des Systems auf extrinsische Anreize[210] ein.[211] Als Erweiterung zu der bisherigen Betrachtung kann daneben ein Anreiz auch aus der Verfolgung der eigenen Ziele ohne externe Beeinflussung erwachsen. So z.B. das Streben eines Zulieferers nach Gewinn.[212] Sol-

[206] Vgl. Hartmann (2004), Lieferantenmanagement, S.57.
[207] Vgl. Brandenberg (2001), Anreizsysteme zur Unternehmenssteuerung, S.18.
[208] Vgl. Kruse (1998), Anreizsysteme, S.35.
[209] Vgl. ebenda, S.36.
[210] Vlg. zu extrinsische Anreize: Ackermann (1974), Anreizsysteme.
[211] Vgl. Kruse (1998), Anreizsysteme, S.37.
[212] Vgl. ebenda, S.37.

che Anreize werden als intrinsisch bezeichnet.[213] Die Definition eines Anreizes im weiteren Sinne, nach Kruse, schließt beide Arten mit ein. Danach können **Anreize (i.w.S.)** „als mögliche Entscheidungskonsequenzen verstanden werden, die Einfluss auf die Entscheidungsfindung haben. Dieser Einfluss kann sowohl durch Anreize (i.e.S.) eines Anreizgebers als auch durch eigene Ziele des Entscheiders verursacht werden.“[214] Eine trennscharfe Abgrenzung zwischen extrinsischen und intrinsischen Anreizen ist jedoch häufig nicht möglich.[215] Der Schwerpunkt der folgenden Ausführungen soll auf dem Verständnis eines Anreizes i.e.S. liegen, da die aktive Gestaltung eines externen Anreizsystems den Gegenstand dieser Arbeit darstellt.

Um ein besseres Verständnis von den Gestaltungsoptionen und den Elementen eines Anreizsystems zu bekommen, sei im Folgenden ein Gestaltungsprozess zur Anwendung eines solchen vorgestellt.[216] Zu Beginn stehen die durch das Anreizsystem verfolgten Handlungsziele im Mittelpunkt der Betrachtung. Sie können verschiedener Art sein, sowohl strategisch als auch operativ, und müssen in einem ersten Schritt quantitativ und qualitativ formuliert werden. Hierbei ist es besonders wichtig, diese Ziele klar zu definieren und zu operationalisieren. Über die Einbeziehung mehrerer Bezugsgrößen kann die Gesamtheit der Ziele des Anreizgebers abgedeckt werden.[217] Im Idealfall sollte u.a., eine messbare Größe als Eingangswert für das Anreizsystem dienen. Es sollte eine so genannte Bemessungsgrundlage festgelegt werden, die das Verhalten des Anreizempfängers anzeigt.[218] Optimalerweise sind Bezugsgrößen einfach feststellbar, nicht manipulierbar und ihre Beeinflussung für den Anreizempfänger transparent zu durchschauen.[219]

Daneben können aber auch weitere verhaltensunabhängige Bezugsgrößen mit in die Bewertung des Anreizempfängers einbezogen werden, die beispielsweise Umwelt- oder Wettbewerbssituationen repräsentieren. Die Auswahl und Verbindung eines vom Erreichungsgrad abhängigen Anreizes mit dieser Bemessungsgrundlage stellt den nächsten Prozessschritt dar. Dieser sollte so gestaltet sein, dass durch die Steigerung der Motivation des Anreizempfängers die zuvor definierten Handlungsziele erreicht werden. Ein Anreiz kann hierbei sowohl positiv sein, also eine Belohnung, als auch

---

213 Vgl. zu intrinsische Anreize: Ackermann (1974), Anreizsysteme.

214 Vgl. Kruse (1998), Anreizsysteme, S.37.

215 Vgl. Hagen (1985), Anreizsysteme.

216 Vgl. Brandenberg (2001), Anreizsysteme zur Unternehmenssteuerung, S.35f.

217 Vgl. Becker (1987), Ausgestaltung eines strategisch orientierten Anreizsystems S.161.

218 Vgl. Dressler (1998), Vergütungssysteme, S.57.

219 Vgl. Laux (1988), Optimale Anreizsysteme, S.1095, Laux (1975), Tantiemesysteme für die Investitionsrechnung, S.601 und Becker (1987), Ausgestaltung eines strategisch orientierten Anreizsystems, S.161.

negativ in Form einer Bestrafung definiert werden.[220] Die drei an dieser Stelle des Prozesses zusammengefügten Bestandteile des Systems (eine Menge von Bezugsgrößen, eine Menge von Anreizen, sowie die Beziehung zwischen den Mengen) stellen die allgemeine Definition eines Anreizsystems nach LAUX dar.[221] Abschließend ist das Ergebnis der Handlung des Anreizempfängers im Hinblick auf die Zielerreichung und die Bemessungsgrundlage zu bewerten und die ihm zuvor in Aussicht gestellten Anreize sind zu erteilen.

Dieser idealtypische Prozess zur Entwicklung eines Anreizsystems stellt trotz seines schwachen Detaillierungsgrads einige grundlegende Charakteristiken dar.[222] Eine der wesentlichen Erkenntnisse ist die Dichotomie, also die Unabhängigkeit von Handlungszielen und Anreizsystemen. Eine Menge von Handlungszielen wird künstlich mit einer nicht zusammenhängenden Menge von Anreizen verbunden. Dies bietet sowohl Chancen als auch Risiken. Zum einen existiert eine weitgehende Freiheit bei der Ausgestaltung des Anreizes. Es existieren grundlegend keinerlei Restriktionen, da es keinen direkt von außen vorgegebenen Zusammenhang zwischen den Handlungszielen und dem Anreiz gibt. Somit kann direkt auf die Bedürfnisse des Anreizempfängers eingegangen werden und ein optimal auf die Steigerung seiner Motivation abgestimmtes System erstellt werden. Auf der anderen Seite ist die Auswahl des richtigen Anreizes jedoch grundlegend für den Erfolg der Maßnahme. Nur wenn dieser ausreichend begehrenswert ist, besteht die Möglichkeit, die Handlungsziele zu erreichen.

Eine weitere grundlegende Charakteristik eines Anreizsystems ist seine Leistungsabhängigkeit. Je genauer die festgelegte Bemessungsgrundlage vom Anreizempfänger erreicht wird, desto höher ist seine Entlohnung, das heißt, desto höher ist der Anreiz, den er erhält. Somit besteht für den Empfänger ein Anreiz, die ihm gesetzten Ziele im Rahmen seiner Nutzenbewertung möglichst gut zu erreichen.

Die schon bei der Darstellung des Gestaltungsprozesses in Ansätzen beschriebenen Wirkungszusammenhänge eines Anreizsystems sind in Abbildung 2-22 noch einmal in übersichtlicher Form illustriert.[223]

---

[220] Die Unterscheidung zwischen positivem und negativem Anreiz ist willkürlich, da jeder negative Anreiz auch positiv definiert werden kann. So beschreibt Kruse das Beispiel einer Entlassungsdrohung, die auch positiv als Aussicht auf zukünftige Beschäftigung formuliert werden kann. Weiter spornen Prämien zur Leistung an, während Bestrafungen die Existenz eines Beweises von Fehleinschätzungen voraussetzen. Dagegen sind Belohnungen auch bei subjektiven Beurteilungskriterien einzusetzen.

[221] Vgl. Laux (1990), Risiko, Anreiz und Kontrolle, S.7.

[222] Vgl. Brandenberg (2001), Anreizsysteme zur Unternehmenssteuerung, S.38f.

[223] Vgl. Kruse (1998), Anreizsysteme, S.44.

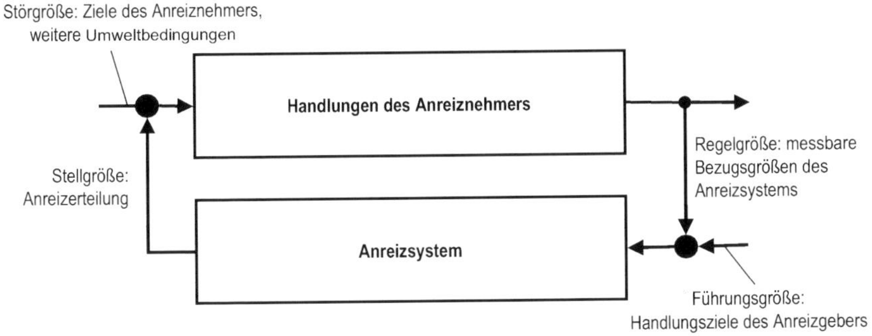

Abbildung 2-22: Wirkungszusammenhänge eines Anreizsystems[224]

In der Darstellung wird die Verbindung der Handlungsziele des Anreizgebers mit den Zielen des Anreiznehmers über das Anreizsystem deutlich (Regler). Der Anreizempfänger wirkt durch sein Handeln auf die Regelgröße (Bezugsgrößen des Anreizsystems) des Regelkreises ein. Der Anreizgeber ist der Gestalter des Anreizsystems und gibt damit auch die Führungsgröße für das Anreizsystem in Form seiner Handlungsziele vor.

Wie oben dargestellt, kommt der Auswahl des richtigen Anreizes eine entscheidende Rolle für die Funktionstüchtigkeit des Systems zu. Um dieser gerecht zu werden, soll im Folgenden eine Übersicht über grundsätzlich verschiedene, mögliche Anreizarten gegeben werden. Ausgehend von der Definition eines „Anreizes im weiteren Sinne" kann eine Reihe von Anreizen untergliedert werden. Extrinsische und intrinsische können dabei sowohl materiell (monetär und nicht monetär) als auch immateriell sein. Eine Übersicht gibt Abbildung 2-23.[225]

---

[224] Vgl. Kruse (1998), Anreizsysteme, S.44.

[225] Neben der hier vorgestellten Gliederung von Anreizen kann darüber hinaus noch eine Fülle von weiteren Unterscheidungskriterien angebracht werden. So z.B. die Trennung in Individual-, Gruppen-, und organisationsweite Anreize; die Trennung nach strategischen oder operativen Anreizen oder die Trennung nach Leistungsanreiz oder Partizipationsanreiz. Vgl. hierzu Kruse (1998), Anreizsysteme, S.42 sowie seine weiteren Verweise.

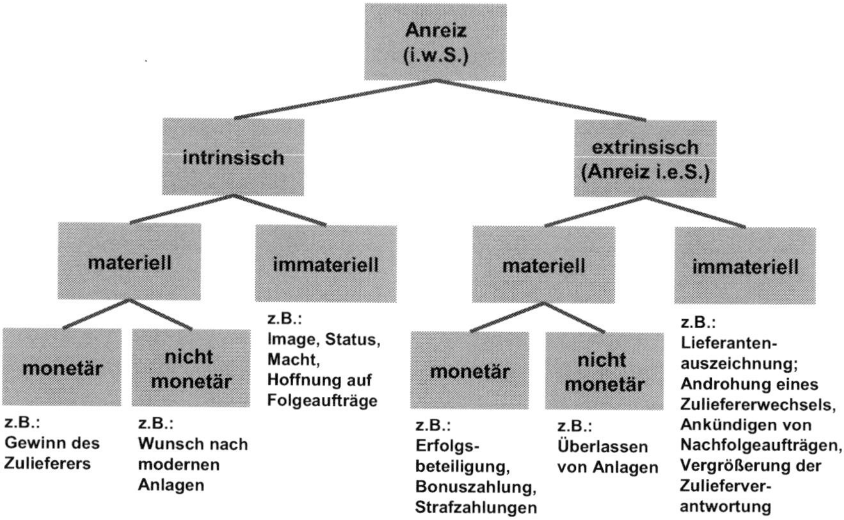

Abbildung 2-23: Klassifikation von Anreizen zur Steuerung der Lieferbeziehungen[226]

Ausgehend von dieser Gliederung stellt KRUSE in seiner Arbeit „Anreizsysteme in Abnehmer-Zulieferer-Kooperation" grob eine Vielzahl möglicher Ausgestaltungen dar.[227] Intrinsische Anreize sind dabei allerdings nicht Hauptgegenstand, da sie durch den Abnehmer nicht aktiv zu beeinflussen sind. Sie ergeben sich aus der Verfolgung der eigenen internen Ziele des Lieferanten. Es ist jedoch bemerkenswert, dass es gerade diese intrinsischen Anreize sind, die ein opportunistisches Verhalten eines Zulieferers auslösen können. So zum Beispiel sein Streben nach kurzfristiger Gewinnmaximierung.[228]

Bei den extrinsischen Anreizen lassen sich materielle von immateriellen Anreizen unterscheiden. Die materiellen Anreize werden dann noch weiter in monetäre und nicht monetäre Anreize untergliedert. Als Beispiel eines nicht monetären Anreizes wird die Überlassung von Anlagen und Maschinen zur Ausstattung einer neuen Fabrik des Lieferanten genannt.[229]

[226] Vgl. ebenda, S.41.
[227] Vgl. ebenda, S.44.
[228] Vgl. ebenda, S.47.
[229] Vgl. Kruse (1998), Anreizsysteme, S.49.

Ein häufig eingesetzter immaterieller Anreiz ist das Instrument der Lieferantenpflege. Hier wird ein bestehendes Verhältnis zu einem Lieferanten partnerschaftlich ausgebaut, um durch eine faire und langfristige Geschäftsbeziehung die Leistungspotenziale des Lieferanten zu erhalten bzw. zu fördern.[230] Dieses Instrument kommt nur bei ausgewählten Lieferanten zum Einsatz, zu denen eine sehr enge Bindung besteht und die eine hohe strategische Bedeutung haben.[231] Des Weiteren werden zunehmend Lieferantenauszeichnungen als Anreiz für eine gute Zusammenarbeit verwendet.

Das dominante monetäre Anreizsystem ist das jährliche Aushandeln von Mengenrabatten mittels sogenannter Rabattstaffeln mit den Lieferanten. Daneben werden zur Absicherung der logistischen Lieferleistung lediglich in Einzelfällen auch Pönalen, Bonuszahlungen bzw. Erfolgsbeteiligungen und die Erhöhung der Lieferquoten bei Gutleistung verwendet.

Damit richtet sich die Gestaltung der Anreizsysteme heute im Wesentlichen am Ziel der Minimierung der Materialpreise durch die Erlangung besserer Rabattstufen aus. Logistische Faktoren spielen eine nur untergeordnete Rolle.

2.3 Defizite bei der Lieferantenkoordination

Wie gezeigt sind die Ausprägungen der Abnehmer-Lieferanten-Beziehungen im Maschinen- und Anlagenbau vielfältig und gerade in der Einzel- und Kleinserienproduktion durch ein hohes Versorgungsrisiko gekennzeichnet. Die sichere Beherrschung einer Vielzahl z.T. projektspezifisch eingebundener Lieferanten stellt damit eine wesentliche Herausforderung für die Unternehmen dar.

Zur Bewertung der logistischen Qualität der Abnehmer-Lieferanten-Beziehungen können die Kennzahlen Termintreue, Lieferbereitschaft und Lieferflexibilität[232] herangezogen werden. Studienergebnisse bescheinigen dem Maschinen- und Anlagenbau bei diesen Kennzahlen generell und insbesondere den Einzel- und Kleinserienherstellern ein geringes Leistungsniveau. So weist die Studie „Beschaffungslogistik im Maschinen und Anlagenbau“ für das Jahr 2008 Lieferverspätungen bei rund einem Sechstel (15,9 Prozent) aller Beschaffungsteile aus. Dabei führt die ungünstige Macht-

---

230 Vgl. Corsten (2008), Betriebswirtschaftlehre, S.386.

231 Vgl. Koppelmann (2000), Beschaffungsmarketing, S.256f.

232 Die Termintreue misst, wie zuverlässig der Lieferant die von ihm abgegebenen Liefertermine einhält. Bei der Messung der Lieferbereitschaft wird erfasst, wie häufig der Lieferant den Wunschtermin des Abnehmers bestätigt und somit inwieweit dieser die Kundennachfrage befriedigt. Die Lieferflexibilität misst die Bereitschaft des Lieferanten auf Termin- oder Mengenänderungen des Kunden nach der eigentlichen Beauftragung einzugehen.

stellung und die hohe Komplexität der Bedarfe bei den Einzel- und Kleinserienfertiger mit ca. 18 Prozent verspäteten Lieferungen zu den schlechtesten Werten der Branche.

Die Problematik einer allgemein nicht geringen Zuverlässigkeit der Lieferanten wird auch durch die Untersuchung der dominanten Störfaktoren im Beschaffungsmanagement des Maschinen- und Anlagenbaus unterstrichen. Die Befragung zeigt, dass die fehlende Liefertreue mit 28,8 Prozent der Nennungen der Störfaktor Nummer eins ist. Sie verursacht knapp die Hälfte aller Fehlteile in der Montage (vgl. Abbildung 2-24).[233] Ein fast identischer Wert wurde von der Unternehmensberatung Simon, Kucher & Partners ermittelt. Bereits 1999 stellten sie fest, dass 30 Prozent der Probleme im Beschaffungsmanagement durch mangelnde Lieferzuverlässigkeit hervorgerufen werden.[234]

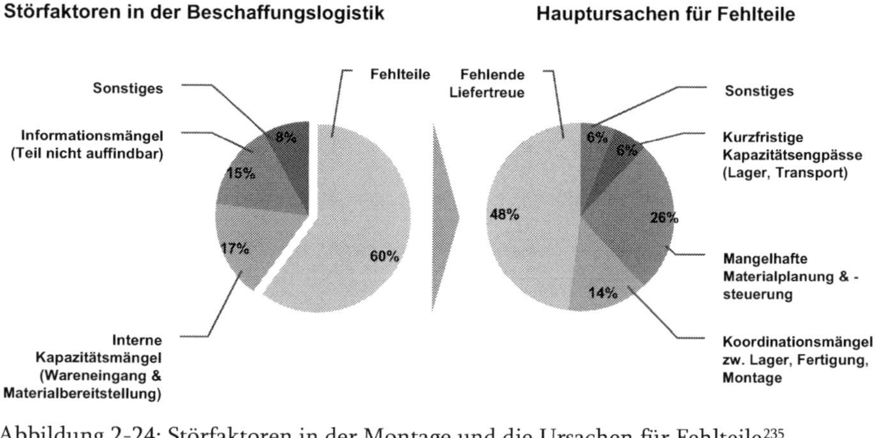

Abbildung 2-24: Störfaktoren in der Montage und die Ursachen für Fehlteile[235]

Um trotz mangelhafter Lieferzuverlässigkeit der Lieferanten die benötigte Teileverfügbarkeit in der eigenen Produktion sicherzustellen, wird die unternehmensinterne Wertschöpfung im Maschinen- und Anlagenbau zu einem großen Teil über verschiedene Lagerstufen vom Beschaffungsmarkt entkoppelt. Potenziell auftretende Mengen-, Termin-, und Qualitätsabweichungen des gelieferten Materials werden im Vorfeld durch Sicherheitsbestände berücksichtigt oder führen zu Montage- und Produk-

[233] Vgl. Schuh (2009), Beschaffungslogistik, S.19.
[234] Vgl. Sebastian, Niederdrenk (1999), Beschaffung, S.385f.
[235] Vgl. Schuh (2009), Beschaffungslogistik, S.19.

tionsstillständen.[236] Der beschriebene Bestandsaufbau und die entstehenden Effizienzverluste sind mit umfangreichen Kosten verbunden. Laut der oben genannten Studie können Unternehmen im Maschinenbau rund 5,4 Prozent ihres Umsatzes durch eine optimierte Koordination der Lieferanten einsparen.[237]

Ursache für die schlechte Lieferleistung der Lieferanten in der Einzel- und Kleinserie ist das erhöhte Versorgungsrisiko der mittelständischen Betriebe in der Beschaffung. Dies resultiert aus zwei branchenspezifischen Faktoren: Einerseits fordert der Maschinenbauer von seinen Lieferanten ein technisch komplexes und individuelles Leistungsprogramm, andererseits sind seine Verbräuche durch die vergleichsweise geringen Gesamtumsätze häufig sporadisch und damit für den Lieferanten schlecht zu prognostizieren. Aufgrund der geringen Umsätze und der fehlenden Skaleneffekte in der Produktion haben die Unternehmen bei der Vielzahl ihrer Lieferanten daher eine untergeordnete Lieferpriorität.

Die Analyse der Lieferantenstruktur zeigt daher auch einen Schwerpunkt der Beschaffung bei Engpasslieferanten, siehe Abbildung 2-25. Diese Lieferantenklasse zeichnet sich durch eine geringe Machtstellung des Abnehmers bei einer relativ geringen Lieferleistung des Lieferanten aus.

Bestehende Konzepte für das Lieferantenmanagement sehen zur Reduzierung des Versorgungsrisikos bei dieser Lieferantenkategorie eine Kombination folgender Maßnahmen vor: kontrollierter Bestandsaufbau, Verbreiterung der potenziellen Lieferantenbasis, weltweite Ausschreibungen, langfristige Rahmenverträge zur Sicherstellung von Liefermengen, weltweite Suche nach alternativen Technologien und Substitutionsmaterialien, Prüfung der Eigenfertigung und konzernweite Bedarfsbündelung durch Einkaufskooperationen.[238]

Bei genauerer Analyse der im Einzelnen vorgeschlagenen Maßnahmen erweisen sie sich für die Einzel- und Kleinserienproduktion des Maschinen- und Anlagenbaus als wenig tauglich.

---

236 Vgl. Hein (2007), Risikomanagement, S.23.

237 Vgl. Schuh (2009), Beschaffungslogistik, S.19.

238 Vgl. Wildemann (1999), Konzept der Einkaufspotentialanalyse; Kraljic (1988), Versorgungsstrategie.

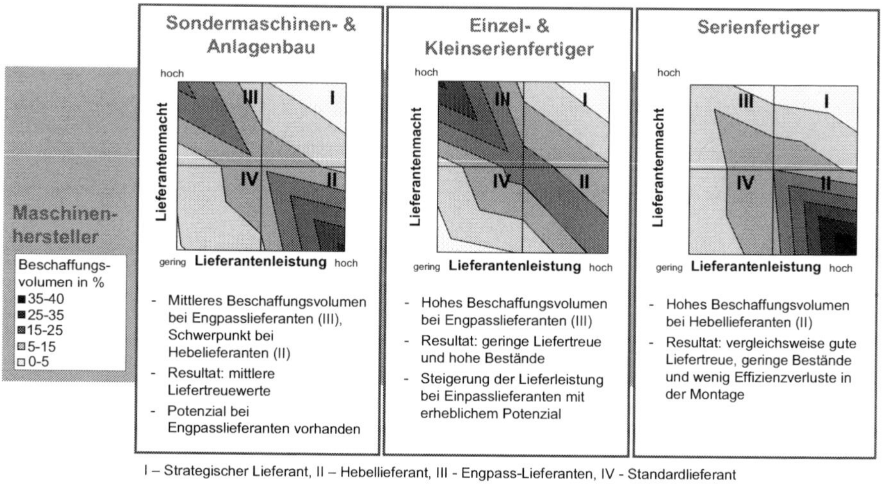

Abbildung 2-25: Vergleich der Lieferantenstruktur bei Maschinenherstellern im Maschinen- und Anlagenbau[239]

In der Einzel- und Kleinserienfertigung sind Beschaffungsbedarfe mit einer geringen bzw. keiner Wiederholrate die Regel. Der Aufbau von Sicherheitsbeständen ist daher aus drei Gründen kritisch zu bewerten. Erstens können nur Bedarfe bereits bekannter Produkte so abgesichert werden. Zweitens verursacht der geringe Verbrauch der bekannten Bedarfe einen geringen Lagerumschlag und damit lange Liegezeiten der Sicherheitsbestände. Diese Liegezeiten sind mit jährlich ca. 25 Prozent des Einkaufswertes der Sicherheitsbestände zu bewerten. Drittens ist die Qualität der zur Festlegung der Sicherheitsbestände notwendigen Absatzprognosen aufgrund unzuverlässiger Absatzzahlen gering. Die geringe Prognosequalität führt zu einem hohen Risiko, dass die als Sicherheit beschafften Artikel nicht mehr in einem weiteren Produkt verbaut werden können und damit der gesamte Wert des Artikels abgeschrieben werden

[239] Basis der Analyse sind die Daten der Studie „Beschaffungslogistik im Maschinen- und Anlagenbau", Anhand der prozentualen Klassifizierung der Beschaffungsquellen als A-, B-, oder C-Kunde wurde die Lieferantenmacht bewertet und die Lieferantenleistung wurde anhand der generellen Liefertreue bewertet. Dazu wurde für die Klasse der „A-Kunde" angenommen, dass 80% der Bedarfe mit geringen und 20% mit mittleren Verspätungen geliefert wurden. Für die Klasse der B-Kunden wurde angenommen, dass 30% der Bedarfe mit geringen, 50% mit mittleren und 20 Prozent mit großen Verspätungen geliefert wurden. Für die Klasse der „C-Kunden" wurde angenommen, dass 5% der Bedarfe mit geringen, 15% mit mittleren und 80 Prozent mit großen Verspätungen geliefert wurden. Geringe Lieferverspätungen liegen vor, wenn der Lieferant bei durchschnittlich 1,5% der Bedarfe nicht termintreu liefert, mittlere Verspätungen liegen bei 10% des Volumens vor und große bei 30% verspäteter Lieferungen.

muss. Die gleichsam hohen Bestandskosten und Effizienzeinbußen durch Fehlteile können als Beleg für die geringe Wirkung dieser Strategie der Versorgungssicherung gewertet werden.

Die Reduzierung des Versorgungsrisikos über eine potenziell breite Lieferantenbasis ist nur auf den ersten Blick eine sinnvolle Maßnahme, da eine breite Lieferantenbasis eine schwächere Verhandlungsposition und zusätzliche Qualifikationsaufwände bei den Lieferanten mit sich bringt. Die Versorgungssicherheit wird dadurch tendenziell reduziert. Nicht eine hohe Anzahl redundanter und daher distanzierter Lieferanten garantiert eine verlässliche Teileversorgung, sondern eine bevorzugte Stellung bei ausgesuchten Zulieferern. In der vergangenen Boom-Phase konnte man die negativen Folgen einer zu breiten Lieferantenbasis gut beobachten. Während die Lieferanten ihre branchenweit knappen Kapazitäten lediglich an bevorzugte Kunden vergaben, wurden Abnehmer mit einer breiten Lieferantenbasis und damit jeweils zu schwachen Abnehmer-Lieferanten-Beziehung von allen Lieferanten gleichermaßen bei den Zuteilungen übergangen.

Auch der weltweite Bezug bzw. die weltweite Suche nach Substitutionstechnologien und -materialien erhöht das Versorgungsrisiko in der Einzel- und Kleinserie, wo aufgrund der fehlenden Wiederholraten Sicherheitsbestände nicht gegen eine fehlerhafte oder ausbleibende Lieferung aus Übersee schützen können. Im Falle einer fehlerhaften Lieferung erhöht sich die mögliche Reaktionszeit zumindest um die Transportzeiten vom Lieferanten zum Abnehmer. Eine fehlerhafte Lieferung aus China führt so in den allermeisten Fällen zu einem mehrwöchigen Lieferverzug.

Die Erhöhung der Eigenfertigungstiefe ist aus wirtschaftlichen Gesichtspunkten in der Einzel- und Kleinserienproduktion i.d.R. ausgeschlossen. Ursachen sind der Mangel an notwendigen Investitionsmitteln und das Problem, die angeschafften Anlagen mit einem unstetigen Auftragsvolumen wirtschaftlich auslasten zu können.

Zusammenfassend kann festgestellt werden, dass die aktuellen Strategieempfehlungen im Umgang mit Engpasslieferanten auf die stärkere Entkopplung vom Liefereranten zielen und dies im Wesentlichen durch den Aufbau von Sicherheitsbeständen vollzogen werden soll. Für die Umsetzung dieser Strategie gibt es am Markt eine Vielzahl an Softwaresystemen, die mithilfe verschiedener Planungsalgorithmen optimale Beschaffungszeitpunkte oder Bestandshöhen festzulegen versuchen. Eine Detaillierte Übersicht über die existierenden Planungsmethoden und –hilfsmittel kann z.B. bei TEMPELMEIER gefunden werden.[240]

In der Serienfertigung sind diese Planungshilfsmittel ein probates Mittel zur Optimierung der Lieferketten. In der Einzel- und Kleinserienfertigung erweist sich die Strategie der Entkopplung aber als kostspielig (siehe die vergleichsweise hohen Bestände) und weitestgehend wirkungslos (siehe die vergleichsweise hohen Fehlteilraten bzw. die großen Effizientverluste in der Montage). Insbesondere in den kritischen Abnehmer-Lieferanten-Beziehungen mit ungünstiger Machtverteilung versagen die heute verfügbaren Koordinationswerkzeuge. Gemessen an den Effizienzverlusten ist der Bedarf an neuen Konzepten zur Steuerung der Lieferantenbasis hier besonders groß.

In dieser Arbeit soll daher die Möglichkeit geprüft werden, ob durch das aktive Steuern der Abnehmer-Lieferanten-Beziehungen durch Anreize eine Verbesserung der Lieferantenkoordination erreicht werden kann. Wie die Übersicht möglicher Anreize in Abbildung 2-23 zeigt, existiert ein großer Freiheitsgrad bei der Ausgestaltung dieser Beeinflussungskonzepte. Grundgedanke ist, dass Anreizsysteme zur Steuerung der Lieferanten gerade an die besonderen Bedingungen der Einzel- und Kleinserienfertigung angepasst werden können.

Im folgenden Kapitel werden dazu die theoretischen Grundlagen zum Aufbau eines Koordinationsmechanismus zur stärkeren Synchronisierung der Wertschöpfungsaktivitäten von Abnehmern und Lieferanten hergeleitet und im Verlaufe der weiteren Arbeit in einem Entwurf für die Gestaltung der Koordinationsprozesse und -instrumente in der Einzel- und Kleinserienfertigung praktisch umgesetzt.

---

240 Vgl. Tempelmeier (2005), Produktion und Logistik.

3 Gestaltung von Koordinationsmechanismen

Die im vorangegangenen Kapitel beschriebenen Defizite bei der Koordination der Abnehmer-Lieferanten-Beziehungen im Maschinen- und Anlagenbau lassen sich auf ein Versagen der herkömmlichen Instrumente zur Überwachung und Steuerung der Lieferanten zurückführen. Gerade bei den kritischen Lieferbeziehungen mit Engpasslieferanten versagen die eingesetzten Koordinationsinstrumente. Statt einer engen Synchronisierung der projektspezifischen Wertschöpfungskette, müssen sich die Abnehmer daher durch Sicherheitsbestände und Kapazitätspuffer von diesen Lieferanten kostspielig entkoppeln.

Für die Entwicklung eines Koordinationsmechanismus zur effektiven Steuerung gerade der kritischen Lieferanten werden in diesem Kapitel die notwendigen theoretischen Grundlagen geschaffen.

Im Folgenden werden daher, nach einer begrifflichen Erläuterung von Koordination, Kooperation und Koordinationsmechanismus, die für diese Arbeit relevanten Theorien der Kooperationsforschung vorgestellt. Im Anschluss daran wird das Vorgehen bei der Gestaltung eines neuen Koordinationsmechanismus anhand der Mechanismus-Design-Theorie detailliert beschrieben. Am Ende des Kapitels werden aufbauend auf diesen Grundlagen Beispiele für effiziente Koordinationsmechanismen aus drei Branchen vorgestellt und auf ihre Anwendbarkeit in den Abnehmer-Lieferanten-Beziehungen des Maschinen- und Anlagenbaus hin untersucht.

3.1 Grundlegende Definitionen

Der Begriff Koordination kommt aus dem Lateinischen und bedeutet das Zusammenfassen, die Abstimmung und die Zuordnung.[241] Koordination wird somit zur Abstimmung von Einzelaktivitäten eines arbeitsteiligen Systems auf ein Gesamtziel eingesetzt.[242] Zweck hierbei ist die Steuerung interdependenter Aktivitäten zwischen

241 Vgl. DWDS (2008), Koordination.

242 Vgl. Gronau (2001), Kollaborative Engineering Communities, S.6; Kieser/Kubicek (1992), Organisationstheorien II, S.95.

den Akteuren.[243]

3.1.1 Zentrale Koordination oder dezentrale Selbststeuerung

Grundsätzlich sind zwei verschiedene Arten der Koordination zu unterscheiden. Die geführte Koordination geht einher mit der Integration einer institutionellen Koordinationsinstanz in das System.[244] Aufgabe dieser Koordinationsinstanz ist die zentrale Informationsverarbeitung und Entscheidungsfindung. Für die Ausführung der getroffenen Entscheidungen sind die einzelnen untergeordneten Bereiche bzw. Unternehmen innerhalb des Netzwerks verantwortlich. Die Kontrolle und Überprüfung der Ergebnisse erfolgt wiederum durch die zentrale Instanz.

Dagegen liegt der ungeführten Koordination die auf rein lokaler Abstimmung basierende Selbstregulation zu Grunde.[245] Selbstregulation wird in der Kybernetik[246] als die Fähigkeit eines Systems bezeichnet, sich selbst durch Rückkopplung in einem stabilen Zustand zu halten.[247] Die Verarbeitung der Informationen, die Entscheidungsfindung und –ausführung, erfolgen von den Teilnehmern daher selbstständig.

Nach WEGEHAUPT enthält jedes erfolgreiche Unternehmensnetzwerk zumindest ein Minimum an zentraler Koordinationsfunktion. D.h. das Prinzip der Selbststeuerung tritt in der unternehmerischen Praxis nie in Reinform auf.[248] Die Koordination in Netzwerken unterscheidet sich damit im Wesentlichen durch den Grad der Zentralisierung der Entscheidungsfindung.

3.1.2 Arten der Entscheidungsfindung bzw. Delegation

Allgemein kann nach KIESER und KUBICEK Koordination entweder durch persönliche bzw. hierarchische Weisung, gegenseitige Abstimmung oder Standardisierung mittels Programmen erreicht werden.[249] Hierarchisch bedeutet hierbei, dass eine übergeordnete Organisationseinheit über Entscheidungs- bzw. Weisungsbefugnisse gegenüber einer tieferliegenden Einheit verfügt. Im Gegensatz dazu steht die gegenseitige Abstimmung, welche den beiderseitigen Informationsaustausch zwischen zwei gleich-

---

243 Vgl. Bodendorf/Robra-Bissantz (2006), eBusiness-Management, S.5ff; Gronau (2001), Kollaborative Engineering Communities, S.6.; Kieser/Kubicek (1992), Organisationstheorien II, S.95.

244 Vgl. Beer (1959), Kybernetik und Management.

245 Vgl. Wegehaupt (2004), Produktionsnetzwerke, S.23.

246 Kybernetik beschäftigt sich als interdisziplinäre Metawissenschaft mit den Strukturen und dem Verhalten von dynamischen Systemen. Das Erkenntnisziel besteht darin, das Systemverhalten und seine konstitutiven Merkmale mittels Modellen und Kalkülen zu beschreiben und durch die Untersuchung von Analogie, allgemeine Gesetzmäßigkeiten im Aufbau von komplexen Systemen zu finden.

247 Vgl. Beer (1959), Kybernetik und Management.

248 Vgl. ebenda.

249 Vgl. Kieser/Kubicek (1992), Organisationstheorien II, S.103ff.

rangigen Organisationseinheiten voraussetzt. Bei der Standardisierung werden Verhaltens- und Verfahrensrichtlinien bereits im Voraus festgelegt. Es erfolgt ein vorausschauendes Bedenken möglicher Lösungswege und eine Reduktion des Handlungs- und Entscheidungsspielraums der beteiligten Organisationseinheiten durch Pläne bzw. Programme.[250]

3.1.3 Effizienz und Effektivität der Koordination

Basis jeder Koordination ist dabei eine effiziente Kommunikation, also die Verbreitung und Verarbeitung von Daten und Informationen.[251] Dabei beschreibt Kommunikation nach LUHMANN die Gesamtheit von Mitteilung (das Wie), Information (das Was) und Verstehen (Ausdividieren von Mitteilung und Information).[252] Im Gegensatz zur Koordination besitzt Kommunikation keinen strukturierenden und/oder abstimmenden Einfluss.[253]

Je nach Organisationsform der Koordination müssen die beteiligten Instanzen mehr oder weniger miteinander kommunizieren, um sich zu koordinieren. Die damit verbundenen Aufwände (Transaktionskosten[254]) bestimmen wesentlich die Effizienz des genutzten Koordinationsprinzips. Damit ist eine hierarchische Delegation tendenziell effizienter als eine gleichberechtigte Abstimmung zwischen den Akteuren. Die Effektivität eines Koordinationsprinzips wird dagegen von der Qualität bzw. dem Nutzenwert der getroffenen Entscheidungen bestimmt. Die Qualität einer Entscheidung wird dabei maßgeblich vom Informationsstand und der Informationsverarbeitungskapazität des Entscheiders (und damit von der Intensität der Kommunikation) bestimmt. Aufgrund der höheren Informationsverarbeitungskapazität erweisen sich bei komplexen Entscheidungsproblemen dezentrale Koordinationskonzepte als effektiver. Hieraus ergibt sich das wesentliche Spannungsfeld bei der Organisation einer Kooperation.

3.1.4 Kooperation

Eine Kooperation kann als ein, zumindest temporärer, Zusammenschluss zweier oder mehrerer Akteure verstanden werden, wodurch ein neues System entsteht. Zur Steuerung dieses neuen Systems werden, je nach Art der Kooperation, unterschiedlichste Formen der Koordination angewendet (siehe oben). Eine Kooperation umfasst dabei potenziell alle Interaktionen von Unternehmen, welche „zwischen den Polen der

250 Vgl. Schmidt (2008), Überbetriebliche Koordinationsprozesse, S.15.

251 Vgl. Wendel (1996), Computerunterstützte Teamarbeit.

252 Vgl. Luhmann/Baecker (2004), Systemtheorie.

253 Vgl. Bodendorf/Robra-Bissantz (2006), eBusiness-Management, S.5ff.

254 Der Begriff der Transaktionskosten wird im Folgenden noch näher beschrieben.

reinen Markttransaktion und der hierarchischen Koordination betrieblicher Aktivität liegen" (vgl. Abbildung 3-1).[255] Somit ist auch bei einer arbeitsteiligen Leistungserstellung innerhalb einer Organisation mit abgegrenzten Teilaufgaben von Kooperation zu sprechen.[256]

Unter dem Begriff „Markt" wird in dem Ansatz der institutionellen Ökonomie der ökonomische Ort des Tauschs verstanden, an dem Anbieter und Nachfrager zusammenkommen. Der Preismechanismus sorgt für eine Allokation der ausgetauschten Güter.[257] Beliebige, (begrenzt) rationale und opportunistische Akteure tauschen zu diesem Preis unabhängig voneinander in diskreten Transaktionen Leistungen aus. Dies macht marktliche Beziehungen flüchtig und kompetitiv.[258] Bei der Weisung in einer Hierarchie werden im Gegensatz zu Märkten eher unspezifizierte Leistungen vor einem langfristigen Hintergrund ausgetauscht. Hierarchie ist neben anderen Koordinationsinstrumenten wie Planungs- und Kontrollsystemen und einer Ungleichverteilung von Macht charakteristisch für abgeschlossene Unternehmensnetzwerke. Der Markt kann somit als spontaner Ordnungsprozess und die Hierarchie als explizite Struktur zur Koordination betrieblicher Aktivität beschrieben werden.

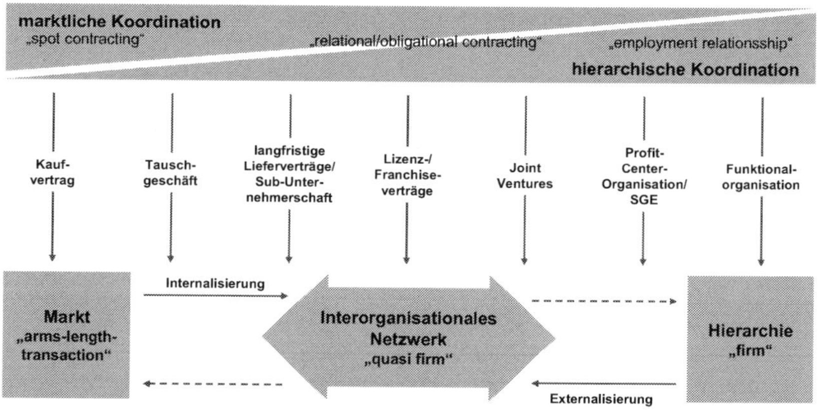

Abbildung 3-1: Organisationsformen ökonomischer Aktivitäten[259]

Jede Kooperation wird durch das Vorhandensein von Einschränkungen bzgl. der

[255] Vgl. Wegehaupt (2004), Produktionsnetzwerke, S.15.
[256] Vgl. Kieser/Kubicek (1992), Organisationstheorien II, S.95.
[257] Vgl. Brösse (1998), Mikroökonomie, S.87
[258] Vgl. Sydow (2002), Netzwerke, S.98.
[259] Vgl. ebenda, S.104.

Verfügbarkeit der zur Leistungserstellung notwendigen Ressourcen und dem technologischen Wissen bestimmt. Diese Einschränkungen machen den Einsatz von Koordinationsmechanismen innerhalb einer Kooperation erst erforderlich.

3.1.5 Koordinationsmechanismus

Da sowohl das Wissen über diese Einschränkungen als auch das Wissen über die jeweiligen Ziele der an der Kooperation mitwirkenden Akteure unterschiedlich verteilt sind, entstehen Informationsasymmetrien. Informationsasymmetrien ermöglichen damit opportunistisches Verhalten der einzelnen Akteure. Zur Durchführung einer Kooperation sind daher Mechanismen erforderlich, die „einen lenkenden Einfluss auf die Elemente des Systems und die darin ablaufenden Prozesse ausüben" und somit das opportunistische Verhalten der Akteure steuern.[260] Mit Hilfe von Koordinationsmechanismen werden die Rahmenbedingungen innerhalb eines arbeitsteiligen Leistungserstellungsprozesses derart verändert, dass Anreize (Sanktionen oder Belohnungen) geschaffen werden, so dass eine Ausrichtung der beteiligten Teilaktivitäten auf ein übergeordnetes Gesamtziel erfolgt.[261] Ein Mechanismus ist dabei ein Regelwerk, das die koordinierenden Institutionen gestaltet. Im weiteren Sinne können so alle Institutionen, Gesetze und Organisationen als Koordinationsmechanismen verstanden werden, da sie eine organisierende, abstimmende Funktion aufweisen.[262]

Somit kann ein Koordinationsmechanismus als der Regler einer Kooperation verstanden werden (siehe Abbildung 3-2). Übertragen auf die Modelle der Regelungstechnik bildet die Kooperation daher die Regelstrecke, auf welche der Regler Koordinationsmechanismus wirkt. Im Falle der termintreuen Koordination der Abnehmer-Lieferanten-Beziehungen im Maschinen- und Anlagenbau kann die Regelgröße als die aktuell gemessene Lieferleistung definiert werden, während die Zielgröße der vom Lieferanten zu erreichende Servicegrad[263] ist. Als Störgrößen sind hierbei sämtliche Nebenbedingungen, welche die Kooperation beeinflussen, zu nennen, wobei Informationsasymmetrien die wohl entscheidende Rolle spielen. Ein Ausführen des

---

260 Vgl. Gronau (2001), Kollaborative Engineering Communities, S.6.

261 Vgl. Kieser/Kubicek (1992), Organisationstheorien II, S.92f.

262 Vgl. Hurwicz/Reiter (2006), Economic Mechanism, S.0.

263 Der Servicegrad gibt allgemein an, wie gut die Lieferbereitschaft eines Lieferanten, eines Lagers, oder verallgemeinert eines vorgelagerten Prozesses ist. Er wird i.d.R. in gewichteter Form definiert und beschreibt die Lieferbereitschaft der vorgelagerten Bereitstellungsstufe pro ausgeliefertem Teil. Der Servicegrad wird als das Verhältnis der pünktlich bedienten Nachfragen zur Gesamtzahl aller Nachfragen angegeben, die jeweils mit der Menge gewichtet werden.

Regelkreises kann in diesem Kontext als Koordination bezeichnet werden.[264]

Analog zur Klassifizierung der Koordinationsprinzipien lassen sich zentrale von dezentralen Koordinationsmechanismen unterscheiden. Ein Mechanismus wird als „Informational dezentralized" bezeichnet, wenn die vorhandene Kommunikation, also die ausgetauschten Informationen, keine vollkommene Transparenz über die äußeren Bedingungen und die Präferenzen der anderen Akteure bietet. In einem dezentralen Koordinationsmechanismus werden damit durch Informationsasymmetrien Anreize für die Akteure geschaffen, die ihnen zugänglichen Informationen zu ihrem persönlichen Vorteil zu nutzen (Opportunismus).

Um Informationsasymmetrien und damit opportunistisches Verhalten gering zu halten, ist eine effiziente d.h. standardisierte Kommunikation die Grundlage für das Funktionieren jedes Koordinationsmechanismus.[265]

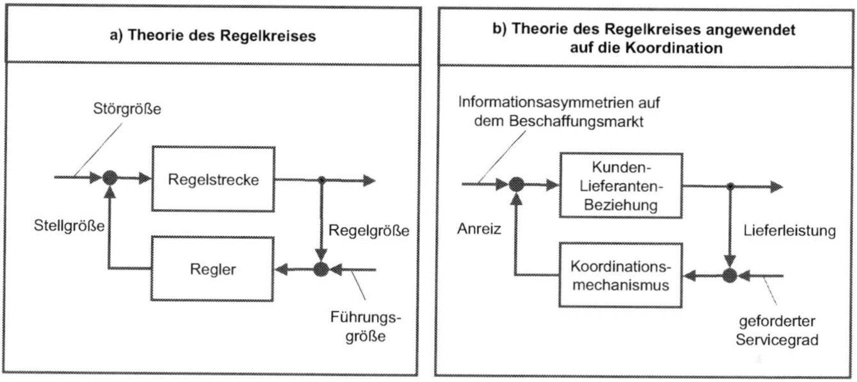

Abbildung 3-2: Koordinationsmechanismen als Regler einer Kooperation[266]

Wie bereits beschrieben verursachen die Aufgaben zur Informationsverarbeitung und –verbreitung, welche zur Gestaltung und Durchführung des Mechanismus nötig sind, Transaktionskosten. Die Transaktionskosten zur Durchführung des Mechanismus entstehen durch das Aneignen, Aufbereiten und Weitergeben von Information und werden wie folgt aufgeschlüsselt: (1) Kosten, um den Teilnehmern Informationen über den Teil der Umwelt bereitzustellen, zu welchem sie direkten Zugang haben. (2) Kosten, um die Menge an Kommunikation bereitzustellen, welche für die Durchführung

[264] In Anl. an Rake (1999), Reglungstechnik, S.9.
[265] Vgl. Hurwicz/Reiter (2006), Economic Mechanism, S.2.
[266] Vgl. ebenda, S.9.

des Mechanismus nötig ist. (3) Kosten zur Verarbeitung von Informationen (Berechnungen eingenommen), die für jeden Teilnehmer nötig sind, um Entscheidungen zu treffen und auf bestimmte Informationen zu reagieren. (4) Verluste, die, bedingt durch Opportunismus der Teilnehmer, zu Abweichungen von den spezifizierten Zielen führen. (5) Kosten zur Durchsetzung der Spielregeln, wenn Teilnehmer diese verletzen.[267] Die genannten Kosten sind neben den erzielbaren Effizienzgewinnen durch eine optimierte Koordination die relevanten Entscheidungsgrößen für den Einsatz eines bestimmten Koordinationsmechanismus.

Die Gestaltung eines Koordinationsmechanismus wird daneben von der Dauer und Intensität der Kooperation und vor allem durch die Machtverhältnisse zwischen den Akteuren bestimmt.[268] Hierbei spielen auch Zielsetzungen zwischen den Partnern, also die Frage, ob gemeinsame (z.B. innerhalb eines Unternehmens) oder komplementäre Ziele (z.B. Preisverhandlungen zwischen Einkäufer und Vertrieb in einer Kunden-Lieferanten-Beziehung) verfolgt werden, eine entscheidende Rolle.[269]

3.2 Ausgewählte Theorien

Ansätze zur Erklärung und Analyse der Wirkung von bestimmten Koordinationsmechanismen sind in der Literatur in einer großen Zahl zu finden. Im Folgenden sollen daher lediglich die für die weitere Untersuchung relevanten Theorien vorgestellt werden.

Nach CHILD und FAULKNER tragen die folgenden Theorien signifikant zu dem Verständnis unternehmensübergreifender Zusammenarbeit bei: (1) Die Transaktionskostentheorie (siehe Abschnitt 3.2.2) gestaltet die Struktur einer Koordinationsform maßgeblich. (2) Die Prinzipal-Agent-Theorie (siehe Abschnitt 3.2.3) geht auf die Beziehung der Akteure in einer Kunden-Lieferanten-Beziehung ein und (3) die Marktmachttheorie (siehe Abschnitt 3.2.4) beschreibt die Gestaltung einer Kunden-Lieferanten-Beziehung aufgrund der Größenverhältnisse zwischen den Unternehmen.[270]

Als grundlegendes Phänomen beschäftigen sich alle aufgeführten Theorien mit dem Entstehen von Informationsasymmetrien und deren maßgeblichem Einfluss auf das Handeln der Kooperationspartner. Für die Analyse der Informationsasymmetrien

---

267 Vgl. ebenda, S.1.

268 Vgl. Child/Faulkner (1998), Co-operation, S.120f.

269 Vgl. Bodendorf/Robra-Bissantz (2006), eBusiness-Management, S.5ff.

270 Vgl. Child/Faulkner (1998), Co-operation, S.17ff.

wurde 2001 der Nobelpreis für Wirtschaft an George Akerlof, Michael Spence und Joseph Stiglitz verliehen. Die von ihnen vertretenen unterschiedlichen Meinungen zur Wirkung von Informationsasymmetrien sind daher der Beschreibung der oben genannten Theorien vorangestellt.

3.2.1 Informationsasymmetrien in unvollkommenen Märkten

Akerlof, Spence und Stiglitz widersprechen mit ihren Folgerungen dem bis Anfang der 70er Jahre vorherrschenden Standpunkt (und damit Adam Smiths Theorie der unsichtbaren Hand), dass in einer Volkswirtschaft lediglich über den Preismechanismus eine optimale Bereitstellung der Güter erreicht wird.[271]

Durch die Metapher der „Invisible Hand" beschreibt der Ökonom und Philosoph Adam Smith 1776 in seinem Buch „The Wealth of Nations" auf den Grundannahmen des klassischen Liberalismus[272] die Selbstorganisation von chaotischen, komplexen Systemen, die sich, wie von einer unsichtbaren Hand gesteuert, verhalten.

In diesem Sinne wird nach Smith in einem dezentralen, ökonomischen System lediglich durch das eigennützige Streben der Marktteilnehmer nach Deckung ihres Güterbedarfs eine optimale Ressourcenallokation erreicht. Voraussetzung für das Wirken des Prinzips der unsichtbaren Hand ist ein freier Markt ohne jegliche Einschränkungen. Somit sorgt die Selbstregulierung der unsichtbaren Hand für einen Ausgleich von Angebot und Nachfrage über den Mechanismus des Preises.[273] Kritik wird dem Prinzip aufgrund der Güterverteilung, welche nicht zwangsläufig mit den Werten des modernen Sozialstaats korrespondiert, entgegengebracht. Fälle, in denen der Marktmechanismus nicht die optimale Allokation der Ressourcen hervorbringt, werden in der modernen Wirtschaftswissenschaft als Marktversagen bezeichnet.

Im Gegensatz hierzu steht das Modell des unvollkommenen Marktes, in welchem der Staat als dritte Wirtschaftsgruppe agiert und von einer eingeschränkten Rationalität aller Akteure ausgegangen wird. Die Wirtschaftssubjekte agieren subjektiv und opportunistisch, d.h. die Maximierung des eigenen Nutzens wird unter allen Umständen

---

[271] Vgl. Lofgren et al. (2002), Asymmetric Information.

[272] Liberalismus ist eine Geisteshaltung sowie die darauf aufbauende politisch-philosophische Lehre und politische Ausrichtung, die individuelle Freiheit als normative Grundlage der Gesellschafts- und Wirtschaftsordnung darstellt.

[273] Vgl. Smith (1904), Wealth of Nations.

angestrebt.[274] Nach WILLIAMSON und COASE entstehen aus diesem Opportunismus bei jeder Interaktion Informationsasymmetrien.[275]

Nach AKERLOF existiert der vollkommene Markt nur im Lehrbuch. In seiner Abhandlung „The Market of Lemons" beschreibt er das Problem der Informationsasymmetrien und des daraus resultierenden Opportunismus zwischen den Marktteilnehmern am Beispiel des Gebrauchtwagenmarkts in den USA. In diesem Rahmen prägte GEORGE AKERLOF vor allem den Begriff der Adverse Selection. Das Phänomen Adverse Selection bedeutet im Falle des Gebrauchtwagenmarkts, dass der Verkäufer grundsätzlich besser über den Zustand des Autos informiert ist als der Käufer. Dem „uninformierten" Käufer erscheinen sämtliche Fahrzeuge eines Typs gleich und er kann lediglich die durchschnittliche Qualität des Fahrzeugtyps, z.B. aus der Fachpresse, einschätzen. Da der Käufer nicht in der Lage ist, eine bessere Qualität zu erkennen, wird er auch nur den Preis für einen Gebrauchtwagen zahlen, welcher dem Preis für einen durchschnittlichen Wagen entspricht. Das Resultat dieser Informationsasymmetrien ist, dass Verkäufer, die Wagen einer höheren Qualität anbieten, vom Markt vertrieben werden, da sie stets nur den Preis für die durchschnittliche Qualität des Gebrauchtwagens erhalten. Somit werden lediglich Fahrzeuge mit einer niedrigeren Qualität (Lemons) gehandelt, was mit dem Begriff der Adverse Selection bezeichnet wird. Dies hat zur Folge, dass, sobald die Käufer die verringerte durchschnittliche Qualität der Wagen bemerken, auch der durchschnittliche Preis sinkt. Folglich werden noch weniger gute Fahrzeuge angeboten. Durch das ständige Unterbieten des Preises ist somit auf lange Frist, laut AKERLOF, das einzige mögliche Gleichgewicht in einem Markt mit asymmetrischer Information, dass das Angebot gleich der Nachfrage gleich Null ist.[276]

Dem widersprechen SPENCE und STIGLITZ mit dem Argument, dass der Kunde bei einem immer niedrigeren Preis davon ausgeht, dass auch die Qualität des Produktes gesunken sein muss und somit u.U. das Produkt nicht mehr kaufen wird. Auch Reputationen und Garantien sprechen gegen das von Akerlof beschriebene Marktphänomen „the bad drive out the good". Da man in einer Volkswirtschaft von wiederholten Interaktionen der Marktpartner ausgehen kann, spielt der Ruf eines Verkäufers eine wichtige Rolle. Somit kann Informationsaustausch zwischen den Käufern zu dem

---

[274] Vgl. Gabler (2001), Wirtschaftslexikon.

[275] Vgl. Coase (1937), Nature of the Firm; Williamson (1996), Transaktionskostenökonomie.

[276] Vgl. Akerlof (1970), The market for Lemons, S.70ff.

Aufdecken eines opportunistisch handelnden Verkäufers führen, wodurch dieser Probleme haben wird seine Ware abzusetzen.[277]

Nach SPENCE wird durch das Phänomen des sogenannten Signalling der informierten Seite gegenüber der uninformierten Seite die Adverse Selection und damit die Informationsasymmetrien gemindert.[278] In dem Fall des oben beschriebenen Gebrauchtwagenmarktes senden die Verkäufer von Fahrzeugen mit einer höheren Qualität bestimmte Signale aus, um die Käufer von der Überlegenheit ihrer Fahrzeuge zu überzeugen. Derartige Signale können z.B. gute Bewertungen in Fachzeitschriften oder auch das Gewähren von Garantien sein, welche das Risiko des Käufers reduzieren und diesem das Gefühl geben, anhand von Preis und Garantie die Qualität des Produkts ableiten zu können.[279] Da private Händler selbst oftmals nicht ausreichend Informationen über die Qualität der von ihnen verkauften Fahrzeuge besitzen, kann begründet werden, wieso Garantien folglich meist nur von kommerziellen Anbietern gewährt werden.

Nach STIGLITZ können Informationsasymmetrien auch durch Screening beseitigt werden.[280] Dieses Konzept besagt, dass die uninformierte Partei versucht, die informierte in verschiedene Klassen einzuteilen. Am anschaulichsten lässt sich dieser Effekt anhand von Kfz-Haftpflichtversicherungen verdeutlichen. Da die Versicherungsgesellschaft das Fahrverhalten und somit das Risiko ihrer Kunden nicht kennt, werden verschiedene Versicherungen hinsichtlich Selbstkostenanteil und Prämien angeboten, was zu einer Trennung der verschiedenen Risikogruppen führt. So wird ein vorsichtiger Autofahrer eher dazu neigen, eine Teilkasko-Versicherung mit niedrigen Prämien und hohen Selbstkostenanteil abschließen, während ein aggressiverer Fahrer eher eine Vollkasko-Versicherung mit höheren Prämien aber niedrigerem Selbstkostenanteil bevorzugt.[281]

3.2.2 Transaktionskostentheorie

Die Transaktionskostentheorie bildet neben der im folgenden Abschnitt beschriebenen Prinzipal-Agent-Theorie einen wesentlichen Pfeiler der Neuen Institutionenökonomie. Sie versucht, durch den Ansatz, dass alle ökonomischen Handlungen (Transaktionen) mit Zeit und Aufwand und damit mit Kosten verbunden sind, Infor-

---

[277] Vgl. Child/Faulkner, Co-operation, S.29.
[278] Vgl. Spence (1976), Market Structure. S.340ff.
[279] Vgl. Lofgren et al. (2002), Asymmetric Information.
[280] Vgl. Stiglitz (1990), Imperfect Information.
[281] Vgl. Eisenhut (2006), VWL, S.58.

mationsasymmetrien zu erklären.[282] Transaktionskosten können daher auch als das ökonomische Äquivalent zu den Reibungsverlusten in physikalischen Systemen interpretiert werden.[283] Damit sind Transaktionskosten ein wesentliches Bewertungskriterium für die Effizienz der eingesetzten Koordinationsmechanismen. Die Transaktionskostentheorie liefert ein Erklärungsmodell, um die spezifisch optimale Organisationsform für ein Unternehmen bzw. Unternehmensnetzwerk zu finden. Tabelle 3-1 stellt einen Überblick über die Kostenarten dar, die üblicherweise unter die Transaktionskosten fallen.

Ex ante	Ex post
- Informationsbeschaffungskosten - (z. B. Informationssuche über potenzielle Lieferanten) - Anbahnungskosten (z. B. Kontaktaufnahme) - Vereinbarungskosten (z. B. Verhandlungen, Vertragsformulierung)	- Abwicklungskosten (z. B. Auftragsabwicklungs- oder Transportkosten) - Kontrollkosten (z. B. Einhaltung von Termin-, Qualitäts- oder Preisvereinbarungen) - Änderungs- bzw. Anpassungskosten (z. B. Termin-, Qualitäts-, Mengen- und Preisänderungen)

Tabelle 3-1: Aufstellung möglicher Transaktionskosten

Gemäß der Transaktionskostentheorie wählen Unternehmen die Koordinationsformen, mit der sie ihre Transaktionskosten – bei gleichen Herstellungskosten – minimieren können.

In der Transaktionskostentheorie wird von einer begrenzten Rationalität aller beteiligten Parteien ausgegangen, die unter allen Umständen versuchen, ihren Nutzen zu maximieren (Opportunismus).[284] Hierbei beeinflussen eventuelle Unsicherheiten die Entscheidungen der Akteure. Diese werden in parametrische Unsicherheiten, also externe Unsicherheiten wie Umwelteinflüsse oder Marktveränderungen und Unsicherheiten, welche sich auf das Verhalten des Vertragspartners beziehen, unterteilt.[285] Der Umgang mit Unsicherheit wird im Wesentlichen durch die im Markt erreichbare Machtstellung der handelnden Parteien bestimmt. Daneben lässt sich noch die Häufigkeit der Transaktionen, da hier Skalen- und Synergieeffekte genutzt werden können, als weiteres, wichtiges Charakteristikum nennen.

[282] Vgl. Child/Faulkner (1998), Co-operation, S.40.
[283] Vgl. Williamson (Ökonomische Institutionen), 1990, S.19.
[284] Vgl. Williamson (1996), Mechanism of Governance; Williamson (1990), Ökonomische Institutionen, S.51f.
[285] Vgl. Williamson (1989), Transaction Cost Economics, S.143f.

3.2.3 Prinzipal-Agent-Theorie

Als Teilgebiet der Neuen Institutionenökonomik bietet die Prinzipal-Agent-Theorie ein Erklärungsmodell, um das Handeln von Akteuren (Prinzipal und Agent) in hierarchischen Beziehungen bzw. Netzwerken mit asymmetrischer Informationsverteilung zu erklären.[286]

Um Aufgaben nicht selbst zu erledigen, überträgt der Prinzipal dabei Aufgaben und Entscheidungskompetenzen auf den Agenten. Die Handlungen des Agenten beeinflussen damit nicht nur seinen eigenen Nutzen, sondern auch den des Prinzipals. Da die Ziele des Prinzipals meist denen des Agenten entgegenstehen, bedarf es gezielter Koordinationsmechanismen des Prinzipals, um seine Interessen wahren zu können. Ziel der Prinzipal-Agent-Theorie ist es daher, ein Regelwerk für den Agenten zu entwickeln, das ihn dazu bewegt, im Interesse seines Prinzipals zu handeln.[287]

Agency-Probleme beruhen zum einen auf der unvollständigen Information der Individuen. Hinter der unvollständigen Information verbirgt sich die Unfähigkeit der handelnden Akteure, eine Situation in allen Einzelheiten und Konsequenzen zu erfassen. Zum anderen liegt die Annahme zugrunde, dass jedes Individuum seinen individuellen Nutzen maximieren möchte. Drei Arten asymmetrischer Informationsverteilung lassen sich dabei voneinander abgrenzen:

- Kann der Prinzipal die Handlungen des Agenten nicht beobachten und kann er auch im Nachhinein nicht zweifelsfrei auf die Handlung des Agenten zurückschließen, liegt ein Modell mit versteckter Handlung (Hidden Action) vor.[288]
- Ist dem Prinzipal im Gegensatz zum Agenten der Umweltzustand nicht bekannt, von dem abhängt, welche beobachtbare Aktion der Agent wählen sollte, so spricht man von versteckter Information (Hidden Information).[289]
- Verfügt der Agent bereits zum Zeitpunkt des Vertragsabschlusses über Informationen im Hinblick auf seinen Typ (etwa seine Leistungsfähigkeit, seine Leistungswilligkeit oder die Qualität eines von ihm angebotenen Produkts), die der Prinzipal nicht hat, so handelt es sich um ein Prinzipal-Agent-Modell mit versteckten Eigenschaften (Hidden Characteristics).[290]

---

[286] Vgl. Erlei/Leschke/Sauerland (2007), Institutitonenökonomik, S.69ff.
[287] Vgl. ebenda, S.69ff.
[288] Vgl. Alparslan (2005), Principal-Agent-Theorie, S.22f.
[289] Vgl. Roiger, Anreizsysteme, S.15.
[290] Vgl. Alparslan (2005), Principal-Agent-Theorie, S.21.

Zur Überwindung der aus asymmetrischer Informationsverteilung resultierenden Verhaltensunsicherheiten und damit einhergehenden Wohlfahrtsverlusten sind institutionelle Regelwerke (Koordinationsmechanismen) zu schaffen. Dies sind z.B. anreizkompatible Verträge oder aber Investition bzw. Mittelfreigaben erst nach Meilensteinen.[291] Die dabei entstehenden Kosten für die Überwindung von Informationsasymmetrien werden Agency Costs genannt. Sie setzen sich aus (1) Signalisierungskosten des Agenten, (2) Steuerungs- und Kontrollkosten des Prinzipals und einem (3) residualen Wohlfahrtsverlust zusammen. Der Wohlfahrtsverlust resultiert daraus, dass Spezialisierungsvorteile eines arbeitsteiligen Systems nicht optimal genutzt werden können. Ziel der Principal-Agent-Theorie ist es daher, durch geeignete Koordinationsmechanismen bestehende Anreizproblematiken kostenminimierend zu lösen.[292]

3.2.4 Marktmachttheorie

3.2.4.1 Macht

In der Literatur ist eine Vielzahl an Definitionen zum Thema Macht zu finden.[293] Übereinstimmung aller dieser Definitionen ist, dass ein Machtausübender das Verhalten eines Machtunterlegenen beeinflussen kann und dies zu einem bestimmten Zweck tut.[294]

Dementsprechend beschreiben PFEFFER und SALANCIK in ihrem Buch „The external control of organizations"[295] Macht als die Fähigkeit, Unsicherheit und Kosten zu minimieren. Macht drückt sich im Ausmaß der Strafen und Belohnungen aus, die die Kontrahenten gegen sich ausbringen können. Die Folge hiervon ist, dass der jeweils Mächtigere sein gewünschtes Verhandlungsergebnis mit geringeren Kosten erreichen kann, als der Machtunterlegene.[296] Ein Verhandlungsergebnis kann daher antizipiert werden, wenn die Machtbeziehungen zwischen den Partnern transparent sind.

Macht entsteht im Zuge kritischer und knapper Ressourcen in Austauschbeziehungen.[297] Der Begriff Macht ist damit eng an den Begriff der Abhängigkeit gekoppelt (siehe auch die Beschreibung der Charakteristika einer Abnehmer-Lieferanten-Beziehung in Kapitel 2.1.6). Die Abhängigkeit einer Organisation kann als Produkt aus der Bedeutung einer Ressource und dem Ausmaß, zu dem diese von einigen we-

---

291 Vgl. Hart/Holmstrom (1987), The theory of contracts, S.71ff.

292 Vgl. ebenda, S.71ff.

293 Vgl. Weber (1972), Wirtschaft; Pfeffer (1994), Managing with Power; Nicolini (1978), Marktmacht et. al.

294 Vgl. Weber (1972), Wirtschaft, S.38.

295 Vgl. Pfeffer (1978), Control of Organizations.

296 Vgl. Nicolini (1978), Marktmacht, S.70ff.

297 Vgl. ebenda, S.284.

nigen anderen Organisationen kontrolliert wird, definiert werden (siehe auch Beschreibung des Versorgungsrisikos einer Beschaffungsteils in Kapitel 2.1.6.2).[298] Anders ausgedrückt wird das Machpotenzial bzw. die Abhängigkeit zum einen über den Problemlösungsbedarf eines Akteurs und zum anderen über seine Alternativen zur Beschaffung der Problemlösung bzw. der benötigten Ressource determiniert.[299] Abhängigkeit bestimmt die Macht einer fremden Organisation über die eigene und ist somit ein Maß dafür, wie stark diese Organisation in die eigene Entscheidungsfindung eingebunden werden muss (in unserem Fall z.B. die Lieferterminabstimmung mit einem Lieferanten). Diese Abhängigkeit kann sich unter gewissen Umständen relativieren, wenn z.B. beide Organisationen von In- bzw. Outputs der jeweils anderen abhängen. Im Falle einseitiger Abhängigkeit wird die abhängige Organisation darum bemüht sein, den Grad der Abhängigkeit zu reduzieren. Mögliche Mechanismen zur Machtreduktion sind beispielsweise die Verbesserung der eigenen Alternativen z.B. die Suche nach neuen Bezugsquellen der Ressource, die Verschlechterung der Position des Machtausübenden z.B. durch Bilden einer Koalition der Schwachen oder auch die Kooperation mit dem Ressourceninhaber.

3.2.4.2 Marktmacht

Marktmacht wird in der Literatur häufig auch mit Marktanteil und Marktkonzentration in Verbindung gebracht. Weitere Dimensionen der Marktmacht sind Anzahl der Marktteilnehmer, finanzieller und politischer Rückhalt und Marktzugangsmöglichkeiten.[300] Als Messgröße für die Marktnacht eines Unternehmens wird häufig die erzielbare Gewinnmarge angeführt.

In Bezug auf kleine Abnehmer haben Anbieter ein deutliches Übergewicht an Marktmacht, da sie einseitig über die entsprechenden Produktionsmittel verfügen, um Güter herzustellen und die Abnehmer keine Einflussmöglichkeit auf ihre Verwendung haben. Hinzu kommt die Konzentration der Märkte, die großen Unternehmen eine wachsende Planungs- und Entscheidungsfreiheit zukommen lässt und eine unzureichende Information der Abnehmer über tatsächliche Eigenschaften des Produktes ermöglicht. Macht ermöglicht damit opportunistisches Verhalten der Großunternehmen aufgrund von Informationsasymmetrien.

Im Konsumentenbereich bilden hierzu Institutionen wie die Stiftung Warentest, die versuchen, Verbraucher objektiv über Produkte zu informieren, eine Gegenmacht.[301]

[298] Vgl. ebenda, S.51.

[299] Vgl. Pfeffer (1994), Managing with Power, S.92.

[300] Vgl. Andrae (1986), Markmacht, S.81.

[301] Vgl. Martin (1977), Marktmacht, S. 38-41.

In der Terminilogie von STIGLITZ und SPENCE vergibt die Stiftung Warentest ein Gütesiegel, das die Informationsasymmetrien im Markt verringert und dadurch der Adverce Selection entgegenwirkt.

3.2.4.3 Anwendung von Macht in Abnehmer-Lieferanten-Beziehungen

Marktmacht liegt damit vor, wenn ein Marktteilnehmer in der Lage ist, wirtschaftliche Aktionsparameter gegen den Willen der anderen Akteure zu seinem eigenen Vorteil zu beeinflussen. Im Einklang mit dieser Definition von Macht postuliert die Marktmachttheorie, häufig auch Monopoltheorie genannt, dass Unternehmen in neue Geschäftsbereiche diversifizieren, um dadurch ihre Marktmacht zu erhöhen.[302]

Eine dominierende Marktstellung versetzt ein Unternehmen in die Lage, Marktpreise, Absatzmengen und Art der abgesetzten Produkte zu kontrollieren und auf diese Weise überdurchschnittliche Gewinne zu generieren.[303]

Die Marktmacht eines diversifizierten Unternehmens ist eine Funktion der Marktstellung des Unternehmens in den jeweiligen Märkten, in denen es mit seinen einzelnen Geschäftsfeldern aktiv ist. Es kann durch seine Stellung in einem Marktsegment die Position eines anderen Marktsegments positiv beeinflussen. Hierzu sind in der Literatur eine Reihe von Taktiken bekannt[304]:

- Interne Subventionierung: Finanzstarke Unternehmen nutzen die Möglichkeit, Verluste einer Geschäftseinheit durch Gewinne einer anderen Einheit auszugleichen. Auf diese Weise sind sie in der Lage, Leistungen in umkämpften Märkten unter den Kosten der Wettbewerber anzubieten und somit finanzschwächere Konkurrenten aus dem Markt zu drängen.
- Gegenseitigkeitsgeschäfte: Bei Gegenseitigkeitsgeschäften kaufen zwei oder mehr Unternehmen, die jeweils potenzielle Käufer der Produkte des anderen sind, voneinander Produkte. Dabei nutzt eines der Unternehmen seine Marktmacht, um das andere Unternehmen zu Gegenseitigkeitsgeschäften zu zwingen.
- Ausschließlichkeitsgeschäfte: Ausschließlichkeitsgeschäfte liegen vor, wenn ein Unternehmen seine Markmacht gegenüber seinen Abnehmern oder Lieferanten derart ausnutzt, dass es sie zwingt, ausschließlich mit ihm Geschäfte zu tätigen.

---

[302] Vgl. Shepherd (1970), Market Power an Economic Welfare, S.3.
[303] Vgl. ebenda, S.3.
[304] Vgl. Stratmann (2005) Kerngeschäftsstrategien, S.54.

- Kopplungsgeschäfte: Unternehmen mit Marktmacht können den Verkauf eines Produktes an die zusätzlichen Abnahmen eines oder mehrerer anderer Produkte koppeln. Auf diese Weise kann ein erfolgreiches Produkt die schwächere Stellung eines anderen Produktes verbessern.

Das Ausnutzen von Marktmacht durch Großunternehmen (seien es Konzerne mit unterschiedlichen Marktsegmenten oder aber Holdingstrukturen mit einer Vielzahl eigenständiger Maschinenbauer) ist im Maschinen- und Anlagenbau in den unterschiedlichsten Formen anzutreffen und wirkt sich u.a. negativ auf die Liefertreue bei Lieferungen an die mittelständische Konkurrenz der Großunternehmen aus. So waren in den Boomjahren von 2006 bis 2008 Kompensationsgeschäfte für bevorzugte Lieferzuteilungen (z.B. bevorzugte Zuteilung im Maschinenbau gegen Aufträge im Automobilbereich u.ä.) ein probates Mittel der Großunternehmen Lieferengpässe zu vermeiden. Bei den kleineren Konkurrenten führten solche Geschäftspraktiken zu einer weiteren Verschärfung der Teileversorgung, da sie als Konsequenz der Bevorzugung der großen Kunden bei den Zuteilungen der Engpassmaterialien (Guss, Wälzlager) regelmäßig leer ausgingen.

3.3 Entwicklung von Koordinationsmechanismen

Nachdem die relevanten Grundlagen über die Einflussgrößen und Gestaltungsmöglichkeiten einer Kooperation dargestellt worden sind, soll im Folgenden das Vorgehen bei der Entwicklung eines spezifischen Koordinationsmechanismus auf Basis der Spieltheorie skizziert werden.

3.3.1 Spieltheorie belegt den Nutzen einer Kooperation

Die Spieltheorie wurde in den 40er Jahren des 20. Jahrhunderts von den Mathematikern John von Neumann und Oskar Morgenstern begründet und steht in einem engen Zusammenhang mit wettbewerbstheoretischen Überlegungen. Sie behandelt interdependente Entscheidungssituationen auf der Basis der neoklassischen Rationalitätsaxiome. Rationalität bedeutete hier, dass ein Spieler sich in seinen Entscheidungen nutzenmaximierend verhält, wobei persönliche Präferenzen etc. keine Rolle spielen.[305]

Durch Formalisieren des Spiels unter bestimmten Nebenbedingungen wird versucht, den Spielausgang vorherzusagen und entsprechende Referenzstrategien (Gleichgewichte) zu finden.[306] Ein spieltheoretisches Gleichgewicht stellt das Nash-

[305] Vgl. Zentes et. al. (2003), Kooperationen, S.124.

[306] Vgl. Fees (2000), Mikroökonomie, S.677ff.

Gleichgewicht dar, welches eine Situation beschreibt, in der kein Spieler seinen Nutzen durch abweichendes Verhalten erhöhen kann, sofern alle anderen Spieler bei ihren Strategien bleiben.[307] Innerhalb der Spieltheorie wird ein Zustand als paretoeffizient bezeichnet, wenn kein Spieler besser gestellt werden kann, ohne dass ein anderer schlechter gestellt wird.[308]

Eines der bekanntesten Koordinationsprobleme, das mittels der Spieltheorie erklärt werden kann, ist das Gefangenendilemma. Das Gefangenendilemma beschreibt eine Situation, in der das rationale Verhalten zweier Personen zu einem nicht paretoeffizienten Ergebnis führt. Die Ausgangslage dieses Szenarios ist die Verhaftung zweier Personen, welche beschuldigt werden, ein Verbrechen begangen zu haben. Nachgewiesen werden können jedem nur geringe Verstöße gegen das Waffengesetz, aber nicht der gemeinsam begangene Raub. Beide Personen werden getrennt voneinander verhört, wobei ihnen folgendes Angebot gemacht wird: Gesteht nur der eine Gefangene, so kommt dieser frei, während sein Komplize für 5 Jahre ins Gefängnis muss. Gestehen beide, so kommen beide für 4 Jahre ins Gefängnis, gesteht jedoch keiner, so werden beide nur aufgrund des Verstoßes gegen das Waffengesetz verurteilt und müssen beide für 1 Jahr ins Gefängnis. Diese Entscheidungssituation ist in Abbildung 3-3 schematisch dargestellt.[309]

Offensichtlich wäre der beste Zustand, wenn beide Gefangenen nicht gestehen, denn dann wäre die Gesamtstrafe am geringsten. Die Situation der Gefangen gestaltet sich aber wie folgt:

- Wenn A davon ausgeht, dass B schweigt, wäre es für A am Besten, B zu verraten, denn dann geht er straffrei aus.
- Wenn A davon ausgeht, dass B ihn verrät, dann wäre es für A wiederum am Besten, B zu verraten.[310]

Also ist rational gesehen die dominante Strategie, also die unabhängig von der Strategie des anderen überlegene Strategie, den anderen zu verraten, denn dies führt immer zu einer geringeren Strafe (4 statt 5 Jahre bzw. 0 statt 1 Jahr). Verraten nun beide Gefangenen einander, so müssen beide je 4 Jahre ins Gefängnis, was das schlechteste aller möglichen Ergebnisse ist. Aufgrund der Tatsache, dass die Maximierung des Eigennutzes dazu führt, dass beide Teilnehmer schlechter gestellt werden, widerspricht

307 Vgl. ebenda, S.768.
308 Vgl. Stiglitz (1979), Imperfect Information, S.285f.
309 Vgl. Fees (2000), Mikroökonomie, S.43ff.
310 Vgl. ebenda, S.43ff.

das Gefangenendilemma dem Modell der „unsichtbaren Hand", die eine Nutzenoptimierung des Gesamtsystems alleine durch das Streben jedes Einzelnen nach seinem Optimum beschreibt.[311]

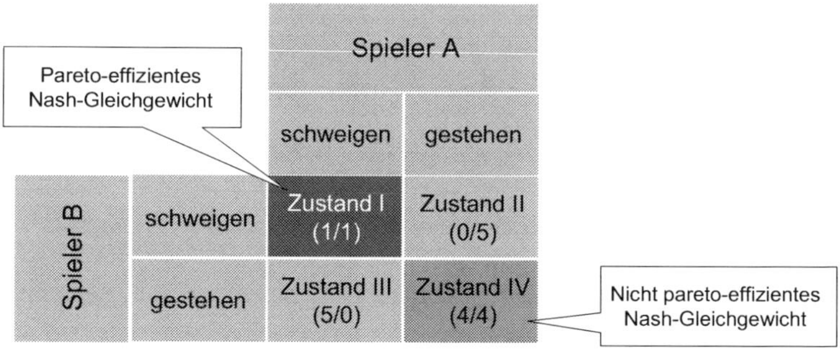

Abbildung 3-3: Entscheidungssituation im Gefangenendilemma[312]

Die der Spieltheorie zu Grunde liegenden Situationen sind von Entscheidungsinterdependenz geprägt und haben einen strategischen Charakter. Dies macht die Spieltheorie zu einem wichtigen Hilfsmittel bei der Untersuchung von Beziehungen zwischen Wettbewerbern, da sie das Verständnis für die Entstehung und Gestaltung von Kooperationen fördert.[313] Aufgrund der Unterstellung absoluter Rationalität, also absoluter Nutzenmaximierung der Entscheider, ist der Realitätsgehalt spieltheoretischer Ansätze umstritten.[314] Dennoch lassen sich in der Spieltheorie auch Modelle berücksichtigen, die in der klassischen Ökonomie außer Acht gelassen wurden (z.B. Transaktionskosten).

3.3.2 Mechanismus-Design-Theorie als Teilgebiet der Spieltheorie

Als ein Teilgebiet der Spieltheorie legt die Mechanismus-Design-Theorie in einer opportunistisch geprägten Multiagenten-Spielsituation Regeln fest und schafft dadurch Anreize, um ein gewünschtes Gesamtergebnis, z.B. eine höhere Funktionalität des Marktes und damit eine optimale Ressourcenallokation, zu erzielen.[315]

Grundsätzlich wird bei der Mechanismus-Design-Theorie davon ausgegangen, dass auch unvollkommene Märkte in vielen Fällen vergleichsweise gut funktionieren, je-

311 Vgl. Campbell (2006), Incentives, S.33.
312 i.A.a. Fees (2000), Mikroökonomie, S.57.
313 Vgl. Wegehaupt (2004), Produktionsnetzwerke, S.28.
314 Vgl. Zentes et. al. (2003), Kooperationen, S.45.
315 Vgl. Dutta (1999), Strategies and Games, 349f.

doch der Preismechanismus alleine in einem Markt mit asymmetrischer Informationsverteilung, begrenzter Rationalität und vorherrschendem Opportunismus nicht zu dem gewünschten Ergebnis führt.[316]

Zielfrage hierbei ist, wie und mit welchen Mechanismen eine optimale Allokation der Ressourcen erreicht werden kann. Ein Mechanismus wird dabei als ein Satz von Regeln verstanden, welcher die Interaktionen von Spielern steuert. Statt zu fragen, wie ein definiertes Spiel funktioniert, findet eine rekursive Anwendung der spieltheoretischen Analyse statt, d.h. es wird analysiert, wie ein Spiel gestaltet werden muss, um ein bestimmtes Ergebnis zu erzielen.[317]

3.3.2.1 Gestaltungsregeln für einen Koordinationsmechanismus

Grundsätzlich werden Koordinationsmechanismen gesucht, die „für eine gegebene Interdependenz von Aktivitäten zu einer bestmöglichen Erreichung des übergeordneten Ziels führen".[318] Eine Auflösung der Interdependenzen kann entweder durch passive Koordination, also durch Reduzieren des Koordinationsbedarfs, oder durch aktive Koordination, also durch Decken des Koordinationsbedarfs, vorgenommen werden.[319] Passive Koordination kann z.B. durch Zusammenfassen interdependenter Aktivitäten zu Organisationseinheiten oder durch Entkoppeln interdependenter Aufgaben durch Ressourcenpuffer zwischen den Aufgaben, erfolgen.[320] Für diese Arbeit soll jedoch die passive Koordination vernachlässigt werden und im Rahmen der aktiven Koordination ein Koordinationsmechanismus konstruiert werden, welcher in der Lage ist die vorhandenen Informationsasymmetrien und den damit einhergehenden Opportunismus der Lieferanten in den Abnehmer-Lieferanten-Beziehungen des Maschinen- und Anlagenbaus aufzulösen.

Dargestellt wird ein solcher Mechanismus im Sinne der Spieltheorie. Der angestrebte Zustand ist dabei die Zielfunktion, welche das gewünschte Ergebnis unter allen Nebenbedingungen (z.B. Umweltbedingungen, Ressourcenverfügbarkeit) erfüllt. Diese Zielfunktion sucht man, durch Gleichgewichte (z.B. Nash-Gleichgewichte) zu erfüllen.[321]

Eine denkbare Lösung des Problems ist dabei, die zu koordinierende ökonomische Organisationsform als Problem einer Optimierung mit Nebenbedingungen zu kon-

---

316 Vgl. Handelsblatt (2007), Mechanismus.

317 Vgl. Dutta (1999), Strategies and Games, S.349f.

318 Vgl. Lassen (2006), Auftragskoordination, S.30.

319 Vgl. Kieser/Kubicek (1992), Organisationstheorien II, S.102.

320 Vgl. Lassen (2006), Auftragskoordination, S.30.

321 Vgl. Hurwicz/Reiter (2006), Economic Mechanism, S.16.

struieren. Hierbei steht ein Set von alternativen Mechanismen, von denen jeder gewisse strukturelle Nebenbedingungen zu erfüllen hat, ein Set von Umweltbedingungen, die Zielfunktion und, für jede der Mechanismusalternativen, die realen Kosten den Mechanismus auszuführen, zur Verfügung. Das Problem ist, einen oder mehrere Mechanismen in dem Set der Alternativen zu finden, dessen Ergebnis die Zielfunktion in jeder möglichen Umgebung erfüllt und dabei die operationellen Kosten minimiert. [322]

Viele bürokratische Mechanismen sind komplexe Gebilde aus etlichen Regeln, welche mit hohen Kosten verbunden sind, da die Akteure überwacht und die Regeln durchgesetzt werden müssen. Schafft man nun statt dessen ein Anreizsystem, in welchem die Zielfunktion eine Motivation für die Akteure beinhaltet, wird der Opportunismus nicht unterdrückt, sondern umgeleitet, wodurch das Regelwerk vereinfacht wird und die Kosten zur Operation des Mechanismus reduziert werden. Hierbei muss zwischen den Kosten zur Schaffung von Anreizen und den Kosten zur Herstellung von Transparenz (also Überwachungskosten) abgewägt und diejenige Variante gewählt werden, in der der Nutzen des Mechanismus die Kosten zur Durchführung übersteigt.

3.4 Analyse verbreiteter Koordinationsmechanismen

Wie bereits beschrieben kommen als Koordinationsmechanismen primär die Prinzipien der Hierarchie sowie die des Marktes in Frage. Neben der Beschreibung zweier hierarchischer Koordinationsprinzipien aus der Konsumgüter- und der Automobilindustrie soll daher der Aufbau eines marktlichen Koordinationsmechanismus anhand des Emissionsrechtehandels der EU erläutert werden.

Gerade die Beispiele der Automobilindustrie und der Konsumgüterindustrie zeichnen sich durch eine im Vergleich zum Maschinen- und Anlagenbau deutlich höhere logistische Leistungsfähigkeit der Lieferanten aus. Hier scheinen also geeignete Koordinationsmechanismen gefunden zu sein, welche eine optimale Steuerung der Lieferanten ermöglichen. Neben der Beschreibung der Mechanismen wird daher auch die Übertragbarkeit auf die besonderen Randbedingungen der Einzel- und Kleinserienproduktion des Maschinen- und Anlagenbaus geprüft.

322 Vgl. ebenda, S.3f.

3.4.1 Markt für Emissionsrechte

Ein bekanntes sozial-politisches Beispiel für das künstliche Schaffen eines Marktes ist der 2005 von der EU eingeführte CO_2-Emissionsrechtehandel. Hierbei erfolgte eine Deregulierung der CO_2-Ausstoß-Obergrenzen für einzelne Unternehmen. Heute wird lediglich die Gesamtausstoßmenge für die EU festgelegt. Innerhalb dieser Grenze können Unternehmen auf einem freien Markt Emissionsrechte untereinander handeln. Dadurch entscheiden die Unternehmen selbst, ob sie durch Energiesparmaßnahmen die notwendige Menge an Emissionsrechten senken oder aber weitere Emissionsrechte kaufen wollen.

Koordinationsproblem: Durch die Begrenzung der Verschmutzungsmengen und deren freien Handel wurde der Luftverschmutzung ein monetärer Wert beigemessen und damit ein „Markt für Luftverschmutzung" geschaffen. Als Folge sind monetäre Anreize für Unternehmen entstanden, ihren CO_2-Ausstoß zu reduzieren.[323] Obwohl die EU-Staaten die Möglichkeit hatten, regulierend auf die CO_2-Emission jedes Unternehmen einzugreifen, entschieden sie sich aus Gründen geringerer Bürokratiekosten (Transaktionskosten) zur Deregulierung und damit marktlichen Preisfindung. Die Grundidee des beschriebenen Mechanismus wurde schon 1968 von dem kanadischen Ökonom J. H. DALES dargestellt, der eine Weiterentwicklung des Coase-Theorems[324] betrieb. In seinem Buch „Pollution, Property & Prices" entsteht die Idee, einen Markt für Verschmutzungsrecht zu schaffen, um die Gewässerverschmutzungen durch Industrieabwässer zu begrenzen.[325]

Koordinationsinstrument: Technisch werden die Verschmutzungsrechte in den einzelnen Mitgliedsländern über elektronische Börsen gehandelt. Die Preisfindungsprozesse der Börsen lassen sich auf Basis des aus dem 19. Jahrhundert stammenden Walrasian Tâtonnement beschreiben (vgl. Abbildung 3-4).[326]

Der von LEON WALRAS entwickelte Tâtonnement-Prozess beschreibt die Interpretation des Marktmechanismus als Auktionsverfahren. Als Vorlage diente ihm die Pariser Börse des 19. Jahrhunderts, in welcher Preisfindungen durch einen Auktionator vorgenommen wurden. Dieser fungiert als unsichtbare Hand und gibt zunächst beliebige Preise für Güter bekannt, für welche Konsumenten und Unternehmen die angebote-

323 Vgl. Merx (2006), Viel Rauch. S.36ff.

324 Das Coase-Theorem (vgl. Coase (1937), Firm.) geht davon aus, dass Teilnehmer eines Marktes Probleme, die durch externe Effekte entstehen, selbst lösen können, wenn sie über die Allokation von Ressourcen verhandeln und diese ohne Kosten tauschen können.

325 Vgl. Dales (1968), Pollution, Property and Prices.

326 Vgl. Hurwicz/Reiter (2006), Economic Mechanism, S.19.

ne und nachgefragte Mengen angeben. Durch Ermitteln der aggregierten Überschussangebots- oder Überschussnachfrage-Mengen und Wiederholen des Auktionsprozesses erfolgt eine Anpassung des Preises, so dass Angebot und Nachfrage übereinstimmen. Nur bei einem Gleichgewicht wird der Tausch vollzogen. Dieser Zustand ist pareto-optimal. Als Grundannahmen werden bei dem Tâtonnement-Prozess vollständige Konkurrenz und rationales, also nutzenmaximierendes Verhalten der Teilnehmer unterstellt.

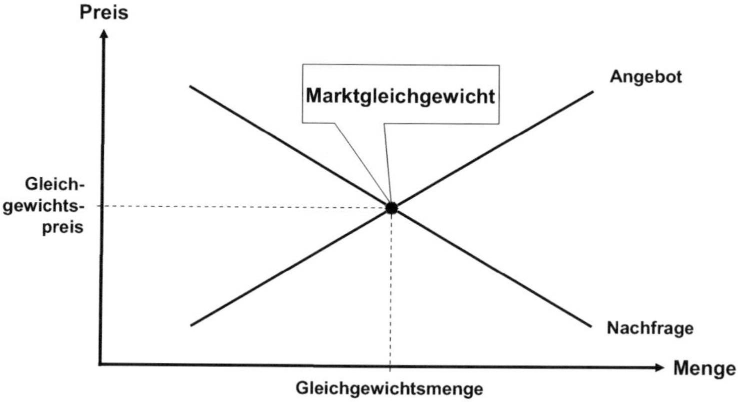

Abbildung 3-4: Marktgleichgewicht im vollkommenen Markt[327]

3.4.2 Efficient Consumer Response im Handel

Charakteristisch für die Konsumgüterindustrie ist die Herstellung von Standardprodukten mit einem meist niedrigen Wert, Volumen und Gewicht. Die Nachfrage unterliegt häufig saisonalen Schwankungen. Die Bedarfsmengen werden zumeist anhand von Nachfrageprognosen, welche auf Vergangenheitsdaten basieren, produziert, da bei der Planung keine spezifischen Kundenaufträge herangezogen werden können.[328] Zur Vermeidung von Güterknappheit müssen auf jeder Wertschöpfungsstufe Sicherheitsbestände eingeplant werden, was zu einer erhöhten Kapitalbindung führt. Da der Kundenentkopplungspunkt, also die Schnittstelle zwischen auftragsanonymen und –spezifischen Prozessen erst in der Distribution liegt, herrscht eine Lagerfertigung vor.

[327] In Anl. an Eisenhut (2006), VWL, S.42.

[328] Vgl. Pütz (2003), Logistikmanagement, S.28.

Koordinationsproblem: Das größte Problem des Supply Chain Management im Handel ist daher auch der Bullwhip-Effekt, welcher ein Aufschaukeln von Bedarfsschwankungen entlang der Wertschöpfungskette aufgrund von Informationsasymmetrien bezüglich der Nachfrage beschreibt (vgl. Abbildung 3-5).

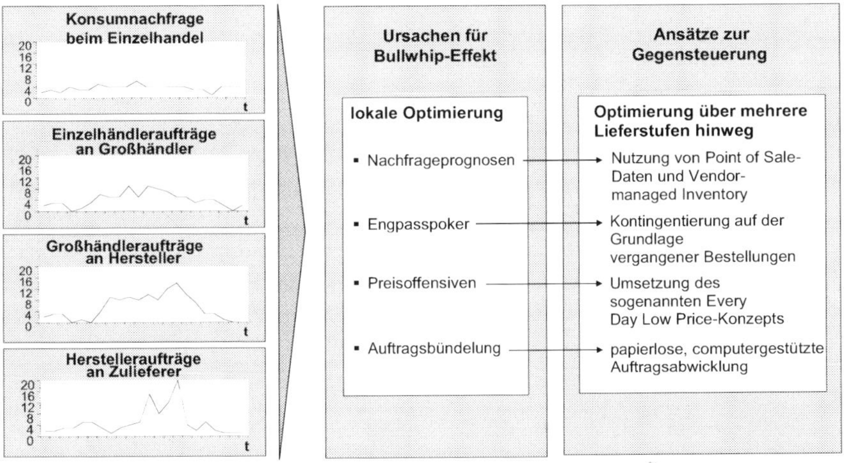

Abbildung 3-5: Maßnahmen zur Vermeidung des Bullwhip-Effekts[329] im Handel

Nach LEE ET AL. sind vier Ursachen maßgeblich verantwortlich für die Entstehung des Bullwhip Effekts. (1) Aufgrund von ungenauen Nachfrageprognosen werden hohe Lagerbestände eingeplant. (2) Bestellmengen werden nach oben angepasst, um einer befürchteten Knappheit oder Versorgungsengpässen entgegen zu wirken. (3) Um losgrößenabhängige Bestellkosten zu senken, erfolgt eine Bündelung der Aufträge. (4) Temporäre Sonderangebote führen zu einer momentanen Erhöhung der Bestellmenge. Als Folge gehen die Lieferanten fälschlicherweise von einer grundsätzlich erhöhten Nachfrage aus und erhöhen ihrerseits wiederum ihre Bestellmenge nach dem aufgeführten Schema.[330] Dies führt zu einem Aufschwingen der Nachfragemengen entlang der Wertschöpfungskette.

---

329 Vgl. Lee et al (1997), Bullwhip, S.94.
330 Vgl. Lee et al. (1997), Bullwhip-Effekt.

Koordinationsinstrument: Zum Ausgleich wurden der oben genannten Ursachen des Bullwhip-Efffekts unterschiedliche Konzepte zur Gegensteuerung entwickelt. Im Wesentlichen lassen sich diese Koordinationsmechanismen unter dem Begriff „Efficient Consumer Response" zusammenfassen.

Der Begriff Efficient Consumer Response (ECR) bezeichnet eine Initiative im Einzel- und Großhandel zur Zusammenarbeit zwischen Herstellern und Händlern, die auf Kostenreduktion und eine bessere Reaktion auf die schnell wechselnden Konsumentenbedürfnisse abzielt.

Dabei wird die Wertschöpfungskette, von der Produktion bis hin zur Kaufentscheidung der Verbraucher, auf Optimierungspotenziale untersucht. Ziel ist die Verknüpfung logistischer Rationalisierungspotenziale mit Marktwachstumspotenzialen auf Seiten des Marketings. Folgende positive Effekte können dadurch erzielt werden: (1)Vermeidung von Out-Of-Stock-Situationen im Handel, (2) Reduzierung der Lagerbestände auf Handelsseite, (3) frühzeitige Anpassung der Produktions- und Lagerpolitik der Hersteller an die vorab signalisierten Abverkaufsmengen und (4) verkürzte Lieferzeiten der Hersteller infolge frühzeitiger Anpassung.[331]

Nachfolgend werden zwei wesentliche Komponenten von ECR-Konzepten detailliert erläutert:

- *Quick Response (QR):* Zielsetzung von Quick Response ist die regelmäßige und zeitnahe Auswertung von Abverkaufsinformationen zur kontinuierlichen Nachbestellung. Ein wesentliches Merkmal ist der elektronische Datenaustausch zwischen Handel, Distributoren und Produzenten. Durch die zeitnahe Information der gesamten Supply Chain über die Abverkaufszahlen (Point-of-Sales-Daten) wird dem Entstehen des Bull-Whip Effekts entgegengewirkt. Durch den permanenten elektronischen Austausch von standardisierten Daten zwischen Händler und Lieferant minimiert sich die Reaktionszeit auf unvorhergesehene Änderungen der Nachfrage, wodurch eine Reduzierung der Sicherheitsbestände möglich ist.[332]
- *Vendor-Managed-Inventory (VMI)* stellt ein Konzept der Materialversorgung dar, bei dem die Steuerung der Belieferung nicht durch den Abnehmer, sondern durch den Lieferanten selbst erfolgt. Der Lieferant disponiert und verwaltet das Lager des Produzenten und füllt es eigenverantwortlich auf. Der Lieferant übernimmt dabei die Verantwortung für die Materialverfügbarkeit und erhält dazu exakte Informationen über die Lagerbestände und die aktuelle Nachfrage bei seinen Kunden. Auf

[331] Vgl. Zelewski (2010), Efficient Consumer Response.
[332] Vgl. Suri (2002), Quick Response Manufacturing.

Basis dieser Informationen entscheidet der Lieferant dann über den Zeitpunkt und die Menge der zu liefernden Ware.[333] Als Vorteil dieses Konzepts können eine schnelle Reaktion des Lieferanten auf Bedarfsschwankungen und damit ein höherer Servicegrad und Vermeidung von Out-of-Stock-Situationen im Handel, mehr Freiheit des Lieferanten beim Disponieren der Lieferungen, geringe Lagerbestände und eine Optimierung der Transporte genannt werden. Durch eventuelle Nachteile des Lieferanten wie Investitionen oder Mehraufwand durch das Verwalten seines eigenen Bestandes und des Bestandes der Kunden muss eine Einigung auf besondere Vertragskonditionen erfolgen und ein besonderes Vertrauensverhältnis zwischen Kunde und Lieferant bestehen. Da Änderungen der Abnahmemengen mit einem erhöhten Steuerungsaufwand verbunden sind, ist das VMI nur sinnvoll bei relativ kontinuierlichen Verbräuchen.[334]

Eben diese kontinuierlichen Verbräuche machen die Koordinationsmechanismen des Einzelhandels unbrauchbar für den Maschinen- und Anlagenbau, welcher sehr hohen Bedarfsschwankungen unterworfen ist. Eine Planung anhand von Nachfrageprognosen ist lediglich für die wenigen Serienhersteller der Branche möglich, jedoch für die Einzel- und Kleinserienhersteller nicht zu realisieren. Auch die kundenspezifischen Produkte im Maschinen- und Anlagenbau verhindern die Anwendung von QR oder VMI, welche grundsätzlich auf Lagerfertiger zugeschnitten sind.

Des Weiteren ist die Grundlage für beide Prinzipien absolute Transparenz des Zulieferers über die Bedarfe des Kunden. Diese ist in den heterarchischen Netzwerken des Maschinen- und Anlagenbaus so nicht gegeben. Eine Übertragbarkeit der Koordinationsmechanismen des Einzelhandels auf den Maschinen- und Anlagenbau erscheint daher nicht vielversprechend.

3.4.3 Perlenkettensteuerung in der Automobilbranche

Eine Branche, welche ähnlich komplexe Produkte wie der Maschinen- und Anlagenbau anbietet und daher u.U. Koordinationsmechanismen aufweist, welche auf den Maschinen- und Anlagenbau übertragen werden können, ist die Automobilindustrie.

Charakteristisch für die Automobilindustrie ist eine durch zahlreiche Konsolidierungen und Produktionsverlagerungen sehr weit fortgeschrittene Globalisierung.[335] Während die Branche durch wenige, global agierende Automobilhersteller (OEMs) dominiert wird, stellt sich die Riege der Zulieferer als eher mittelständisch dar. 80

333 Vgl. Syska (2006), Produktionsmanagement, S.165.

334 Vgl. Alicke (2005), Supply Chain Management, S.173f.

335 Vgl. Mercer Management Consulting/ FhG (2004), FAST.

Prozent aller Zulieferunternehmen haben weniger als 1.000 Mitarbeiter, 50 Prozent sogar weniger als 250 Mitarbeiter.[336]

Besonderer Druck auf die Zulieferer entsteht durch den ständigen Zwang der OEMs zur Kostenreduzierung. Im Rahmen dessen sind die größten Herausforderungen der Zulieferunternehmen eine hohe Kapitalintensität, die Abhängigkeit von einem oder wenigen im Einkaufsverhalten professionellen Kunden, schwer kalkulierbare Rohstoffpreise und laufende Investitionszwänge in Forschung und Entwicklung. Dagegen birgt die Branche auch spezifische Vorteile, wie eine hohe Technologieorientierung, eine hohe Innovationskraft und eine vergleichsweise gute Planbarkeit der Umsätze.

Koordinationsproblem: Nach einer von MERCER MANAGEMENT CONSULTING und der FRAUNHOFER GESELLSCHAFT durchgeführten Studie wird die Eigenleistung der OEMs von 35 Prozent im Jahr 2002 weiter auf nur noch etwa 20 Prozent im Jahr 2015 sinken. Die gesamte Wertschöpfung werde in diesem Zeitraum, bedingt durch technologische Innovationen und höhere Stückzahlen, von 645 Mrd. Euro auf 903 Mrd. Euro im Jahr steigen. Dies gehe einher mit der grundlegenden Änderung in der Prozessstruktur und damit in den Kooperationssystemen der Automobilbrachen. Hierbei sei ein deutlicher Konsolidierungsprozess zu beobachten, so dass die Zahl der Zulieferer von ca. 5.000 im Jahre 2002 bis in Jahr 2015 auf nur noch ca. 2.800 sinken werde.[337] Durch die sinkende Wertschöpfungstiefe und die zunehmende Konsolidierung gewinnen die Zulieferer aufgrund der Möglichkeit zur Nutzung von Skaleneffekten und einer erhöhten Verhandlungsmacht an Bedeutung. Dennoch ist eine Abkehr von den hierarchischen Strukturen in der Automobilindustrie nicht zu erwarten.

Koordinationsinstrument: Zur Durchsetzung ihrer Supply Chain- und Logistikkonzepte setzen die Automobilhersteller auf eine hohe IT-Integration mit ihren Lieferanten. Standards und IT-Systeme werden dabei vom jeweiligen OEM vorgegeben. Der hohe Grad an elektronischer Vernetzung ermöglicht die zeitnahe Information der Lieferanten über die aktuellen Bedarfe der OEMs, wodurch eine effiziente, kostengünstige Koordination gewährleistet werden kann.

Vor dem Hintergrund der hierarchischen Strukturen der Automobilbranche hat sich in den vergangenen Jahren verstärkt das Prinzip der Perlenkettensteuerung für die Koordination der Wertschöpfung durchgesetzt.[338]

---

[336] Vgl. VDA (2008), Auto 2008, S.262-272.

[337] Vgl. Mercer Management Consulting/ VDA (2004), FAST 2015.

[338] Vgl. Fleisch (2008), High Resolution Production Management, S.460f.

Mit dem Begriff der Perlenkette wird die für einen definierten Planungshorizont, i.d.R. einige Stunden bis Tage, starr festgelegte Auftragsreihenfolge in einem Automobilwerk bezeichnet. Auf Basis des vorhandenen Pools an Kundenaufträgen definiert die Planungsabteilung des Automobilherstellers zentral die zu produzierenden Auftragssequenzen. Die daraus resultierenden Bedarfsinformationen gelten verbindlich für alle internen Produktionsbereiche und Zulieferer mit Just-in-Sequenze-Belieferung.

Oberstes Ziel der Perlenkettensteuerung ist es, eine einmal geplante Auftragsreihenfolge über den gesamten Produktionsablauf hinweg beizubehalten.[339] Durch dieses Prinzip können alle Prozesse und Ressourcen innerhalb des fixierten Planungshorizonts optimal aufeinander abgestimmt werden. Insbesondere unterstützt die Perlenkette damit die Optimierung der Logistikprozesse in der Supply Chain. Sowohl beim OEM als auch bei den Lieferanten können durch die sequenzgenaue Vorabinformation über das Produktionsprogramm der kommenden Tage Sicherheitsbestände reduziert werden. Des Weiteren erleichtert die mit dem Perlenkettenprinzip einhergehende Erhöhung der Vorlaufzeiten bei den Lieferanten die eigene Produktionsplanung. Im Einzelnen ergeben sich Vorteile in den folgenden Bereichen:

- bei den Sicherheitsbeständen und dem Handling in der Logistik durch die Anwendung des Just-in-Sequenze-Prinzips bei einer steigenden Zahl von Lieferanten,
- der Kapazitätsauslastung aller Produktionsressourcen durch die Einhaltung eines einmal geplanten, auslastungsoptimalen Kapazitätsmixes sowie
- in der Erhöhung der Kundenzufriedenheit durch die Einhaltung der einmal abgegebenen Lieferversprechen.

Beispielhaft sind die Potenziale und Voraussetzungen einer Perlenkettensteuerung in Abbildung 3-6 zu sehen.

[339] Vgl. ebenda, S.461.

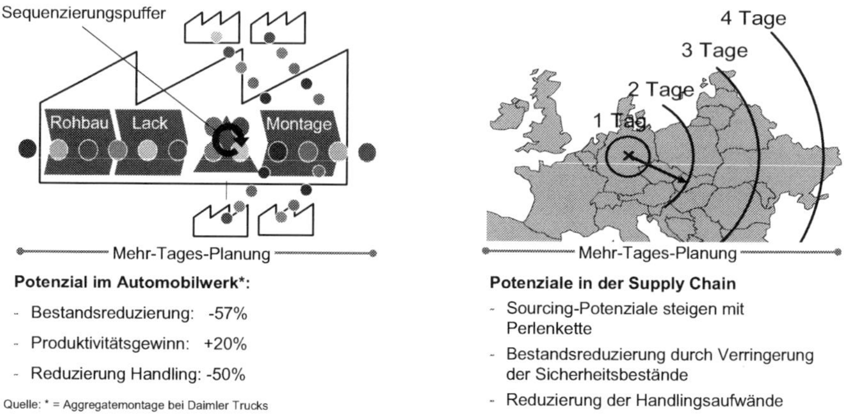

Abbildung 3-6: Perlenkettenprinzip nach dem Just-in-Sequenze-Konzept

Bei der Planung einer Produktionssequenz müssen sämtliche produktions- und logistikrelevanten Restriktionen sowie verschiedene qualitätsbedingte Sondermaßnahmen von vornherein berücksichtigt werden. Nur so kann die Stabilität der Sequenz garantiert werden, da ein Abreißen der Perlenkette unweigerlich zu Turbulenzen in der gesamten Logistikkette führt. Aufgrund von Qualitätsproblemen und anderen unvorhersehbaren Störungen im Produktionsablauf ist auch beim Prinzip der Perlenkette ein Minimum an Sicherheitsbeständen und Kapazitätspuffern notwendig.

Um zu verstehen, warum die genannten Koordinationsmechanismen in der Automobilbranche so wirksam sind, jedoch im Maschinen- und Anlagenbau nicht verwendet werden können, soll hier noch einmal auf die Unterschiede in der Struktur der beiden Branchen eingegangen werden. Im Gegensatz zum Maschinen- und Anlagenbau weist die Automobilbranche durchgängig von OEMs beherrschte, hierarchische Netzwerkstrukturen auf. Die vorherrschende Größenstruktur in der Automobilindustrie ermöglicht dadurch auch erst die Existenz von derart hierarchischen Netzwerken, welche im Maschinen- und Anlagenbau aufgrund der meist gleichberechtigten Struktur unter den Unternehmen nicht denkbar ist.

Der Vergleich der Wertschöpfungspyramiden der Automobilbranche und des Maschinen- und Anlagenbaus, siehe Abbildung 2-6, verdeutlichen die unterschiedlichen Größenverhältnisse der Unternehmen entlang der Wertschöpfungskette in beiden Branchen.

Somit sind im Maschinen- und Anlagenbau derartige Abhängigkeitsverhältnisse, wie sie zur Anwendung des Perlenkettenprinzips von Nöten sind, nur für einen kleinen Teil der Branche vorstellbar. Auch die geografische Nähe der Zulieferer zu dem OEM, wodurch sich die Zulieferunternehmen in eine uneingeschränkte faktorspezifische Abhängigkeit begeben, ist im Maschinen- und Anlagenbau nicht zu realisieren. Das Perlenkettenprinzip ist für die variantenreiche Serienfertigung mit relativ stabilen Verbräuchen ausgelegt, eine effiziente Koordination der Einzelbedarfe in Einzel- und Kleinserienfertigung ist damit nicht zu realisieren.

3.4.4 High Resolution Production Management

Ein weiterer viel versprechender Ansatz zur optimierten Koordination der Wertschöpfung ist das Konzept des High Resolution Production Management.[340] Der Ansatz wird innerhalb des Exzellenzclusters „Integrative Produktionstechnologien für Hochlohnländer" (gefördert von der Deutschen Forschungsgemeinschaft) an der RWTH Aachen erforscht. Ziel des Exzellenzcluster ist es, einen Beitrag zur Wettbewerbsfähigkeit von mittelständischen produzierenden Unternehmen im internationalen Wettbewerb zu leisten. [341] Der Maschinen- und Anlagenbau passt mit seinen mittelständischen Strukturen exakt in das spezifizierte Objektfeld.

Koordinationsproblem: Als Herausforderung wird insbesondere die zunehmende Individualisierung der Prozessketten bei einer hohen Marktdynamik genannt.[342] Dieser Herausforderung begegnen die Unternehmen mit dem Einsatz von ERP-Systemen in Verbindung mit MES- und SCM-Systemen, die die operativen Tätigkeiten innerhalb der Auftragsabwicklung und Produktion unterstützen sollen.[343] Jedoch gelingt es den Unternehmen derzeit kaum, diese IT-Systeme adäquat einzusetzen. Gründe hierfür liegen in der mangelnden Datenqualität insbesondere hinsichtlich der Aktualität über den Auftragsfortschritt sowie in der Intransparenz der Softwaresysteme hinsichtlich der implementierten Planungs- und Steuerungslogiken.[344] Letztendlich gelingt es Unternehmen nur schwer, ihre Prozesse robust zu gestalten und der Dynamik des Marktes entsprechend zu begegnen.[345] Hier möchte das High Resolution Production Management Abhilfe leisten.

---

[340] siehe auch Schuh, et.al (2007), High Resolution Production Management (I), S.439ff.

[341] Vgl. Brecher (2011), Integrative Produktionstechnik für Hochlohnländer, S.10ff.

[342] Schuh et. al. (2011), High Resolution Production Management (III), S.452.

[343] Vgl. Brosze, T.; Bauhoff, F.; Stich, V.; Fuchs, S. (2010), HRSCM, S.325ff.

[344] Vgl. Kampker, A.; Schuh, G.; Franzkoch, B.; Potente, T.; Welter, T. (2009), Adaptive Logistics, S.613f.

[345] Schuh et.al. (2008), High Resolution Production Management (II), S.335.

Koordinationsinstrument: Zentrale Ansatz des High Resolution Production Management Ansatzes ist eine neue Form der Produktionsplanung und -steuerung, der es produzierenden Unternehmen erlauben soll, mit der steigenden externen und internen Dynamik umzugehen. Dazu wird eine neue Dimension der Informationsgewinnung und Rückkopplung eingeführt, die auf der Hochauflösung von Produktionsdaten sowie der modularen, adaptiven Nutzung dieser Daten für die Unterstützung der Mitarbeiter in Produktionsplanung und -steuerung basiert. Ziel ist es, die Systemfähigkeit von Produktionssystemen und damit die Reaktionsfähigkeit auf unvorhersehbare Ereignisse durch die verbesserte Gestaltungsfähigkeit der PPS-Strukturen sowie Steuerungsfähigkeit durch die PPS auf ein neues Level zu heben.[346]

Eine verbesserte innerbetriebliche Rückmeldung erhöht die Planungsqualität innerhalb des Unternehmens. Darüber hinaus wirkt sich die überbetriebliche Transparenz bei Lieferproblemen positiv aus. Zusätzlich werden eventuell zu reservierende Kapazitäten nicht unnötigerweise blockiert. Der Multiplikatoreffekt eines verzögerten Auftrages, der auch nachfolgende Aufträge blockiert, kann durch die angepasste Planung behoben werden. Die Folge ist eine steigende Liefertermintreue, die sich wiederum direkt auf die Zufriedenheit der Kunden auswirkt. Positiv wirkt sich bei erhöhtem Servicegrad aus, dass Konventionalstrafen reduziert oder vermieden werden. Des Weiteren verringert die flexiblere Planung die materialbedingten Wartezeiten, was sich auch in einer besseren Kapazitätsauslastung äußert.

Die Dynamik im Produktionsablauf zu absorbieren und den Produktionsprozess zu stabilisieren, stellt hohe Anforderungen an die Auftragssteuerung. Auf der Ebene der Prozessausführung ist dies nur durch eine flexible Vernetzung der Produktionsschritte entlang der Lieferkette zu erreichen. Voraussetzung hierfür ist jedoch die Erweiterung des Handlungsspielraums in der Auftragssteuerung. Dieser ist heute durch die verfügbaren Informationen aus der Produktion limitiert. Die heute eingesetzten Methoden der Fertigungssteuerung richten sich nach der Verfügbarkeit der Informationen und nicht nach dem aus der internen Prozessdynamik resultierenden Steuerungsbedarf.

Das High Resolution Production Management besteht aus folgenden Lösungsbausteinen, um eine bessere Entscheidungsbasis zur Verfügung zu stellen und eine höhere Systemfähigkeit von Produktionssystem zu erreichen:

- Gestaltungsfähigkeit: Modularisierung der IT-Struktur und ein wertstromorientiertes Modell zur Abblildung hochauflösender Stammdaten und

[346] Vgl. ebenda, S.340.

– Steuerungsfähigkeit: Hochauflösende Rückmeldungen und viable Controler.[347]

Analog zum Viable System von Stafford Beer, sieheAbbildung 3-7: Viable Controller basiert auf dem Ansatz des Viable Systems Abbildung 3-7. sollen die IT-Systeme zur Unterstützung von PPS- und Auftragsabwicklungsprozessen, so gestaltet werden, dass sie in Zusammenspiel mit dem Anwender in der Lage sind, flexibel auf Situationen zu reagieren und einen Lernprozess zu einer optimalen Reaktion zu entwickeln. Durch die Anwendung der modularen IT-Struktur, der so genannten „Viable Platform"[348], kann der Anwender in einen Lernprozess einzelne Steuerungsmechanismen flexibel einsetzen und untereinander vergleichen. Er soll in einem „Trial and Error"-Prozess die Möglichkeit besitzen, durch Ausprobieren die beste Umsetzung seiner Forderungen zu erlangen.

Das beschriebene Konzept bietet einen erfolgsversprechenden Ansatz zur optimierten Koordination aller Wertschöpfungsprozesse auf Basis modularer Planungsalgorithmen. Der Einsatz von Anreizen ist aktuell aber nicht vorgeshen. Des Weiteren fehlen bislang konkrete Umsetzungsbeispiele und damit eine Ausdetaillierung der einzelnen IT-Module.

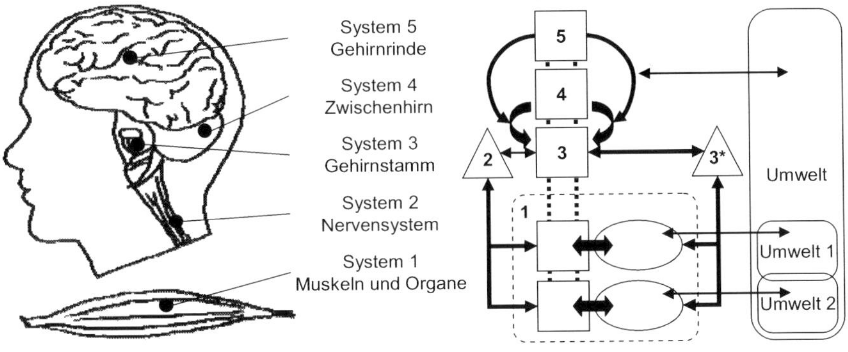

Abbildung 3-7: Viable Controller basiert auf dem Ansatz des Viable Systems[349]

[347] Vgl. ebenda, S.340.
[348] Vgl. Schuh et. al. (2011), High Resolution Production Management (III), S.452.
[349] Vgl. Beer (1959), Kybernetik und Management, S.25.

3.4.5 Fazit

Die vorgestellten Koordinationsmechanismen Emissionsrechtehandel, Efficient Consumer Response, Perlenkettensteuerung und High Resolution Production Management zeigen, wie Unternehmen eine effiziente Koordination ihrer Lieferanten durch an die branchentypischen Randbedingungen angepasste Mechanismen organisieren.

In Tabelle 3-2 sind die wesentlichen Charakteristika der vorgestellten Mechanismen nochmals tabellarisch gegenübergestellt. Der Vergleich der vorgestellten Beispiele gibt dabei Aufschluss über die zentralen Komponenten eines Mechanismus zur Lieferantenkoordination:

- Nutzenmaximierung aller Teilnehmer durch die übergeordnete Zielgrößen Lieferbereitschaft und Termintreue zur Koordination der Wertschöpfungsketten: Die Konzepte der Konsumgüter- und Automobilbranche zielen auf eine Steigerung der Liefertreue/-bereitschaft und damit eine Steigerung der Gesamteffizienz und Kundenzufriedenheit.
- Elektronischer Datenaustausch als Befähiger: Der effiziente und zeitnahe Austausch von Bedarfs- und Lieferdaten ist die Basis aller Koordinationskonzepte. Dadurch wird die Reduzierung der Informationsdefizite zwischen Kunden und Lieferanten erst möglich. Die Standardisierung der notwendigen Geschäftsprozesse und der auszutauschenden Daten ist Grundvoraussetzung für eine effiziente Automatisierung. Die Standards werden dabei von den dominanten Unternehmen bzw. der Legislative entwickelt und durchgesetzt.
- Macht als Veränderungstreiber: Dominante Unternehmen sind die Vorreiter bei der Einführung der vorgestellten Konzepte. Sie sichern ihre Ziele durch den Abschluss von mittel- bis langfristigen Rahmenverträgen ab. In diesen spezifizieren sie ihren Kapazitätsbedarf und die notwendige –flexibilität im Voraus mit den Lieferanten.
- Zentrale Instanz zur Koordination der Aktivitäten: Alle Konzepte haben einen Anteil an zentraler Koordinationsfunktionalität, wobei der Grad der Zentralisierung abhängig von der Struktur des Netzwerks ist. Beim Emissionsrechtehandel werden die Preise über eine zentrale Börsenplattform gesteuert und bei den beiden anderen Konzepten setzen die dominanten Unternehmen SCM-Systeme ein, über die sie alle Bedarfs- und Lieferantendaten zentral koordinieren.

Eine direkte Übertragung der einzelnen Elemente oder IT-Systeme erscheint aber nicht sinnvoll, da sich die Randbedingungen im mittelständischen Maschinen- und Anlagenbau in einigen Punkten fundamental von den Randbedingungen der vorgestellten Branchen unterscheiden.

Das Problem der Anwendbarkeit der Koordinationsmechanismen aus Handel und Automobilbranche liegt in der überwiegend mittelständischen Struktur der Unternehmen im Maschinen- und Anlagenbau und dem fehlenden Seriencharakter. Während in den hierarchischen Lieferketten von Handel und Automobilindustrie Koordination durch die Weisungen des dominanten Abnehmers erfolgt, ist durch die schwache Machtstellung der Abnehmer in den kritischen Abnehmer-Lieferanten-Beziehungen des Maschinen- und Anlagenbaus eine Abkehr von den heute vorherrschenden marktlichen Koordinationsstrukturen nicht möglich.

Das Konzept einer zentralen Börse, wie es der Emissionshandel nutzt, ist aufgrund der Vielfältigkeit der gehandelten Güter und Lieferanforderungen im Maschinen- und Anlagenbau nicht übertragbar. Das wesentliche Kriterium für den Einsatz einer Börse, die Fungibilität[350] des Handelsgutes, ist damit nicht erfüllt.

Dies lässt den Schluss zu, dass für die in dieser Arbeit betrachteten Einzel- und Kleinserienfertiger des Maschinen- und Anlagenbaus ein neuartiger Koordinationsmechanismus entwickelt werden muss. Das Konzept des High Resolution Production Management kann dabei einen ersten Ansatzpunkt bilden, da es mit seiner Kombination aus zentralen und dezentralen Planungskomponenten gut auf die Strukturen des Maschinen- und Anlagenbaus übertragen werden kann.

Im folgenden Kapitel wird daher auf Basis der Beibehaltung einer marktlichen Koordination die Grundstruktur eines Koordinationsmechanismus für die Einzel- und Kleinserie des Maschinen- und Anlagenbaus beschrieben.

---

350 Fungibilität ist die Eigenschaft eines Gutes, leicht austauschbar zu sein. Fungible Güter werden nicht individuell, sondern der Gattung nach bestimmt und können durch andere Teile gleicher Gattung und Menge ersetzt werden. Fungibilität ist Voraussetzung für den Börsenhandel und wird durch die Festlegung von Qualitätsnormen geschaffen.

Modell \ Kriterium		Charakter der Austauschbeziehung				Kooperationsziele						Methodische Unterstützung			IT- Unterstützung		
		heterarchische Netzwerkstrukturen	Dynamische Abnehmer-Lieferanten-Beziehungen	Handel technisch komplexer Güter	Geringe Handelsvolumen (Einzel- & Kleinserie)	Bestandsoptimierung	Materialpreisreduktion	Optimale Kapazitätsauslastung	Liefertreue sicherstellen	Lieferbereitschaft absichern	Lieferflexibilität sicherstellen	Migrationspfad (Einführung des Mechanismus)	Ganzheitliche Erfolgsbewertung	Prozessbeschreibungen	Nutzung von Datenstandards	Zentrale Koordinationsfunktionen	Dezentrale Analyse- und Planungsfunktionen
Theoretische Modelle	Transaktionskostentheorie	+	+	+	+	+	-	+	o	o	o	-	-	-	-	-	-
	Principal-Agent-Theorie	+	+	+	+	-	o	+	+	+	+	-	-	-	-	-	-
	Marktmachttheorie	o	o	+	+	+	+	+	+	+	+	-	-	-	-	-	-
	Mechanismus-Design-Theorie	+	+	+	+	+	+	+	+	+	+	-	-	-	-	-	-
	Markt - mechanismus	+	+	+	+	-	+	-	-	-	-	-	-	-	-	-	-
Hierarchische Modelle	Efficient Consumer Response	-	-	-	-	+	+	o	+	o	+	+	+	+	+	+	+
	Perlenkettensteuerung	-	-	+	-	+	-	o	+	+	+	+	+	+	+	+	-
Marktliche Modelle	High Resolution Production Mgmt.	+	+	+	+	+	-	+	+	+	-	-	-	-	+	+	+
	Börse zum Emmissionsrechtehandel	+	+	-	+	o	+	+	-	-	-	+	+	+	+	+	-
	Kooperatives Lieferantenmanagement	+	+	+	+	o	o	o	+	+	+	+	+	+	+	+	+

Legende: „+" voll erfüllt; „o" teilweise erfüllt; „-" nicht erfüllt

Tabelle 3-2: Bewertung relevanter Ansätze

4 Koordinationsmechanismus zur Steigerung der Lieferleistung

Die Koordination der Abnehmer-Lieferanten-Beziehungen in der Einzel- und Kleinserienproduktion des Maschinen- und Anlagenbaus basiert heute im Wesentlichen auf den Preismechanismen des Marktes. Eine hierarchische Koordination von Seiten der Abnehmer ist weder durchsetzbar noch anwendbar, da zu einer Vielzahl der Lieferanten ein ungünstiges Abhängigkeitsverhältnis besteht und die sporadisch auftretenden Bedarfe individuell angepasste Lieferprozesse nicht rechtfertigen.

Wie die vergleichsweise geringe Lieferleistung der Lieferanten und die daraus resultierenden hohen Sicherheitsbestände und Effizienzverluste auf Seiten der Abnehmer belegen, führt der Marktmechanismus aber nicht zu einer optimalen Koordination der Wertschöpfung. Im Sinne volkswirtschaftlicher Theorien kann von einem Marktversagen aufgrund von Informationsasymmetrien in den Beschaffungsmärkten gesprochen werden.

In diesem Kapitel wird daher der Marktmechanismus weiterentwickelt, um die bestehenden Informationsasymmetrien weitestgehend zu reduzieren und damit eine effizientere Koordination der Wertschöpfung der mittelständischen Maschinen- und Anlagenbauer zu ermöglichen.

Als Startpunkt der Weiterentwicklung dient eine Analyse der bestehenden Defizite des Marktmechanismus bei der Lieferantensteuerung. Aufbauend auf dieser Schwachstellenanalyse erfolgt in Anlehnung an die Mechanismus-Design-Theorie von HURWITZ und REITER die Erweiterung des Marktmechanismus in 3 Schritten. In einem ersten Schritt werden die Randbedingungen, unter denen der zu gestaltende Mechanismus funktionieren soll, auf Basis von drei Hypothesen formuliert. Anhand dieser Annahmen werden in einem zweiten Schritt die zur Überwindung der Informationsasymmetrien notwendigen Instrumente genauer dargestellt. Anschließend wird in einem dritten Schritt eine Nutzenbewertung für die Mechanismuserweiterung durchgeführt. Dabei wird aufgezeigt, ab wann einem einzelnen Abnehmer Effizienzvorteile aus der Nutzung des Mechanismus entstehen und ab wann die gesamte Branche von einer höheren Koordinationsleistung profitiert.

4.1 Defizite des Marktmechanismus

Die durch die Anwendung des Marktmechanismus im Maschinen- und Anlagenbau auftretenden Effizienzverluste, siehe Kapitel 2.3, lassen sich durch drei Schwachstellen bei der Koordination der Lieferanten erklären: erstens durch eine zu starke Fokussierung der Vergabeentscheidungen auf die Zielgröße „Materialpreis", zweitens durch eine zu geringe Transparenz über die Lieferleistung der Lieferanten aber auch die internen Produktionsprozesse und drittens durch die Wirkungslosigkeit der Anreize zur Lieferantenbeeinflussung. In Abbildung 4-1 sind die genannten Defizite im Regelkreis des Lieferantenmanagements verortet. In den folgenden Unterkapiteln werden Ursachen und Folgen der Defizite genauer beschrieben.

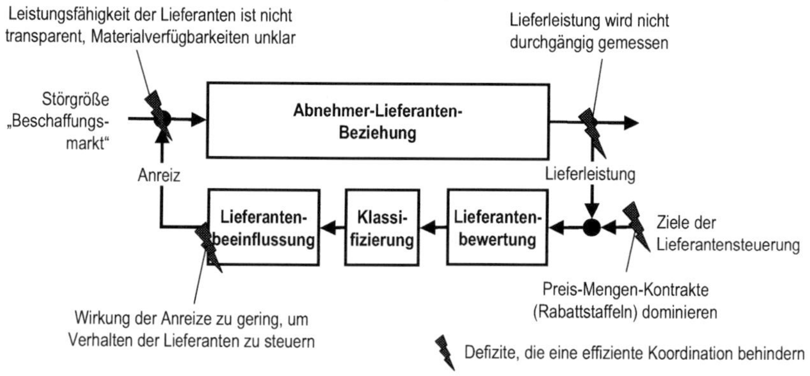

Abbildung 4-1: Defizite der Lieferantenkoordination in der Einzel- und Kleinserie

4.1.1 Materialpreis dominiert Vergabeentscheidungen

In der Praxis wird die Koordination des Fremdbezugs auf Lieferantenseite maßgeblich durch den Vertrieb und auf Abnehmerseite durch den Einkauf bestimmt. Die Gestaltung der Koordinationsprozesse kann daher durch eine Betrachtung der Ziele, die die betroffenen Abteilungen verfolgen, besser verstanden werden. Während der Erfolg des Vertriebs am erzielten Umsatz gemessen wird, wird der Erfolg einer Einkaufsabteilung i.d.R. an der erzielten Senkung der Materialkosten gemessen. Diese Vorgabe wirkt sich folgerichtig auch auf die Gestaltung der Abnehmer-Lieferanten-Beziehungen aus, siehe Abbildung 4-2. Ein besonders beliebtes Instrument für die

Gestaltung einer Abnehmer-Lieferanten-Beziehung ist deswegen ein Rahmenvertrag mit Preis-Mengen-Konditionen (Rabattstaffeln). Mittels dieses Instruments können beide Abteilungen ihre jeweilige Nutzenfunktion maximieren: Der Einkauf kann Materialkostensenkungen durch eine Konzentration der Bedarfe beim Lieferanten und der Vertrieb eine Umsatzsteigerung durch Preisnachlässe erreichen. In der Praxis liegt der Fokus der jährlichen Lieferantengespräche daher häufig auf dem Aushandeln dieser Rabattstaffeln.

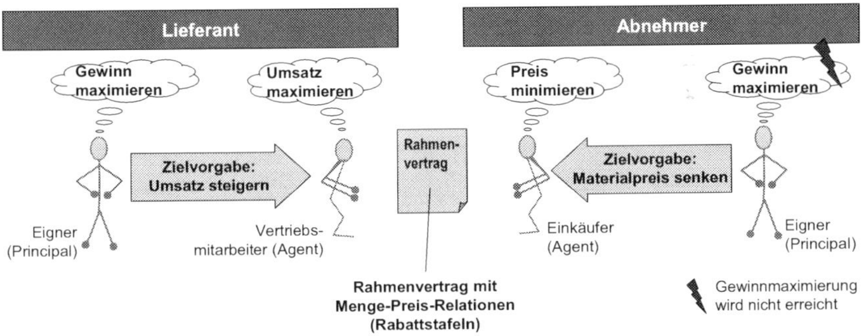

Abbildung 4-2: Gestaltung der Abnehmer-Lieferanten-Beziehung als Resultat der unterschiedlichen Zielvorgaben von Einkauf und Vertrieb

Die negativen Folgen dieser Vergabepraxis, die lediglich auf Basis von Preis und Menge beruht, führen in der Praxis zunehmend zu Lieferproblemen und damit zu Folgekosten in Produktion, Qualitätsmanagement und Logistik. Die aus Lieferproblemen resultierenden Kosten[351] können dabei die Einsparungen durch eine Reduzierung des Einkaufspreises deutlich übersteigen.

Besonders deutlich werden die negativen Kosteneffekte am Phänomen der Adverse Selection, das im letzten Jahrzehnt bei Fremdvergaben und Verlagerungen in Niedriglohnländer zu beobachten war. Der Prozess der Adverse Selection, siehe auch Kapitel 3.2.1, beschreibt den Prozess der Negativauslese von qualitativ hochwertigen Gütern bzw. Produzenten aufgrund einer fehlerhaften Einschätzung (Fokussierung auf den Preis) der Marktteilnehmer in Bezug auf die notwendigen Eigenschaften eines Produktes. Während viele Firmen große Teile ihrer Produktion aufgrund von Lohnkostenunterschieden auslagerten, wurde bald erkannt, dass der billigere Herstellungspreis auch mit Liefer- und Qualitätsproblemen einhergeht. Letztendlich wurde

351 Siehe die in Kapitel 2.1.7 beschriebene Kostenwirkung von Sicherheitsbestandsaufbau und Effizienzeinbußen in der Produktion

daraufhin ein Teil der Verlagerungen wieder rückgängig gemacht, was zu teils hohen Verlusten führte.[352] An diesen preisgetriebenen Auslagerungen ist zu erkennen, dass der angebotene Preis eines Lieferanten an sich nicht der einzige Faktor für wirtschaftliche Entscheidungen sein kann.

Aus Abbildung 4-2 wird deutlich, dass durch die beschriebenen, negativen Kosteneffekte das Zielsystem des Eigners auf Abnehmerseite nach Gewinnmaximierung nicht mehr optimal erfüllt wird. Die Optimierung seiner Situation wird er nur durch das Anpassen des Anreizsystems für seinen Einkauf erreichen.[353] Kriterien wie Lieferfähigkeit oder Versorgungssicherheit dürfen im Sinne einer ganzheitlichen Optimierung der Wertschöpfungskette in den Zielvorgaben an den Einkauf nicht vernachlässigt werden.

4.1.2 Transparenz über die Lieferleistung der Lieferanten zu gering

Durch die Anpassung der Ziele des Einkaufs hin zu einer ganzheitlichen Bewertung der Lieferleistung der Lieferanten gewinnt die mangelhafte Transparenz über die logistischen Leistungsdaten der Lieferanten an Relevanz.

Während die Preisfähigkeit eines Lieferanten durch den Einkauf i.d.R. genau verfolgt wird, ist die logistische Leistungsfähigkeit der Lieferanten heute meist nur vage bekannt. Das daraus resultierende Transparenzdefizit bezieht sich sowohl auf das Überwachen der eigenen Geschäftsprozesse mit den Lieferanten als auch auf die generelle Verfügbarkeitssituation und die Bestleistungen einzelner Lieferanten in den relevanten Beschaffungsmärkten.

Ursache für die mangelhafte Transparenz in den eigenen Geschäftsprozessen ist der Aufwand für die Erhebung der notwendigen Informationen und deren strukturierte Dokumentation. I.d.R. sind bei der Beschaffung komplexer Bauteile zahlreiche Interaktionen zwischen der Einkaufsabteilung und dem Lieferanten notwendig. Die Lieferantenkommunikation erfolgt dabei nur teilweise automatisiert durch die Unterstützung eines ERP-Systems. Um den Aufwand für die Lieferantenkommunikation auf beiden Seiten gering zu halten, werden z.T. notwendige Informationen nicht bei jedem Vorgang abgefragt (z.B. aktuelle Liefertermine) und ein nicht unerheblicher Teil der Kommunikation erfolgt unstrukturiert per Email oder aber Telefon und Fax und entzieht sich damit einer automatischen Auswertung, siehe Abbildung 4-3. Informationen die auf diesem Weg ausgetauscht werden, finden in der Mehrzahl der Fälle keinen Eingang in die strukturierte Datenbasis der führenden ERP-Systeme. Die Viel-

[352] Vgl. Bullinger (2008), Standort Deutschland. S.3f.

[353] Siehe die Überlegungen zur Principal-Agent-Theorie in Kapitel 3.2.3

zahl an Excel-Listen, die wohl in jedem Unternehmen zu Planungszwecken neben dem ERP-System genutzt werden, belegt dies eindrucksvoll.

Fehlerhafte oder veraltete ERP-Daten führen dabei zu Prognoseunsicherheiten bei der Terminierung von Eigen- und Fremdfertigung.[354] Folge ist eine unzureichende Zuverlässigkeit bei der Materialversorgung, die durch Sicherheitsbestände und Überkapazitäten in der Produktion ausgeglichen werden muss.[355]

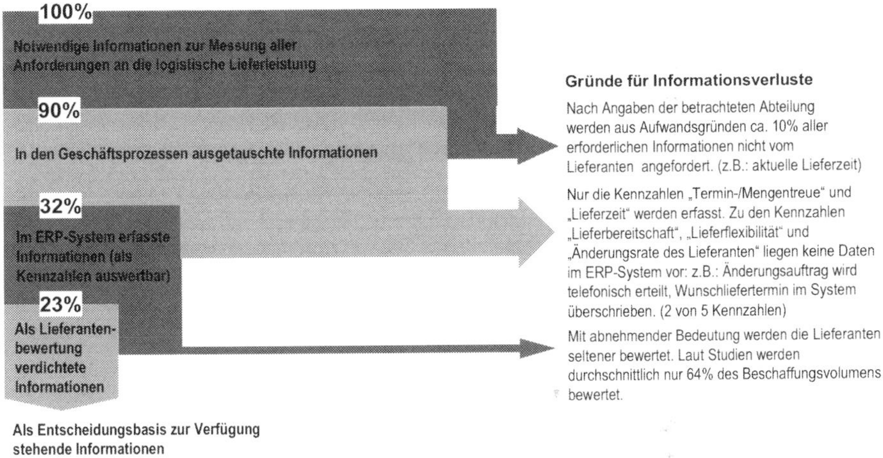

Abbildung 4-3: Ursachen für eine geringe Transparenz über die log. Lieferleistung bei den eigenen Beschaffungsprozessen

Ebensowenig werden Bedarfsprognosen von den Maschinenbauern an ihre Lieferanten weitergegeben.[356] Damit verfügen die Lieferanten über keine Möglichkeit, eine systematische Kapazitätsvorschau aufzubauen. Des Weiteren können sie die Kritizität einzelner Bestellungen nicht einschätzen, da sie keine Informationen über die tatsächlichen Prioritäten ihrer Kunden haben. Folglich hat ein Lieferant keine Möglichkeit, bestimmte Kundenaufträge zielgerichtet zu priorisieren.

Aus der fehlenden Informationstransparenz resultieren damit nicht nur Planungsunsicherheiten für den Abnehmer, sondern auch Spielraum für eine subjektive Lieferpriorisierung der Lieferanten. Das Informationsdefizit führt daher zu opportunisti-

354 Siehe die Ausführungen in Kapitel 2.1.6 zum Versorgungsrisiko im Maschinen- und Anlagenbau.

355 Vgl. Schuh/Westkämper (2006), Liefertreue im Maschinen- und Anlagenbau, S.13.

356 Vgl. ebenda, S.41.

schem Verhalten der Lieferanten: Die Lieferanten stellen die Maximierung des eigenen Profits der Optimierung ihrer Lieferzuverlässigkeit voran.

Des Weiteren erschweren die sporadischen Bedarfe in der Einzel- und Kleinserie die kontinuierliche Verfolgung von Lieferzeiten und Auslastungswerten in volatilen Beschaffungsmärkten (z.B. elektronische Bauteile). Dies führt sowohl bei der kundenspezifischen Auftragsterminierung als auch bei der kundenanonymen Planung von Sicherheitsbeständen zu Fehleinschätzungen.

4.1.3 Anreize zur Lieferantenbeeinflussen sind unwirksam

Das dritte Defizit bei der Lieferantenkoordination ergibt sich aus der geringen Wirksamkeit der Anreizsysteme zur Lieferantenbeeinflussung. Aufgrund der fehlenden Marktmacht der Unternehmen[357], erweist sich der Einsatz von Anreizen als wenig effektiv.

Durch die geringen Einzelumsätze der Abnehmer bei ihren Lieferanten ist die Anpassung der Produktionsprozesse an die speziellen Erfordernisse eines einzelnen Abnehmers für den Lieferanten wirtschaftlich nicht sinnvoll. Teilweise sind die Anforderungen unterschiedlicher Abnehmer an den Lieferanten widersprüchlich, was eine Ausrichtung der internen Prozesse für den Lieferanten weiter erschwert.

Die Lieferpräferenzen eines Lieferanten sind für den Abnehmer bei geringer Einkaufsmacht kaum zu beeinflussen und führen zu den bereits beschriebenen Effizienzverlusten bei der Koordination.

4.2 Lösungshypothesen zur Überwindung der Defizite

Wie in Kapitel 2.1.5 erläutert findet ein Großteil der Beschaffungsaktivitäten im Maschinen- und Anlagenbau in polyzentrischen Netzwerken statt, wobei eine Preisfindung durch den Marktmechanismus erfolgt. Aufgrund dessen soll der Koordinationsmechanismus des Marktes prinzipiell beibehalten und nach HURWITZ und REITER lediglich durch Erhöhung der Informationstransparenz in den Beschaffungsmärkten modifiziert werden. Dies kann nach STIGLITZ und SPENCE durch ein Screening der Lieferanten (Lieferantenbewertung- und klassifzierung) erreicht werden. Durch Monitoring und Klassifizieren der Lieferanten werden Informationsasymmetrien im Beschaffungsmarkt reduziert. Des Weiteren kann durch das Setzen von geeigneten materiellen und immateriellen Anreizen eine Win-Win-Situation zwischen Abnehmer und

[357] siehe die Ausführungen in Kapitel 2.1.6 zur Machtverteilung zwischen Abnehmern und Lieferanten im Maschinen- und Anlagenbau

Lieferant hergestellt werden, indem eine hohe Lieferleistung für beide Akteure eine Erfüllung ihrer Zielsysteme bedeutet. Das Absichern der Lieferleistung durch Anreize muss folglich so gestaltet werden, dass Lieferanten, die rational, also profitmaximierend, handeln, sich entsprechend dem durch die Abnehmer vorgegebenen Zielsystem verhalten.

Konkret wird das Auflösen der Informationsasymmetrien (Lieferleistung und Lieferpräferenzen der Lieferanten) in den Abnehmer-Lieferanten-Beziehungen durch das Auflösen der in den vorangegangenen Abschnitten beschriebenen Defizite bei der Koordination der Lieferanten realisiert. Dazu werden im Folgenden drei Hypothesen zur Erweiterung des Markmechanismus vorgestellt, die jeweils eines der beschrieben Defizite zu lösen versuchen, siehe Abbildung 4-4.

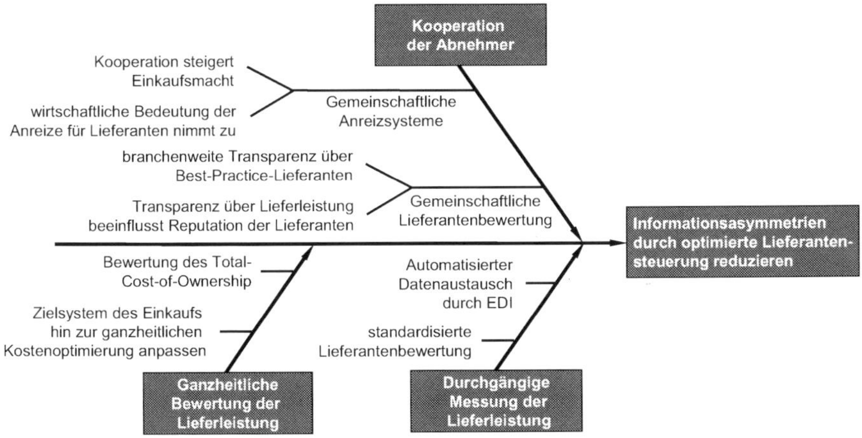

Abbildung 4-4: Wirkungsweise der geplanten Erweiterungen des Koordinationsmechanismus

Die erste Hypothese „Ganzheitliche Bewertung der Lieferleistung" definiert die Kenngröße „Lieferleistung" als dominante Zielgröße des Einkaufs für die Lieferantensteuerung. Die zweite Hypothese „Elektronischer Datenaustausch ist Basis für Transparenz" beschreibt die Automatisierung der Erfassungs- und Auswerteprozesse für die zwischen Abnehmer und Lieferant ausgetauschten Geschäftdaten als notwendige Voraussetzung zur vollständigen Dokumentation der vom Lieferanten geleisteten Lieferleistung. Die dritte Hypothese „Kooperation der Abnehmern erhöht Wirksamkeit der Lieferantenbeeinflussung" definiert das gemeinschaftliche Vorgehen mehrerer mittelständischer Abnehmer als Lösungsansatz zur Erreichung einer kritischen

Marktmacht gegenüber den Lieferanten, um die geforderte Lieferleistung durchsetzen zu können.

Im Folgenden werden die drei Hypothesen genauer beschrieben und anhand verschiedener aktueller Studien aus dem Maschinen- und Anlagenbau empirisch belegt.

4.2.1 Ganzheitliche Bewertung der Lieferleistung maximiert Unternehmenserfolg

Eine grundsätzlich hohe Lieferleistung ermöglicht den Unternehmen eine zuverlässige Produktions- und Bedarfsplanung, wodurch Auslastungsverluste und Sicherheitsbestände vermieden werden und der Arbeitsaufwand der direkten und indirekten Bereiche für Umplanungen und Besorgung von fehlenden Materialien entfällt. Somit können alle Ressourcen des Unternehmens effizienter eingesetzt werden.[358]

Dieser Zusammenhang wird auch durch die Studie „Strategien im Maschinen- und Anlagenbau" des VDMA belegt[359]: Statistisch wird bei Unternehmen, die eine hohe Lieferleistung als Zielkennzahl für ihr Unternehmen definieren, eine höhere Umsatzrendite festgestellt. So weisen Unternehmen, die systematisch ihre Lieferzuverlässigkeit optimieren, eine bis zu 52,5 Prozent höhere Umsatzrendite auf als Unternehmen mit einer vergleichsweise geringen Termintreue (siehe Abbildung 4-5).[360]

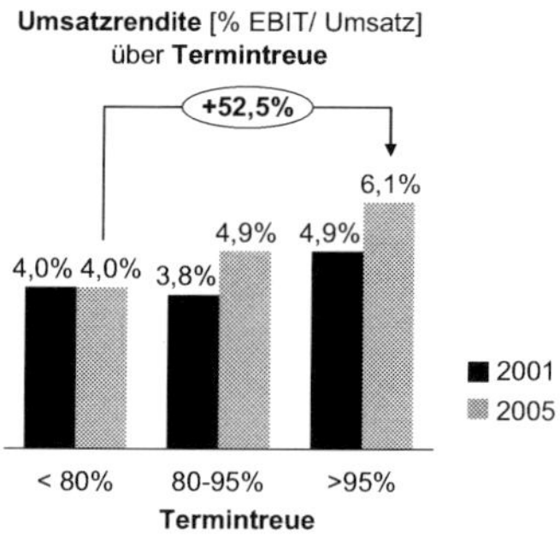

Abbildung 4-5: Entwicklung der Umsatzrendite bei Fokussierung auf die Zielkennzahl „Termintreue"

Neben der Lieferzuverlässigkeit gewichten die renditestärksten Unternehmen des Maschinenbaus auch die Lieferschnelligkeit höher als den zu zahlenden Materialpreis, siehe Abbildung 4-6.

358 Vgl. Fleisch (2008), High Resolution Production Management, S.460f.

359 Vgl. VDMA (2007), Strategien.

360 Vgl. ebenda.

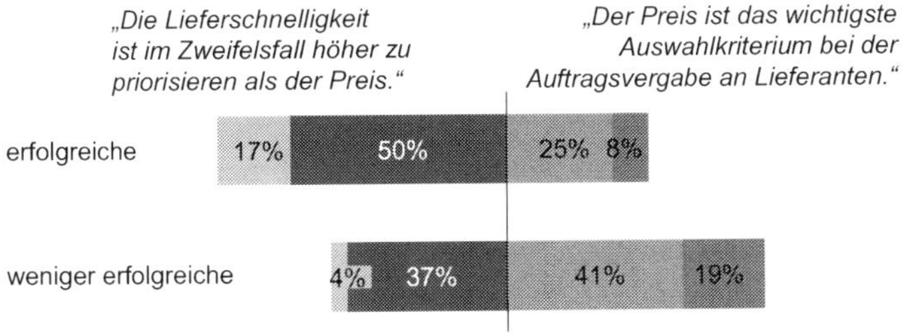

Abbildung 4-6: Erfolgfaktor Lieferschnelligkeit

Fazit: Nach dem Beispiel der Automobilbranche, in welcher die Zielfunktion für alle Abteilungen und Lieferanten einheitlich als „Erfüllung der Perlenkette“ festgelegt ist, definieren die erfolgreichen Unternehmen des Maschinenbaus die schnelle und zuverlässige Leistungserstellung als Zielkennzahlen für die Abteilungen und Lieferanten ihrer Unternehmen und erreichen damit eine effiziente Synchronisierung der gesamten Wertschöpfungskette.

4.2.2 Elektronischer Datenaustausch ist Basis für Transparenz

Die umfassende Verfügbarkeit von Daten über das Leistungsniveau der Lieferanten und die Transparenz über alle Vorgänge im Auftragsabwicklungsprozess sind eine Grundvoraussetzung für eine effektive Lieferantensteuerung.[361] Nur durch die exakte und zeitnahe Aufnahme aller Lieferdaten kann eine zielgerichtete Bewertung und Beeinflussung der Lieferanten erfolgen. Die Erfassung der notwendigen Informationen stellt jedoch eine große Herausforderung in der Praxis dar und wird häufig durch einen hohen operativen Aufwand erschwert.[362] Insbesondere in der Einzel- und Kleinserienfertigung behindern die unstrukturierten und komplexen Auftragsabwicklungsprozesse sowie die Vielzahl dynamischer Abnehmer-Lieferanten-Beziehungen eine umfangreiche Datenerfassung.

Als technologischer Wegbereiter für eine effiziente Informationsversorgung kann der elektronische Austausch von Lieferdaten zwischen den Partnern des Wertschöpfungsnetzwerks dienen. Die automatische Erfassung und Verarbeitung der Daten reduziert den Aufwand und erhöht ihre Verfügbarkeit.[363] Das Rationalisierungspotenzial liegt dabei je nach ausgetauschtem Geschäftsdokument zwischen 25 und 62 Prozent der bei manueller Bearbeitung anfallenden Prozesszeiten, siehe Abbildung 4-7.

[361] Vgl. Hofbauer (2009), Lieferantenmanagement, S.57.
[362] Vgl. z.B. Hoffmann (2000), Lieferantenbewertung, S.92.
[363] Vgl. Werner (2002), Supply Chain Management, S.204.

Die Verbreitung von EDI im Maschinen- und Anlagenbau ist mit 50,5 Prozent im Vergleich zu anderen Branchen wie der Automobilindustrie und dem Handel dabei gering. Besonders bei den Einzel- und Kleinserienfertigern liegt der Anteil deutlich unter 50 Prozent. Bei den großen Serienherstellern des Maschinen- und Anlagenbaus mit einem Umsatz von mehr als 500 Millionen Euro steigt der Anteil an Unternehmen, die EDI nutzen, jedoch auf 100 Prozent (vgl. Abbildung 4-8). Auch die Höhe des Beschaffungsvolumens, bei dem elektronische Daten ausgetauscht werden, steigt signifikant bei großen Unternehmen: Großunternehmen mit über 500 Millionen Euro Umsatz wickeln fast 45 Prozent ihres Beschaffungsvolumens elektronisch ab. Im Gegensatz dazu automatisieren alle anderen Unternehmen weniger als zehn Prozent ihres Beschaffungsvolumens mit EDI.[364]

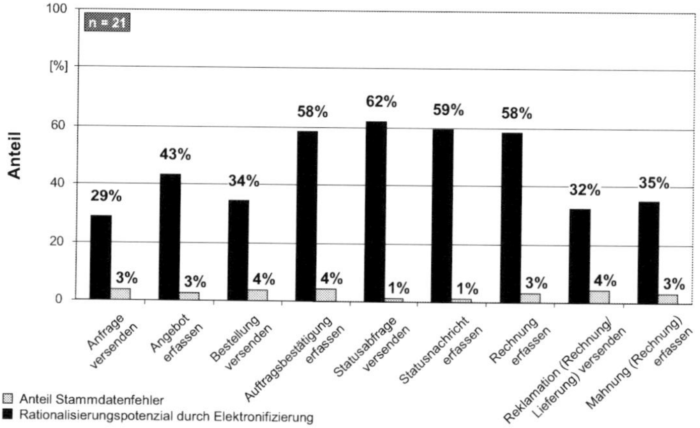

Abbildung 4-7: Rationalisierungspotenziale einer elektronischen Bestellabwicklung[365]

Studienergebnisse zeigen deutlich den Zusammenhang zwischen der Prozessautomatisierung durch EDI und dem flächendeckenden Einsatz des Lieferantenmanagements. Durch den hohen operativen Aufwand bei der Erfassung und Verarbeitung von Daten zur Beurteilung der Lieferperformance wird bei einem geringen Automatisierungsgrad eine Lieferantenbewertung seltener konsequent angewendet und folglich deutlich weniger Anreize zur Lieferantensteuerung eingesetzt. Die Anzahl der verwendeten Anreize bei Unternehmen, die ihre Einkäufe zu mehr als 25 Prozent mit EDI abwickeln, liegt bei 7,5. Wohingegen Unternehmen mit einer EDI-Abwicklung

---

[364] Vgl. Schuh (2009), Beschaffungslogistik, S.31f.

[365] Vgl. Westkämper (2006), Liefertreue im Maschinen- und Anlagenbau, S.34.

von weniger als 25 Prozent lediglich halb so viele Anreize (3,8) anbieten (vgl. Abbildung 4-8).

Auch bei einer Aufschlüsselung in die unterschiedlichen Unternehmensgrößen bleibt dieser Trend erhalten: Je höher der Einsatz von elektronischem Datenaustausch, desto verbreiteter ist der Einsatz von Anreizsystemen für die Lieferantensteuerung.

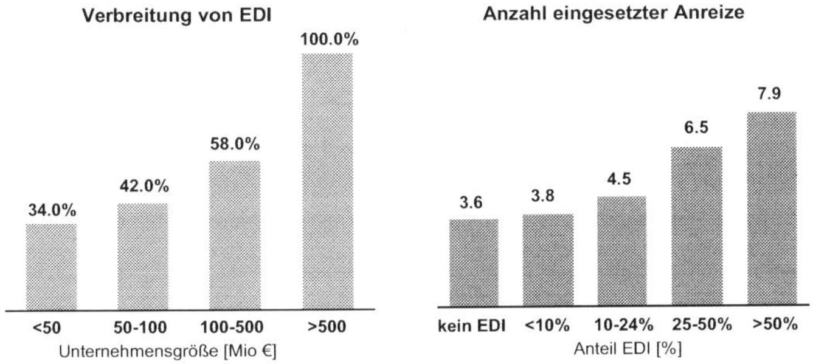

Abbildung 4-8: Verbreitung von EDI und Anzahl eingesetzter Anreize[366]

Fazit: Der elektronische Datenaustausch mit Zulieferern kann aufgrund seines Rationalisierungspotenzials bei der Informationserfassung als der wesentliche Befähiger für den umfassenden Einsatz einer aktiven Lieferantensteuerung im gesamten Lieferantenportfolio gesehen werden.

4.2.3 Kooperation der Abnehmer erhöht Wirksamkeit der Lieferantenbeeinflussung

Entscheidendes Kriterium zur Unterdrückung des opportunistischen Verhaltens der Lieferanten ist neben der Reduzierung der Informationsasymmetrien in Bezug auf ihre Lieferleistung eine wirksame Lieferantenbeeinflussung. Die Durchsetzung der dazu notwendigen Kontroll- und Anreizsysteme kann bei den betrachteten mittelständischen Unternehmen nur durch eine Kooperation mehrer Abnehmer erfolgen. Dies hat zwei Gründe: Erstens reicht die Marktmacht eines einzelnen mittelständischen Abnehmers i.d.R. nicht aus, um die betroffenen Lieferanten von der Notwendigkeit veränderter Koordinationsprozesse zu überzeugen und zweitens verfügt ein einzelner Abnehmer nicht über die notwendigen Informationen über die in einem Beschaffungsmarkt erreichbare Lieferleistung. Zur Schaffung wirksamer Anreize ist die Transparenz über erreichbare Best-Practices aber eine Grundvoraussetzung.

366 Vgl. Schuh (2009), Beschaffungslogistik, S.29 und S.32.

So sind die Lieferanten heute bei der Auftragseinplanung nicht Anreizgetrieben. Je dominanter ihre Position auf dem Zuliefermarkt ist, desto weniger lässt sich ihr Verhalten von einzelnen Abnehmern beeinflussen. Ziel des Mechanismus muss daher sein, die Lieferanten durch Anreize für das Thema „Lieferleistung“ zu sensibilisieren und eine stärkere Ausrichtung ihrer Auftragsabwicklungs- und Produktionsprozesse auf eine schnelle und zuverlässige Belieferung zu erreichen.

Dieser Veränderungsdruck kann durch die geringe Marktmacht eines einzelnen mittelständischen Unternehmens i.d.R. nicht bewirkt werden. Daher stellt das gemeinschaftliche Vorgehen mehrerer Abnehmer (Bündelung der Markmacht) einen effektiven Lösungsansatz dar, siehe Abbildung 4-9.

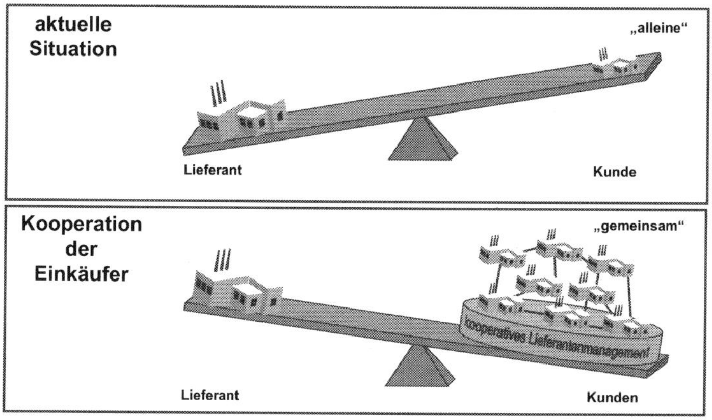

Abbildung 4-9: Kooperation mittelständischer Unternehmen zur Optimierung der Lieferantenleistung[367]

Die Zielgruppe für eine solche Kooperation sind daher Unternehmen, die einen durchschnittlich geringen Umsatz mit ihren Lieferanten generieren. Dies wird auch durch die Ergebnisse der Studie „Beschaffungslogistik im Maschinen und Anlagenbau“ belegt.[368] Unternehmen, die an einem gemeinsamen Anreizsystem teilnehmen möchten, haben im Durchschnitt ein 70 Prozent geringeres Beschaffungsvolumen bei ihren einzelnen Lieferanten als solche, die dieses Konzept ablehnen. Des Weiteren sind es tendenziell eher kleine Unternehmen, die die Zielgruppe für ein kooperierendes Anreizkonzept repräsentieren. Unternehmen mit einem Umsatz von weniger als

[367] Vgl. Schuh (2009), Beschaffungslogistik, S.36.
[368] Vgl. Schuh (2009), Beschaffungslogistik, S.28.

100 Millionen Euro würden mit 38 Prozent im Durchschnitt doppelt so oft auf ein gemeinschaftliches Vorgehen zurückgreifen als Unternehmen mit mehr als 100 Millionen Euro Umsatz (vergleiche Abbildung 4-10).

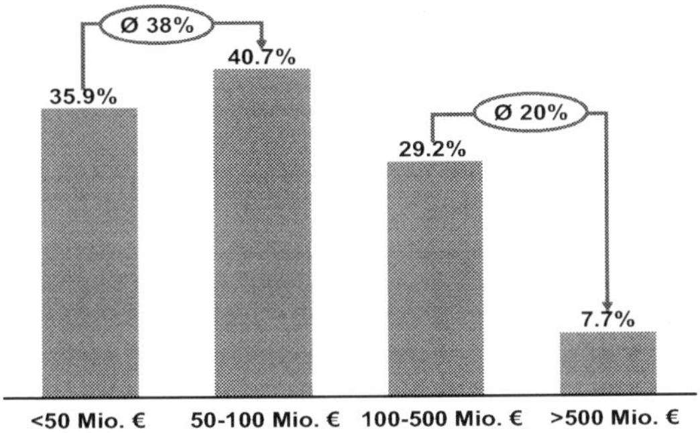

Abbildung 4-10: Zustimmung zum Einsatz eines gemeinschaftlichen Anreizsystems

Fazit: Die Bündelung mehrerer Abnehmer mit ähnlicher Interessenslage erzeugt den notwendigen Druck, um eine allgemeine Veränderung bei den Lieferanten zu bewirken. Des Weiteren stehen den einzelnen Unternehmen durch eine Kooperation beim Lieferantenmanagement mehr Daten über die Lieferleistung eines einzelnen Lieferanten zur Verfügung.

4.3 Mechanismusgestaltung

Nun gilt es die Frage zu beantworten, wie die beschriebenen Lösungshypothesen im Detail in Instrumenten zur optimierten Lieferantenkoordination umgesetzt werden können. Wie in Abbildung 4-11 im Regelkreis des Lieferantenmanagements eingezeichnet, sollen die Lösungshypothesen für ein kooperatives Lieferantenmanagement anhand von vier Instrumenten umgesetzt werden. Zum besseren Verständnis der Wirkungsweise der Instrumente werden sie in den folgenden Unterkapitel näher erläutert.

4.3.1 Bewertung des Total-Cost-of-Ownership (TCO)

Die notwendige Anpassung des Zielsystem in der Beschaffung hin zu einer ganzheitlichen Betrachtung der Lieferzuverlässigkeit eines Lieferanten kann durch das Instrument der Total-Cost-of–Ownership-Bewertung wirksam unterstützt werden.

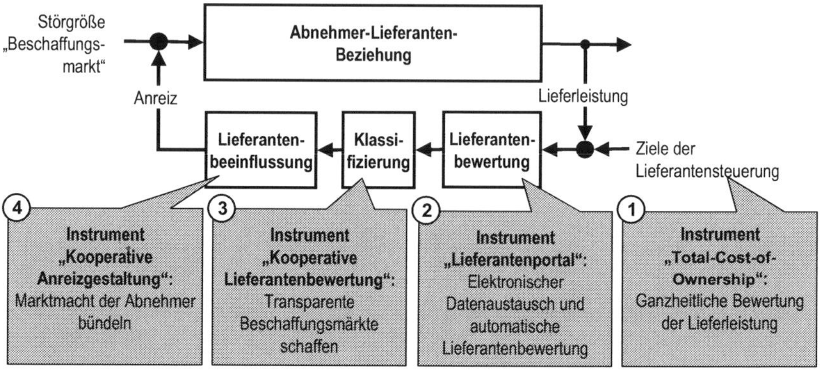

Abbildung 4-11: Instrumente des kooperativen Lieferantenmanagements

Ziel einer Total-Cost-of-Ownership-Bewertung ist es, die gesamten durch den Fremdbezug eines Gutes verursachten Kosten zu betrachten und nicht nur den Einstandspreis.[369] Während einer Vergabeentscheidung kann damit durch eine TCO-Berechnung den Mitarbeitern im Einkauf eine höhere Transparenz über die Auswirkungen der von ihnen getroffenen Entscheidungen auf die Gesamteffizienz des Unternehmens gegeben werden. Sie werden damit für das Thema Versorgungssicherheit bzw. Lieferleistung der Lieferanten stärker sensibilisiert. Dies ist eine notwendige Voraussetzung für die erfolgreiche Einführung bzw. Akzeptanz neuer Zielvorgaben.

Nach wie vor sind Preise die bestimmende Größe im Denken vieler Einkaufsabteilungen. Die TCO-Berechnung erweitert dieses Denken durch einen erweiterten Kostenhorizont und bietet dem Einkäufer die Möglichkeit, die Auswirkungen einer bestimmten Lieferantenwahl, Versorgungsstrategie oder aber eines Substitutionsproduktes ganzheitlich zu „bepreisen“. Damit wird für den Einkäufer der Einfluss seiner Entscheidungen auf die Effizienz aller weiteren Prozesse im Unternehmen transparent; er kann zu einer ausgewogenen Priorisierung von logistischen Leistungskriterien und dem erzielbaren Preis kommen.[370]

Mittels einer TCO-Bewertung werden daher alle Nebenkosten einbezogen, die mit der Beschaffung der benötigten Güter verbunden sind, die im Rahmen des Produktlebenszyklus anfallen und die Versorgung des Unternehmens sicherstellen.[371] Die Kosten vor, während und nach der Lieferung durch den Lieferanten sind zu berücksichti-

[369] Vgl. Appelfeller (2005), Supplier Relation Management, S.2.
[370] Vgl. Wannenwetsch (2007), Integrierte Materialwirtschaft, S.98.
[371] Vgl. Kerkhoff (2008), S.42, Wannenwetsch (2007), Integrierte Materialwirtschaft, S.98.

gen.[372] Der Produktpreis macht hierbei nur einen Anteil der durch die Abnehmer-Lieferanten-Beziehung verursachten Kosten aus. Zur Verdeutlichung kann die Metapher eines Eisbergs herangezogen werden, an dessen Spitze der Angebotspreis sichtbar ist, dessen größeres Volumen aber unsichtbar unterhalb der Wasseroberfläche liegt.[373]

Die Kenntnis der vom Lieferanten verursachten Kosten ist eine wichtige Grundlage für das Lieferantenmanagement, um die damit verbundenen Aktivitäten zielgerichtet an der Gesamtkostenreduktion auszurichten.[374] Abhängig vom Beschaffungsobjekt und von den Anforderungen des einkaufenden Unternehmens kann eine große Anzahl verschiedener Kostenbestandteile von Relevanz sein.[375] Einen Überblick potenzieller Kostenkategorien gibt Abbildung 4-12.

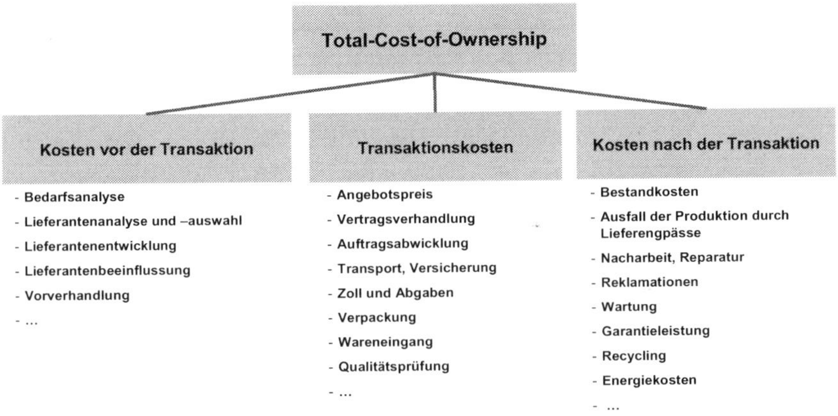

Abbildung 4-12: Kostenblöcke des Total-Cost-of-Ownership-Ansatzes[376]

Der Einfluss der verschiedenen Kostenblöcke wird u.a. entscheidend durch die Art der Auftragsabwicklung beziehungsweise durch die Dauer und Intensität der Zusammenarbeit mit dem Lieferanten beeinflusst. Bei der einmaligen Beschaffung von Investitionsgütern ist beispielsweise der Wartungs- und Reparaturaufwand im Laufe der

372 Vgl. Ellram (1999), Total Cost of Ownership, S.601.
373 Vgl. Ellram (1996), Successful Partnership Implementation, S.23.
374 Vgl. Hofbauer (2009), Lieferantenmanagement, S.43.
375 Vgl. Hofbauer (2009), Lieferantenmanagement, S.44.
376 In Anl. an Wannenwetsch (2007), Integrierte Materialwirtschaft, S.99, Disselkamp (2004), Lieferantenrating , S.85, Ellram (1999), Total Cost of Ownership, S.602.

Produktnutzung ein wichtiger Faktor, während die Lieferantenintegration nur eine untergeordnete Rolle spielt. Dagegen sind bei der Beschaffung von Produktionsmaterial im Maschinen- und Anlagenbau neben dem Einstandspreis und den administrativen Kosten vor allem zwei Hauptkostentreiber zu nennen.[377] Zum einen haben durch Fehlteile hervorgerufene Produktionsausfälle und Stillstandszeiten auf Grund der dadurch entgangenen Erträge (Opportunitätskosten) einen entscheidenden Einfluss auf die Kostenstruktur.[378] Zum anderen sind bei produzierenden Unternehmen die Bestandskosten zur Sicherstellung der Teileverfügbarkeit in der eigenen Produktion einer der größten Kostentreiber (vgl. Abbildung 4-13).[379]

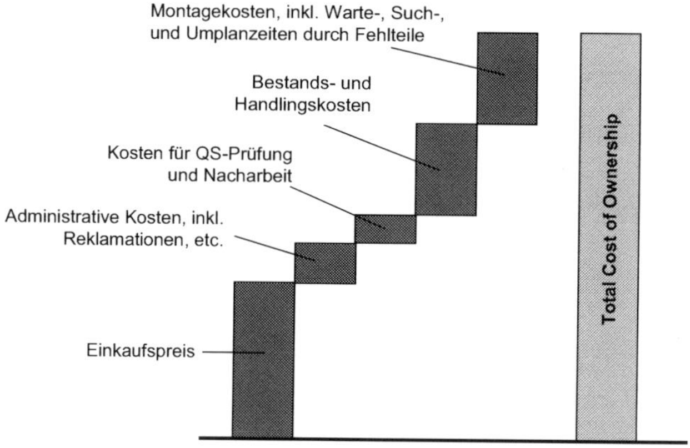

Abbildung 4-13: Kostenböcke des TCO anhand eines beispielhaften Artikels

Die Reduzierung dieser beiden dominierenden Kostenblöcke durch den zielgerichteten Einsatz der Beschaffungsinstrumente bietet das wesentliche Optimierungspotenzial der Beschaffung im Maschinen- und Anlagenbau.[380] In Abbildung 4-13 ist die Kostenverteilung für einen beispielhaften Artikel innerhalb einer Total-Coat-Of-Ownership-Analyse dargestellt, wobei der Einkaufspreis hier weniger als 50 Prozent ausmacht. Fallweise kann der Anteil des Einkaufspreises z.B. bei einfachen DIN-Teilen noch weit geringer ausfallen. Das Beispiel macht aber den Stellenwert der Folgekostenabschätzung bei Beschaffungsgütern deutlich.

377 Vgl. Schuh (2009), Beschaffungslogistik, S.10.
378 Vgl. Wannenwetsch (2007), Integrierte Materialwirtschaft, S.100, Ellram (1993), S.54.
379 Vgl. Ellram (o.J.), Supply Chain, S.13f.
380 Vgl. Schuh (2009), Beschaffungslogistik, S.11.

Ermöglicht wird der Einsatz der Entscheidungsgröße „Total Cost of Ownership" durch eine transparente Messung aller Kosten, die ein Artikel über seinen Produktlebenszyklus erzeugt. Dies verlangt eine Messung der relevanten Einflussgrößen wie z.B. die Liefertreue eines Lieferanten. Basis ist somit eine detaillierte Erfassung der Lieferdaten aller Lieferanten, aber auch der internen Produktionsdaten. Während die internen Produktionsdaten im ERP-System zumeist strukturiert erfasst werden, ist für die Erfassung der Lieferdaten der Einsatz eines Lieferantenportals Voraussetzung.

4.3.2 Lieferantenportal zur Automatisierung der Lieferantenkommunikation

Die Fokussierung des Zielsystems der Lieferantensteuerung auf die Lieferleistung erfordert aktuelle und genaue Informationen sowohl über die unternehmensinternen Anforderungen an die Lieferleistung als auch über die tatsächlich von den Lieferanten erreichten Leistungen. Gegenüber dem Status Quo bei der Vielzahl der Unternehmen erfordert dies eine effizientere Erfassung und Verarbeitung der zwischen Abnehmer und Lieferant ausgetauschten Lieferinformationen. Basis hierfür ist der Einsatz eines EDI-Systems bzw. Lieferantenportals. Das eingesetzte IT-System muss dabei die im Folgenden beschriebenen Anforderungen erfüllen, um die notwendige Automatisierung der Datenerfassung zu ermöglichen.

Alle Versorgungsprozesse (siehe Kapitel 2.1.5 zu den Versorgungskonzepten im Maschinenbau) müssen mittels des eingesetzten Lieferantenportals/EDI-Systems unterbrechungsfrei abgebildet werden können und eine Integration des Systems in das unternehmensintern eingesetzte ERP-System muss vorhanden sein. Diese Voraussetzung ermöglicht erst eine effiziente Automatisierung der Datenverarbeitung. Des Weiteren müssen die ausgetauschten Daten zu einer Lieferantenbewertung aggrigiert werden können. Dazu sind Standard-Auswertemöglichkeiten vorzusehen. Eine weitere entscheidende Voraussetzung ist, dass die Nutzung des Systems zu keinen weiteren Kosten auf Seiten der Lieferanten führt. Aufgrund der schwachen Marktposition der Abnehmer kann die netzwerkweite Einführung daran scheitern.

Des Weiteren ist eine Unterstützung bei der Total-Cost-Of-Ownership-Berechnung sinnvoll. Weitere Funktionen, die heute am Markt existierende Lieferantenportale zur Unterstützung der Aufgaben des Einkaufs anbieten (Auktionen, Vergabe-Workflows, Bereitstellen von Online-Katalogen, etc.), sind hilfreich, sollen im Rahmen dieser Arbeit aber nicht weiter thematisiert werden.

Die oben genannten Anforderungen an eine IT-technische Unterstützung des Lieferantenmanagements sind die notwendige Voraussetzung für den erfolgreichen Einsatz der im Folgenden beschriebenen Funktionen der kooperativen Lieferantenbewertung.

4.3.3 Kooperative Lieferantenbewertung

Eine Lieferantenbewertung bietet sich zur Erhöhung der Transparenz über die Lieferleistung der Lieferanten besonders an, da sie Daten über alle relevanten Leistungsparameter einer Abnehmer-Lieferanten-Beziehung liefert und gut standardisiert werden kann. Des Weiteren kann sie, wie gerade beschrieben, automatisiert aus den zwischen Abnehmer und Lieferant ausgetauschten Auftragsabwicklungsdaten erzeugt werden. In Verbindung mit dem Einsatz eines EDI-Systems bzw. Lieferantenportals ermöglicht dies einen besonders effizienten Einsatz.

Weiter ermöglicht eine Vereinheitlichung der Erhebungs- und Beurteilungssystematik das unternehmensübergreifende Teilen der Lieferantenkennzahlen (kooperative Lieferantenbewertung) und somit die effiziente Erweiterung der Datenbasis jedes Abnehmers für eine umfassendere Bewertung der Lieferanten und Beschaffungsmärkte, siehe Abbildung 4-14.

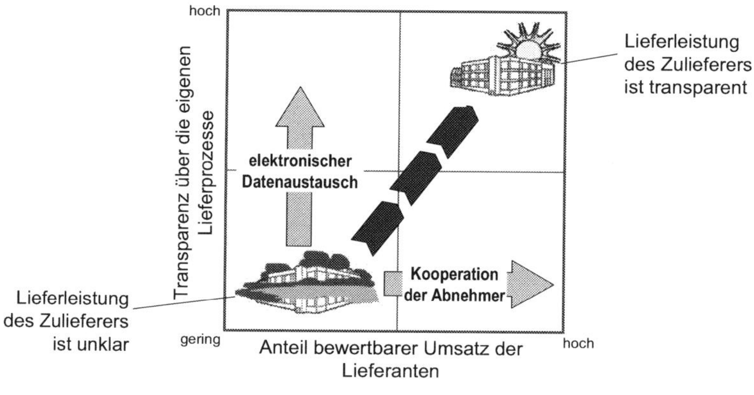

Abbildung 4-14: Ziel der kooperativen Lieferantenbewertung

Unter einer kooperativen Lieferantenbewertung soll daher die Möglichkeit verstanden werden, dass jeder interessierte Abnehmer die eigenen Lieferantenkennzahlen mit einer Vielzahl anderer Abnehmer teilen kann, um dadurch im Gegenzug Zugriff auf die Leistungskennzahlen der anderen Abnehmer zu erhalten. Dies ist von besonderem Interesse, da es den mittelständischen Unternehmen des Maschinen- und Anlagenbaus durch die geringen Verbräuche in den einzelnen Abnehmer-Lieferanten-

Beziehungen insbesondere bei B- und C-Lieferanten an der für eine valide Bewertung der Lieferanten notwendigen Datenbasis mangelt.

Zielsetzung der kooperativen Lieferantenbewertung ist somit die Schaffung transparenter Beschaffungsmärkte für die mittelständischen Maschinenbauer. Eine von einem einzelnen mittelständischen Unternehmen durchgeführte Lieferantenbewertung gibt lediglich eine subjektive Auskunft darüber, wie gut der Lieferant die vom Unternehmen definierten Anforderungen relativ zu den anderen Lieferanten des Unternehmens erfüllt (vgl. Abbildung 4-15a). Ob diese Leistung im Vergleich zum gesamten Beschaffungsmarkt als absolut gut oder schlecht zu beurteilen ist, kann sie daher nur in geringem Umfang belegen. Erst durch das Zusammenführen einer Vielzahl an Bewertungen unterschiedlicher Unternehmen kann eine Objektivierung erreicht werden. Vergleichbar mit den Teilen eines Puzzles entsteht aus dem Zusammenfügen vieler Einzelbewertungen, die notwendige Transparenz über einen einzelnen Lieferanten oder aber den gesamten Beschaffungsmarkt (vgl. Abbildung 4-15b).

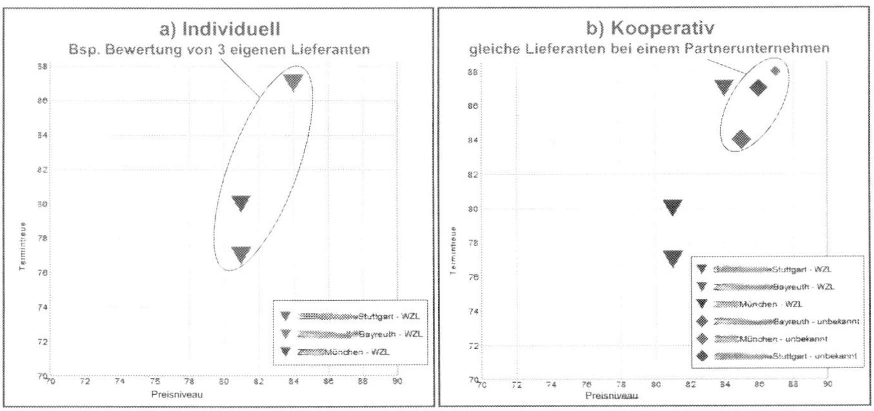

Abbildung 4-15: Vergleich individuelle und kooperative Lieferantenbewertung

Für den Abnehmer wird damit das absolute Leitungspotenzial bei einem Lieferanten oder aber innerhalb eines Beschaffungsmarktes ablesbar. Ist ein Lieferant beispielsweise bei einer großen Anzahl Unternehmen besser bewertet als beim eigenen, so kann seine Performance möglicherweise über eine optimierte Lieferantensteuerung positiv beeinflusst werden. Liegt jedoch eine allgemein schlechte Leistung vor, so wird eine schnelle Leistungssteigerung wahrscheinlich nicht zu erreichen sein und ein Lieferantenwechsel ist anzustreben.

Darüber hinaus wird durch die Bündelung der Lieferantenkennzahlen die branchenweite Entwicklung der Wiederbeschaffungszeiten und damit die Auslastungssituation bei den Lieferanten für bestimmte Warengruppen transparent. Die Wiederbeschaffungszeiten des Fremdbezugs bilden die Grundlage für die Auftragsplanung beim Abnehmer und sind daher von besonderer Bedeutung. Gerade Unternehmen mit sporadischen Bedarfen können auf Basis dieser Daten ihre ansonsten statischen Wiederbeschaffungszeiten kontinuierlich aktualisieren und damit ihre Materialdisposition optimieren.

4.3.4 Kooperative Anreizgestaltung

Einerseits ermöglicht die kooperative Lieferantenbewertung dem Abnehmer damit eine Optimierung des eigenen Lieferantenportfolios. Auf der anderen Seite wird über die gebündelte Bewertung der Lieferanten das Zielsystem dieser Lieferanten beeinflusst. Durch das Teilen der Bewertungsergebnisse wandelt sich die Bewertung von einem reinen Kontrollinstrument des Abnehmers zu einem Anreizsystem für die Lieferanten. Vergleichbar mit einem Gütesiegel wird die Lieferleistung eines Lieferanten für einen größeren Teil der Abnehmer sichtbar und beeinflusst damit die Reputation der Lieferanten und damit indirekt deren Umsätze mit den so informierten Abnehmern.

Bereits das Wissen über die Existenz einer branchenweiten Lieferantenbewertung wird daher zu einer höher Motivation und Leistung des Lieferanten führen. Die so bewerteten Lieferanten können ihr Leistungsprofil anhand der definierten Bewertungskriterien marktkonform ausrichten. Damit kann der heute vorherrschende Opportunismus aufgrund von Informationsasymmetrien in den Netzwerken des Maschinen- und Anlagenbaus effizient eingedämmt werden. Auf die genaue Funktionsweise dieses und weiterer Anreize auf Basis der kooperativen Lieferantenbewertung wird im Folgenden genauer eingegangen.

Prinzipiell lassen sich die für eine Lieferantensteuerung in Frage kommenden Anreize in zwei Klassen einteilen: Materielle und immaterielle Anreize. Materielle Anreize wirken direkt auf das Zielsystem der Gewinnmaximierung des Lieferanten ein. Sie sind durch direkt messbare monetäre Größen definiert (z.B. Pönalen, Bonuszahlen, etc.). Die Wirkungsweise immaterieller Anreize lässt sich im Wesentlichen auf die Relevanz einer guten Reputation für den Lieferanten bei seinen Kunden und Interessenten zurückführen. Eine gute Reputation im Markt ist für einen Lieferanten ein wirksames Instrument zur Kundenbindung bzw. erleichtert die Gewinnung neuer Kunden. Damit ist eine gute Reputation die Basis einer nachhaltigen Umsatzsicherung bzw. –steigerung und wirkt langfristig auf das Ziel der Gewinnmaximierung des Lieferanten ein. Wie die Übersicht möglicher Anreize in Abbildung 4-8 zeigt, existiert neben dem bereits angesprochenen Anreizeffekt der Lieferantenbewertung die Möglichkeit, weitere Anreize auf Grundlage der unternehmensübergreifenden Lieferantenbewertung einzusetzen.

	Anreize	Individuelle Lieferantensteuerung – Abhängigkeit vom Lieferanten: Gering	Mittel	Hoch	Kooperative Lieferantensteuerung
Materiell	Bonuszahlungen	++	+	=	+++
	Erfolgsbeteiligungen	++	+	=	++
	Veränderung der Lieferquote	++	+	+	+++
	Überlassen von Anlagen	++	++	++	++
Immateriell	Lieferantenauszeichnung (Gütesiegel)	+	+	=	+++
	Austausch von Prognosedaten	+	+	=	+++
	Erweiterung der Zulieferverantwortung	+	+	=	++
	Androhen verschärfter Kontrollen/ Lieferantengespräche	+	=	=	++

+++: starke Wirkung, ++: mittlere Wirkung, +: geringe Wirkung, =: keine Wirkung

Abbildung 4-16: Nutzenbewertung unterschiedlicher Anreize ohne und mit Kooperation auf Abnehmerseite[381]

Die Wirksamkeit der aufgeführten Anreize wurde durch eine Expertenbefragung im Rahmen der EDI-Convention 2009 in Aachen validiert. In der Kategorie der immateriellen Anreize bewerteten die Experten den Einsatz einer öffentlichen Lieferantenauszeichnung und den Austausch von Prognosedaten als besonders effektiv. Bei den materiellen Anreizen sehen sie den Einsatz von Bonuszahlungen bzw. Erfolgsbeteiligungen und die Erhöhung der Lieferquote als besonders wirksam für die kooperative Lieferantensteuerung an. Die von den Experten als relevant ermittelten Anreizformen sollen im Folgenden näher betrachtet und als Methodenbausteine für die kooperative Anreizgestaltung weiterentwickelt werden.

4.3.4.1 Immaterielle Anreize

Öffentliche Auszeichnung: Im Rahmen der Studie „Beschaffungslogistik im Maschinen- und Anlagenbau“ wurde ein Meinungsbild über neue Konzepte zur Lieferanten-

[381] Die Bewertung basiert auf einer Expertenbefragung (n=12) im Rahmen dieser Dissertation.

koordination erstellt: Demnach glaubt die Hälfte der befragten Unternehmen daran, dass eine gemeinsame Lieferantenbewertung als Anreiz auf ihre Lieferanten wirkt und die allgemeine Liefertreue der Branche damit verbessert werden kann. Erwartungsgemäß überwiegen in der Gruppe der Befürworter die Unternehmen mit einer schwachen Marktmacht. Die Befürworter generieren im Durchschnitt einen um 87 Prozent geringeren Einzelumsatz mit ihren Lieferanten als die Unternehmen, die nicht an eine Verbesserung der Situation glauben.[382]

Eine Verstärkung dieses Anreizeffekts wird durch die Zusammenfassung der dezentral von den einzelnen Abnehmern erstellten Lieferantenbewertungen zu einer öffentlichen Auszeichnung der branchenweit besten Lieferanten bzw. einem Gütesiegel erreicht. Die Wirksamkeit dieses auf Reputation beruhenden Anreizes belegen die Internet-Handelsplattformen von Amazon und ebay. Hier werden alle Verkäufer nach Abschluss einer Transaktion von den Abnehmern anhand standardisierter Kriterien zur Lieferleistung bewertet. Die daraus entstehende Reputation eines Lieferanten wird durch von der Handelsplattform automatisch vergebene Gütesiegel für besonders aktive Lieferanten (z.B. Powerseller) weiter unterstützt. Neben dem Preis für eine Ware, der auf diesen Plattformen absolut transparent ist, bilden die beschriebenen Bewertungen eine wesentliche Basis für die Kaufentscheidung eines Abnehmers.

Ein unzuverlässiger Lieferant wird hier mit dem Problem konfrontiert, aufgrund seiner schlechten Bewertung neue Kunden zu gewinnen bzw. Aufträge von bestehenden Kunden zu erhalten. Somit entwickelt sich mit der Zeit ein System, welches, im Einklang mit der Theorie von STIGLITZ und SPENCE, durch die wiederholten Aktionen der Marktteilnehmer und der damit verbundenen Etablierung von Reputationen, den vorherrschenden Opportunismus unterdrückt.

Weiter wird für die Zulieferer durch den Einsatz einer regelmäßigen Kontrolle der Lieferleistung die Bedeutung einer zuverlässigen Versorgung ihrer Abnehmer deutlich. Insbesondere die transparente Kommunikation der Bewertungskriterien hat eine stärkere Zielorientierung des Lieferanten zur Folge und wirkt ihrem opportunistischen Verhalten entgegen.

Prognosedaten: Neben der öffentlichen Auszeichnung von Lieferanten können die vorhandenen Lieferantenbewertungen auch zur Erstellung von Prognosedaten genutzt werden. So können auf Basis der Daten die Entwicklung der Wiederbeschaffungszeiten und damit mittelbar die Auslastungssituation für gewisse Zulieferprodukte gemessen werden. Diese Daten haben sowohl auf die Dimensionierung des Kapazi-

382 Vgl. Schuh (2009), Beschaffungslogistik, S.27.

tätsangebots (Anpassung der Produktionskapazität der Lieferanten) als auch des Kapazitätsbedarfs (z.B. Suche nach Substitutionsprodukten des Abnehmers) eine steuernde Wirkung.

4.3.4.2 Materielle Anreize

Um eine Lieferleistung, die über dem Branchendurchschnitt liegt zu erreichen, werden die genannten immateriellen Anreize u.U. nicht ausreichen. Mit steigenden Anforderungen des Abnehmers an die Lieferbereitschaft oder Lieferflexibilität entstehen für den Lieferanten potenziell Mehrkosten. Folglich muss die Absicherung dieser besonderen Lieferleistung mit einem Anreiz für den Lieferant versehen sein, so dass dieser die Kosten auf sich nimmt, seine Prozesse derart zu optimieren. Dies kann durch das gemeinschaftliche Gewähren von monetären Anreizen erreicht werden.

Aus der Praxis bekannte materielle Anreize sind die Veränderung der Lieferquote, das Gewähren von Prämien und Erfolgsbeteiligungen, das Verhängen von Pönalen und das Überlassen von Produktionsanlagen (vgl. auch Abbildung 4-16).

Während das Überlassen von Produktionsanlagen für ein kooperatives Lieferantenmanagement i.d.R. keine Bedeutung hat, sind sowohl die leistungsabhängige Veränderung der Lieferquote als auch das Verhängen von Pönalen bzw. die Vergabe von Prämien (als Bonuszahlung oder Erfolgsbeteiligung) relevante Instrumente des kooperativen Lieferantenmanagements.

Anpassen der Lieferquote: Da die Zielsysteme im Vertrieb heute zumeist Umsatzgetrieben sind, stellt die Anpassung der Lieferquote und damit eine potenzielle Umsatzsteigerung bzw. ein -rückgang ein probates Mittel zur Steuerung des Lieferanten dar. Lediglich birgt eine vertragliche Fixierung einer Lieferquotenanpassung im Fall einer besonders guten bzw. schlechten Lieferleistung gewisse Risiken für den Abnehmer, da sie ein Leistungsversprechen in der Zukunft enthält, das von weiteren Faktoren wie z.B. der technologischen Entwicklung abhängt. Voraussetzung für den sinnvollen Einsatz ist daher die Beschaffung eines stabilen Produkt- und Leistungsprogramms auf einem weitestgehend transparenten Beschaffungsmarkt.

Pönalen und Prämien: Auch beim Einsatz von Pönalen und Prämien sind gewisse Randbedingungen zu beachten. Betrachtet man die Fälle im Maschinen- und Anlagenbau, in denen Liefertreue heute abgesichert wird, so erkennt man, dass dort i.d.R. eine negative Absicherung, also das Festsetzen von Pönalen erfolgt. Diese hat der Lieferant bei nicht fristgerechter Lieferung zu zahlen. Problem dieser Art von Absicherung sind die Durchsetzbarkeit, welche enorm von dem Machtverhältnis zwischen

Kunde und Lieferant abhängt, und die Höhe der Pönale, die sich am Wert der zu beschaffenden Güter orientiert.

Befindet sich der Kunde nicht in einer dominanten Position gegenüber dem Lieferanten, so hat er Probleme, Pönalen gegen den dominanteren Lieferanten durchzusetzen. Des Weiteren ist die Wirksamkeit von Pönalen bei Unterlieferanten meist nicht gegeben, da diese nur einen bestimmten Prozentsatz des Wertes des abgesicherten Teils betragen. Somit ist es für den Kunden kaum möglich, eventuelle Produktionsausfälle durch Pönalen finanziell zu kompensieren. Derartige Absicherungen werden derzeit zwar bei kompletten Maschinen bzw. Anlagen mit hohem Vertragswert vorgenommen, sind jedoch bei Teilen mit geringerem Wert nicht umsetzbar, da der finanzielle Schaden eines Produktionsausfalls den Wert des Teils um das Vielfache übersteigen kann und Pönalen in dieser Größenordnung beim Lieferanten nicht durchsetzbar sind. Da Pönalen auf die verspätete Lieferung von B- oder C-Teilen i.d.R. geringer sind als die Kosten, die für den Lieferanten durch den Zusatzaufwand für eine termintreue Lieferung entstehen, bestehen nur geringe Anreize für den Selbigen, Liefertermine einzuhalten.

Lediglich bei hochwertigen A-Teilen ist in Zeiten von Unterauslastung der Einsatz von Pönalen sinnvoll, da die Lieferanten auf die Aufträge des einzelnen Abnehmers angewiesen sind und oftmals keine andere Wahl haben, als die angesetzten Pönalen zu akzeptieren. Problematisch wird das System in Phasen der Hochkonjunktur. Sind die Kapazitäten der Lieferanten grundsätzlich am oder über das Limit hinaus ausgelastet, bringt diese Situation die Lieferanten aufgrund der herrschenden Ressourcen- und Kapazitätsknappheit in eine dominante Situation gegenüber den Kunden. Somit bestehen für die Abnehmer kaum Möglichkeiten, Pönalen für nicht fristgerechte Lieferung durchzusetzen, da sie darum bangen, ihre bestellten Produkte überhaupt zu erhalten.

Um eine grundsätzlich hohe Lieferleistung in der Branche zu gewährleisten, ist es jedoch essentiell, dass der Mechanismus zur Lieferterminabsicherung immer, also in sämtlichen Konjunkturphasen der Wirtschaft, greift. Dies kann nur erreicht werden, indem eine Win-Win-Situation geschaffen wird, in der Lieferant und Kunde gleichsam von einer hohen Lieferleistung profitieren und somit das Problem der Durchsetzbarkeit einer Absicherung nicht oder nur geringfügig gegeben ist.

Der Hebel zur Schaffung von Anreizen zur Lieferleistung ist eine zweifache Absicherung der Liefertermine, über einerseits Pönalen und andererseits Prämien, welche dem Lieferanten einen Teil des Profits des Abnehmers bei erhöhter Lieferbereitschaft zusichern. Somit entstehen z.B. bei schnellerer Lieferung wie oben angesprochen zwar Mehrkosten für den Kunden, da er dem Lieferanten eine Prämie zahlen muss. Diese führt aber aufgrund der optimalen internen Abwicklung des Gesamtauftrages dazu, dass Lagerkosten, Kosten zur Umplanung etc. gesenkt werden.

Zur monetären Bewertung der Liefertreue und damit zur Bestimmung der Höhe von Prämie und Pönale können zwei verschiedene Modelle herangezogen werden.

- Anreize schaffen für den Lieferanten: Hier wird der Preis für Liefertreue, also die Höhe der Pönale bzw. Prämie, durch die Kosten bestimmt, welche der Lieferant aufwenden muss, um einen Auftrag fristgerecht zu liefern. Ist die Pönale bzw. Prämie für eine termintreue Lieferung höher als die von dem Lieferant aufgewendeten Kosten und evtl. entgehende Opportunitätskosten von anderen Aufträgen, entsteht ein Anreiz für ihn, seine Prozesse derart zu verändern und den bestimmten Kundenauftrag zu priorisieren, dass er Liefertreue gewährleisten kann.
- Absicherung des Liefertermins für den Kunden: Hierbei bestimmt der Kunde den monetären Wert der termingerechten Lieferung eines Teils für seine Produktion, d.h. den Verlust, der für ihn entstehen würde, wenn er das Teil nicht fristgerecht erhält (z.B. Lagerkosten, Kosten für Umdisponierung, Produktionsausfallkosten), multipliziert mit der Wahrscheinlichkeitsdifferenz von Lieferverzug. Die Wahrscheinlichkeitsdifferenz soll dabei definiert sein als die Wahrscheinlichkeit von Lieferverzug mit monetären Anreizen minus die Wahrscheinlichkeit für Verzug ohne monetäre Anreize. Die festgelegte Pönale wäre somit doppelt wirksam. Zum einen werden finanzielle Anreize für den Lieferanten geschaffen termingerecht zu liefern, zum anderen erhält der Kunde eine finanzielle Entschädigung, falls er das Teil nicht fristgerecht erhält. Er ist sozusagen gegen Lieferverzug versichert.

Des Weiteren muss eine Berücksichtigung der Transaktionskosten, also sämtlicher Kosten, welche zur Durchführung des Anreizmechanismus notwendig sind, erfolgen. Hierzu zählen Kosten zur Implementierung des Systems, zur Messung der Liefertreue und für Lieferterminverhandlungen. Des Weiteren werden die Transaktionskosten durch die Kosten zur Schaffung von interner Transparenz beeinflusst. Die Nebenbedingungen, welche bei der Maximierung der Zielfunktion hohe Liefertreue eingehalten werden müssen, sind daher in Tabelle 4-1 zusammengestellt.

Kosten des Lieferanten für eine fristgerechte Lieferung + Opportunitätskosten + Transaktionskosten	**< Prämie <**	**Kosten für den Kunden bei verspäteter Lieferung + Transaktionskosten**
Kosten für den Kunden bei verspäteter Lieferung + Transaktionskosten	**< Pönale <**	**n.a.**

Tabelle 4-1: Nebenbedingungen bei der Maximierung der Zielfunktion „hohe Liefertreue"

Da der entstehende Verlust des Kunden bei nicht fristgerechter Liefertreue meist von der Dauer des Verzugs (bzw. Vorlaufs) abhängig ist, müssen die Pönale und die Prämie für ein bestimmtes Teil eine Funktion der Liefertermin- bzw. Liefermengenabweichung darstellen. Der Verlauf der Kurve in Abbildung 4-17 ist beispielhaft und verdeutlicht lediglich die zeitliche Abhängigkeit der Prämie bzw. Pönale.

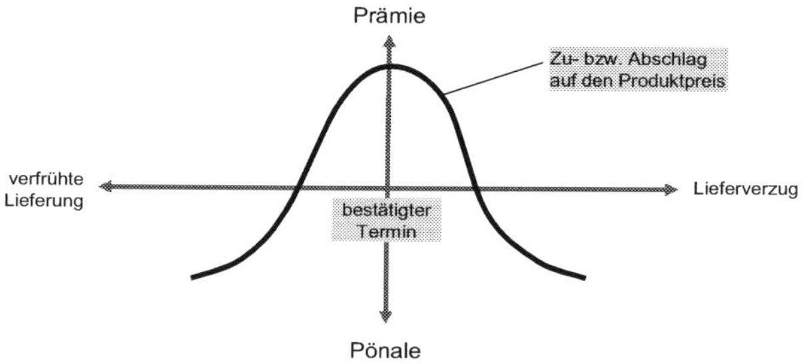

Abbildung 4-17: Möglicher Verlauf einer Pönale bzw. Prämie in Abhängigkeit von dem Zeitpunkt der Lieferung

Auch bei der Schaffung monetärer Anreize steigt der Nutzen durch die Kooperation mit gleich gesinnten Unternehmen. Dem Beispiel einer Einkaufsgemeinschaft folgend wird durch den gemeinsamen Abschluss der beschriebenen leistungsabhängigen Liefer- bzw. Einkaufsbedingungen gegenüber einem Lieferanten seine Beeinflussbarkeit erhöht.

4.3.5 Abgrenzung zu bestehenden Einkaufsgemeinschaften

Mit den beschriebenen Funktionen unterscheidet sich die Kooperation der Einkäufer von der Zusammenarbeit in heute existierenden Einkaufsgemeinschaften. Im Gegensatz zur Zusammenarbeit in Einkaufsgemeinschaften steht nicht das Erreichen von Einkaufspreisvorteilen durch die Bündelung standardisierter Bedarfe im Vordergrund, sondern die Erhöhung der Markttransparenz und -funktionalität. Das grundlegende Prinzip des freien Marktes soll durch die beschriebenen Funktionen des kooperativen Lieferantenmanagements nicht eingeschränkt, sondern bestehende Marktungleichgewichte aufgelöst werden, die heute gerade kleinere Unternehmen behindern.

4.4 Nutzenbetrachtung: Migration vom individuellen zum kooperativen Lieferantenmanagement

Nach HURWICZ und REITER ist die Voraussetzung für den erfolgreichen Einsatz der beschriebenen Erweiterung des Marktmechanismus (und damit die Erreichung einer generell verbesserten Koordinationsfähigkeit im Maschinen- und Anlagenbau) die Umsetzbarkeit des geschaffenen Mechanismus. Konkret bedeutet dies, dass die Kosten zur Durchführung dieses Mechanismus den daraus resultierenden Nutzen für alle Teilnehmer nicht übersteigen dürfen.[383]

Zur Detaillierung der Kosten-Nutzen-Bewertung soll in Anlehnung an die Mechanismus-Design-Theorie eine modellartige Betrachtung der Entscheidungssituation zur Nutzung der Funktionen des kooperativen Lieferantenmanagements anhand der Spieltheorie vorgenommen werden.

Aufgrund ihres strategischen Charakters wird die Spieltheorie oftmals für die Beschreibung komplexer Entscheidungssituationen herangezogen. Auf Basis der in diesem Kapitel vorgestellten Hypothesen soll im Folgenden die Entscheidungssituation von einem Abnehmer, vertreten durch seine Einkaufsabteilung und einem Lieferanten, vertreten durch seine Vertriebsabteilung, als Spiel beschrieben werden. Die Mitarbeiter beider Abteilungen können zwischen den Strategien „Lieferleistung absichern" und „Lieferleistung nicht absichern" abwägen. Währende der Einkäufer die Absicherung einer hohen Lieferleistung im Wesentlichen durch seine Lieferantenwahl, das Gewähren spezieller Anreize und das Durchführen von Qualifizierungsmaßnahmen bei seinen Lieferanten beeinflussen kann, stehen beim Lieferanten für die Absicherung der eigenen Lieferfähigkeit die kundenspezifische Anpassung seiner Produktions- und Logistikprozesse im Vordergrund.

Vereinfachender Weise soll bei der Modellierung der Entscheidungssituation, in Anlehnung an die Spieltheorie, von einer absoluten Rationalität der Entscheider ausgegangen werden, welche versuchen, ihre Nutzenfunktion zu erhöhen. Die Nutzenfunktion der Einkaufsabteilung soll im Ausgangszustand definiert sein als die „Minimierung der Materialkosten" und die Nutzenfunktion der Vertriebsabteilung als

383 Vgl. Hurwicz/Reiter (2008), Economic Mechanisms, S.15ff.

„Umsatzmaximierung". Das Ziel der Unternehmensführung (Abnehmer und Lieferant) ist dagegen die Gewinnmaximierung. Des Weiteren wird davon ausgegangen, dass der Beschaffungsmarkt des Maschinen- und Anlagenbaus insgesamt ein funktionierendes System ist, welches im Rahmen der Spieltheorie als eine, wenn auch nicht als die optimale, Gleichgewichtssituation beschrieben werden kann.

Während in der Spieltheorie von einer Nichtexistenz von Transaktionskosten ausgegangen wird, spielen diese Kosten in der Realität eine entscheidende Rolle. Da sowohl im theoretischen Modell des Spiels als auch in dem zu entwerfenden Szenario Informationsasymmetrien bestehen, sollen Transaktionskosten als die Kosten für Verhandlungen und Informationsgewinnung von Einkäufern und Vertriebsmitarbeitern verstanden werden. Da die Spieltheorie derartige Ergänzungen zulässt, widerspricht das Modell dieser nicht.

In Abbildung 4-18 ist die beschriebene Entscheidungssituation aus Sicht der Unternehmenseigner in Form einer 4-Felder-Matrix modelliert. Eine Dimension der Matrix bildet die Entscheidungssituation des Abnehmers (absichern, nicht absichern) ab, die andere Dimension die des Lieferanten (absichern, nicht absichern). Die in den vier Feldern eingezeichneten Kennzahlen sind beispielhaft und sollen den Nutzen von Abnehmer und Lieferant in der Form (Nutzen Abnehmer / Nutzen Lieferant) beschreiben.

Angenommen die jetzige Situation im Maschinen- und Anlagenbau ist ein Gleichgewicht, so kann sie in dem vorliegenden Modell durch die Situation IV beschrieben werden, in welcher die Einkäufer des Abnehmers die Lieferleistung der Lieferanten nicht durchgängig durch die Anwendung von Instrumenten zur Lieferantensteuerung zu verbessern versuchen.

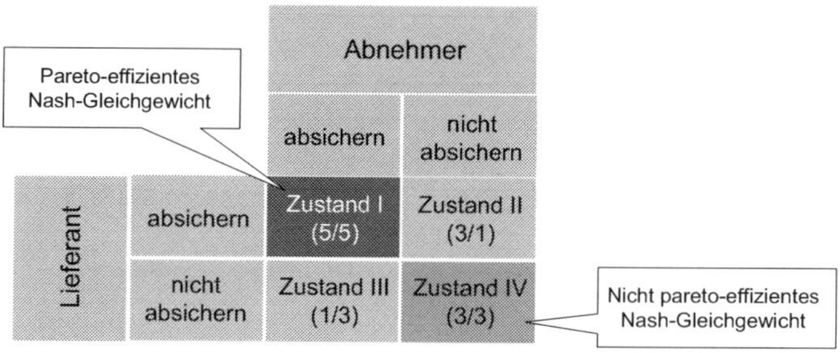

Abbildung 4-18: Entscheidungssituation in Spielform

Wenn die Unternehmensführung des Abnehmers nun die Liefertermine durch eine veränderte Vergabepraxis und durch Anreize abzusichern versucht, so würde daraus für sie keine Erhöhung ihres Nutzens resultieren (Zustand III). Dies liegt an dem Umstand, dass eine Absicherung der Lieferleistung für die Einkäufer des Abnehmers mit steigenden Materialpreisen und einem erhöhten persönlichen Aufwand bei der Lieferantenauswahl einhergehen. Gemessen am Zielsystem der Einkäufer bedeutet dies eine Verschlechterung und damit eine nur geringe Akzeptanz der neuen Vorgaben der Unternehmensführung. Des Weiteren lässt die geringe Wirksamkeit lediglich von einem einzelnen Abnehmer vereinbarter Anreize zwar eine Kostensteigerung für diesen erwarten, eine Verbesserung der Lieferleistung bleibt aber ungewiss. Damit stellt Zustand III auch für die Unternehmensführung keine Verbesserung dar.

Auch für die Unternehmensführung des Lieferanten stellt in der Ausgangssituation eine verstärkte Absicherung der Liefertermine eine Verschlechterung des Nutzens dar. Eine verstärkt kundenspezifische Produktion in den vorhandenen Produktionsstrukturen führt z.B. zu erhöhten Rüstzeiten in der Fertigung und die Wahrscheinlichkeit ablaufbedingter Stillstandszeiten wird erhöht. Neben der daraus für den Betrieb resultierenden Kostensteigerung führt dies bei steigender Auslastung zu Umsatzeinbußen. Gemessen am Zielsystem der Unternehmensführung (Gewinnmaximierung) und des Vertriebs (Umsatzsteigerung) würde dies eine Verschlechterung des Nutzenniveaus bedeuten (Zustand II).

Die Absicherung der Lieferleistung ist damit sowohl für die Unternehmensführung als auch für die handelnden Abteilungen (Einkauf, Vertrieb) mit einem sinkenden Nutzen verbunden. Im Ausgangszustand führt damit weder für den Abnehmer noch für den Lieferanten ein Abweichen von der aktuellen Strategie zu einem besseren Ergebnis. Damit ist der Zustand IV ein Nash-Gleichgewicht[384].

Man geht nun weiter davon aus, dass ein Zustand existiert, in dem alle mittelständischen Abnehmer[385] und qualitativ hochwertigen Lieferanten[386] besser gestellt sind als momentan, also dass es möglich ist, die Lieferleistung im Maschinen- und Anlagenbau generell zu erhöhen und dass diese Erhöhung für alle Anspruchsgruppen mit einem gesteigerten Nutzen verbunden ist (Zustand I). Dazu muss erreicht werden, dass dieser Zustand auch für die ausführenden Agenten eine Nutzenoptimierung bedeutet.

---

[384] siehe Kapitel 3.3.1.

[385] Die Zusammenarbeit einer Vielzahl mittelständischer Unternehmen kann die Lieferleistung bei den wenigen Großkonzernen ggf. mindern, da deren Vorzugstellung durch die Koalition der restlichen Abnehmer geschwächt wird.

[386] siehe das Problem der Adverse Selektion

Annahme: V Abnehmer, Lieferant Zustand I | f(I) > f(IV)

Dies ist jedoch nur der Fall, wenn die Zielfunktion der betrachteten Einkaufsabteilung verändert wird. Die Zielfunktion muss „Total-Cost-Of-Ownership minimieren", und nicht mehr „Materialkosten minimieren" lauten. Im Falle der Minimierung der Materialkosten würde, wie bereits beschrieben, Zustand I für sie keinen überlegenen Zustand darstellen, da er gegenüber Zustand IV mit höheren primären Kosten für den Einkäufer verbunden ist (z.B. Auswahl eines Lieferanten mit höherem Artikelpreis - aber besserer Qualität und höherer Termintreue). Damit würde ein Zielkonflikt zwischen Unternehmensführung und Einkauf entstehen.

Im Folgenden soll daher davon ausgegangen werden, dass die Einkäufer dazu angehalten sind, die Gesamtkosten (Total-Cost-of-Ownership) statt lediglich die primären Materialkosten zu minimieren und somit auch aus schlechter Liefertreue resultierende Sekundärkosten einzuberechnen. Unter dem angepassten Zielsystem stellt damit Zustand I für die Unternehmensführung und Einkaufsabteilung den optimalen Zustand dar, wenn die Kostensteigerung zur Absicherung der Lieferleistung durch Kosteneinsparungen in anderen Unternehmensbereichen (Produktion, Logistik, Qualitätssicherung) überkompensiert wird.

Für den Lieferanten wird Zustand I dagegen attraktiv, wenn das Angebot einer hohen Lieferleistung zu einer Umsatz- bzw. Gewinnmaximierung führt. Negativ formuliert wird er reagieren, wenn er durch die fehlende Absicherung seiner eigenen Lieferleistung Abnehmer an die Konkurrenz verliert und damit spürbare Umsatzeinbußen hinnehmen muss.

Der drohende Verlust eines einzelnen mittelständischen Abnehmers mit entsprechend geringem Einzelumsatz wird einen Lieferanten nicht zu einer aktiven Absicherung seiner Lieferleistung bewegen. Der einzelne Abnehmer spielt als B- oder C-Kunde in der Realität meist eine so geringe Rolle, dass eine Anpassung der Produktionsprozesse sich für den Lieferanten nicht lohnt. Der Nutzen für den Lieferanten für eine Absicherung der Liefertermine für einen einzelnen Abnehmer ist damit negativ. Daher ist es dem Abnehmer aktuell häufig nicht möglich, Maßnahmen zur Lieferterminabsicherung bei seinen Lieferanten durchzusetzen.

Damit Zustand I für den Lieferanten die optimale Situation darstellt, muss die Erhöhung der Lieferleistung von mehreren seiner Abnehmer gefordert werden. Dies wird durch eine Kooperation der Abnehmer beim Lieferantenmanagement möglich. Entschließen sich mehrere Abnehmer gleichsam dazu ihre Lieferanten gemeinsam zu monitoren und Anreize zur Lieferantensteuerung einzusetzen, so erhöht sich durch das gebündelte Einkaufsvolumen für die Lieferanten der wirtschaftliche Druck. Folge ist eine Umstellung der Produktions- und Lieferprozesse der Lieferanten mit dem Ziel einer verbesserten Lieferleistung.

Bezogen auf die hier definierte Nutzenfunktion, wäre somit Zustand I, im Gegensatz zu Zustand IV, pareto-optimal, da alle Teilnehmer maximal gut gestellt werden.

Erreicht werden kann dieser Zustand damit durch das Verändern der Zielfunktion der Einkaufsabteilungen der Abnehmer und durch die Kooperation der Abnehmer im Bereich der Lieferantenbewertung und -beeinflussung.

Während die Veränderung des Zielsystems durch jedes Unternehmen selbst durchgeführt werden muss, setzt das kooperative Lieferantenmanagement einen Vernetzungsprozess der Abnehmer voraus. Dieser wird nur gelingen, falls der Einsatz der dafür notwendigen Instrumente zur Lieferantenbewertung und –beeinflussung für ein Unternehmen auch ohne weitere Kooperationspartner wirtschaftlich ist. (vgl. Abbildung 4-19). Die Vernetzung mit weiteren Kooperationspartnern ist dann ein positiver Zusatzeffekt, nicht aber die notwendige Voraussetzung für den wirtschaftlichen Einsatz der Instrumente. Daher soll im Folgenden auf die Nutzenentwicklung des Abnehmers in Abhängigkeit von der Umsetzung der einzelnen Instrumente des Mechanismus eingegangen werden und damit geprüft werden, ob die oben genannte Bedingung erfüllt werden kann.

Der Nutzen der Instrumente des kooperativen Lieferantenmanagements lässt sich aus Abnehmersicht in drei Effekte untergliedern. Die im Folgenden detailliert beschriebenen Effekte werden bei unterschiedlichen Vernetzungsniveaus der kooperierenden Abnehmer wirksam, was bei steigendem Vernetzungsgrad zu einer stufenförmig ansteigenden Nutzenkurve führt. Der Aufwand für die Nutzung des Mechanismus wird dagegen im Wesentlichen durch die Einführung der elektronischen Auftragsabwicklung und der automatisierten Lieferantenbewertung am Anfang der Einführung des kooperativen Lieferantenmanagements bestimmt.

Der erste Effekt, der zu einer Effizienzsteigerung führt, ist die verbesserte Transparenz durch die durchgängige Messung der Lieferleistung der Lieferanten. Für diesen Nutzeneffekt ist keine Kooperation mit anderen Abnehmern notwendig. Voraussetzung auf Abnehmerseite ist die Nutzung der Zielgröße „Total-Cost-of-Ownership" im Einkauf und die durchgängige Nutzung von EDI zur strukturierten Lieferantenkommunikation. Die dadurch erzielte Transparenzsteigerung wirkt sich direkt positiv auf die Versorgungssicherheit des Unternehmens aus, da sie Planungsfehler aufgrund ungenauer oder veralteter Lieferdaten reduziert (falsche Wiederbeschaffungszeiten,

Mengen, etc.) und eine genauere Dimensionierung der zur Entkopplung notwendigen Sicherheitsbestände erlaubt. Des Weiteren können durch die Einführung von EDI in der operativen Bestellabwicklung Prozesskosten gegenüber einer manuellen Abwicklung eingespart werden.

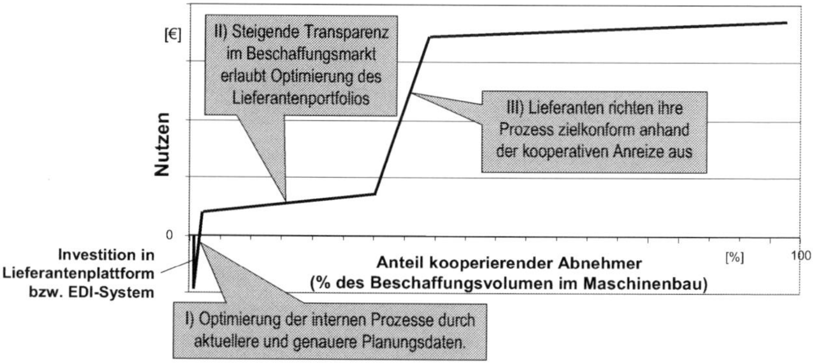

Abbildung 4-19: Nutzenentwicklung aus Abnehmersicht

Der zweite Effekt tritt durch die Kooperation verschiedener Abnehmer im Bereich der Lieferantenbewertung ein (kooperative Lieferantenbewertung). Hierdurch erhöht sich für jedes Unternehmen mit jedem weiteren teilnehmenden Unternehmen die Transparenz der Beschaffungsmärkte, in denen die kooperierenden Unternehmen gemeinsam aktiv sind. Vergleichbar mit einem Konsortialbenchmarking können die Unternehmen untereinander Best-Parctice-Lieferanten bestimmen und durch das Fokussieren ihres Fremdbezugs auf diese ihre Versorgungssicherheit weiter steigern.

Der dritte Effekt wird durch die kooperative Anreizgestaltung erreicht. Ab einem gewissen Vernetzungsgrad wird die Einkaufsmacht der kooperierenden Abnehmer so stark, dass für die Lieferanten eine zielkonforme Anpassung ihrer Prozesse einen wirtschaftlichen Vorteil darstellt. Damit wird der Opportunismus der Lieferanten zielkonform auf die Optimierung der Lieferleistung umgelenkt. Im Gegenzug steigt für den einzelnen Abnehmer seine Versorgungssicherheit, was sich in weiter sinkenden Effizienzverlusten in Montage und Fertigung und durch die Reduzierung der notwendigen Sicherheitsbestände bemerkbar macht.

Der letztgenannte Effekt stellt den Übergang von Zustand IV auf Zustand I dar und ist durch eine generell gesteigerte Gesamteffizienz des Lieferantenmarktes im Maschinen- und Anlagenbau gekennzeichnet.

5 Detaillierung der Instrumente des kooperativen Lieferantenmanagements

In diesem Kapitel werden die zuvor hergeleiteten Instrumente zur Umsetzung des kooperativen Lieferantenmanagements detailliert beschrieben (vgl. Abbildung 5-1).

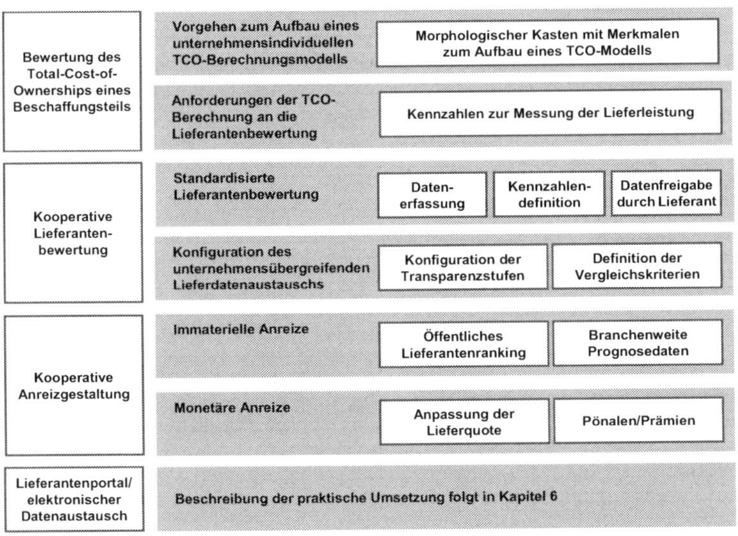

Abbildung 5-1: Instrumente des kooperativen Lieferantenmanagements

Als Grundlage der zielgerichteten Beeinflussung der Lieferanten werden in Kapitel 5.1 die Grundlagen zum Aufbau einer unternehmensindividuellen Total-Cost-of-Ownership-Berechnung für die ganzheitliche Bewertung von Fremdbezugsteilen vorgestellt. Darauf aufbauend wird in Kapitel 5.2 das Konzept für die kooperative Lieferantenbewertung erarbeitet. Aufbauend auf den Erkenntnissen der Lieferantenbewertung wird in Kapitel 5.3 der generelle Ablauf bei der Gestaltung gemeinschaftlicher Anreizsysteme beschrieben.

5.1 Bewertung des Total-Cost-Of-Ownership

Um die notwendige Veränderung im Denken und Handeln des Einkaufs systematisch zu unterstützen, bietet sich das Instrument der Total-Cost-Of-Ownership-Berechnung an. Dieses Instrument soll dem Einkauf helfen, den notwendigen Trade-Off zwischen wettbewerbsfähigen Einkaufspreisen und einer optimalen Versorgungssicherheit abzubilden. Die TCO-Ermittlung trägt damit in einer konkreten Vergabesituation zu einer ganzheitlichen Bewertung der Lieferanten bei. Aus den weichen Kriterien wie Lieferbereitschaft, Liefertreue, etc. werden gleichberechtigte Kostengrößen, die die Auswahl eines Lieferanten maßgeblich beeinflussen können.

Aufgrund der vielfältigen Möglichkeiten bei der Berechnung des TCO soll an dieser Stelle ein Vorgehen beschrieben werden, das es dem Einkauf ermöglicht, eine individuell an das Unternehmen und an die entsprechende Entscheidungssituation angepasste Berechnung zu erstellen. Auf eine konkrete Darstellung der dafür notwendigen Formelwerke soll an dieser Stelle verzichtet werden, da es in den Unternehmen für die meisten in der TCO-Berechnung genutzten Kostenarten bereits Berechnungsvorschriften gibt. So gibt es für die Ermittlung von Maschinen- und Personalstundensätzen in den meisten Unternehmen klare Anweisungen, auch die Berechnung von Bestandkosten ist i.d.R. definiert. Um eine breite Akzeptanz der Berechnungsergebnisse zu gewährleisten, sind diese bestehenden Regelwerke auch für die Ermittlung eines TCO anzuwenden.

Neben der Ermittlung der Kostensätze liegt der Schwerpunkt der Datenermittlung auf den tatsächlich anfallenden Aufwänden in den einzelnen Unternehmensbereichen. Die Zuordnung der Aufwände zu einem Beschaffungsobjekt stellt die wesentliche Hürde einer TCO-Ermittlung dar. Um zu ermitteln, wie lange und wie viele Ressourcen ein bestimmtes Beschaffungsteil bis zu seinem Verbau tatsächlich verbraucht, inkl. der durch Störungen entstanden Effizienzverluste (Warte-, Stillstandszeiten, Umplanungen, Extrahandling, etc.), bedarf es exakter Rückmeldedaten aus den betroffenen Unternehmensbereichen.

Auf die Zuordnung der durch eine geringe Lieferleistung im Unternehmen entstehenden Ineffizienzen zu einem konkreten Beschaffungsartikel soll daher im Folgenden besonders eingegangen werden. Diese Kosten können im Einzelfall den Materialpreis eines Artikels um ein Vielfaches übersteigen. Das Beispiel eines fehlenden Dichtungsrings für ein paar Cent der die Auslieferung einer Maschine verzögert, mag diesen Umstand plakativ belegen.

5.1.1 Morphologie zur Definition der TCO-Berechnung

Die Gestaltung einer unternehmensinternen TCO-Berwertung soll im Folgenden anhand eines morphologischen Kastens strukturiert werden. In diesem zweidimensionalen Konstrukt werden die relevanten Modellmerkmale und deren Ausprägungen gegliedert und ermöglichen dem Anwender damit eine unternehmensspezifische Modelldefinition.

Ein konkretes Berechnungsmodell wird daher in der Systematik durch eine bestimmte Merkmalsausprägung in jeder Zeile des morphologischen Kastens repräsentiert, siehe die in Abbildung 5-2 grau hinterlegten Merkmalsausprägungen für den Unternehmensbereich Montage. Dabei ist es möglich, dass für ein bestimmtes Modell mehrere der zur Auswahl stehenden Merkmalsausprägungen bzgl. eines Kriteriums zutreffen. Entsprechend werden dann mehrere Einträge einer Zeile ausgewählt.

Merkmal	Merkmalsausprägung				
Unternehmensbereich	Einkauf	Logistik	Qualitätssicherung	Montage	Fertigung
Analysereichweite	Gesamtkosten	Effizienzverluste	Opportunitätskosten (entgangener Gewinn)		
Betrachtete Aufwände	geplante Aufwände bei optimalem Ablauf (Prozesszeiten, Bestände)	ungeplante Aufwände durch Prozessabweichungen			
Kostenarten	Personalkosten	Maschinenstundensatz	Materialkosten	Bestandskosten*	
Berechnungsmethode	Durchschnittsbetrachtung	Bilden von Artikelclustern	Kritischer Pfad / kritisches Teil	Einzelfallnachweis	

*Kapitalkosten, Lagerhaltung, Versicherung, Abschreibung

Abbildung 5-2: Morphologischer Kasten zur Gestaltung der TCO-Berechnung (Bsp: Mehrkosten durch Fehlteile in der Montage)

Der zum Aufbau eines TCO-Modells entwickelte morphologische Kasten besteht aus fünf Merkmalen, deren Ausprägungen im Folgenden näher beschrieben werden.

Die Auswahl der relevanten Unternehmensbereiche bildet das erste Merkmal zu Gestaltung der TCO-Berechnung. Die wesentlichen Prozesskosten entstehen im Maschinenbau dabei in Produktion (Fertigung, Montage), Logistik, Qualitätssicherung und Einkauf. Daneben können auch Bereiche wie Konstruktion und Arbeitsvorbereitung eine Rolle spielen - eine genaue Analyse der relevanten Unternehmensbereiche ist daher unternehmensspezifisch durchzuführen. Die Auswahl der nachfolgenden Merkmale kann für jeden der spezifizierten Unternehmensbereiche unterschiedlich ausfallen. Daraus ergibt sich ein additives Kostenmodell ($Kosten_{Einkauf}$ + $Kosten_{Montage}$ + $Kosten_{Fertigung}$ ....).

Das zweite Merkmal zur Gestaltung der TCO-Berechnung ist die Bestimmung der für den ausgewählten Bereich einzusetzenden Berechnungsmethode anhand des Analyseanlasses. Als Berechnungsmethoden lassen sich dabei die Gesamtkostenbetrachtung, eine vergleichende Berechnung anhand der jeweils entstehenden Effizienzverluste oder aber der Vergleich anhand der jeweils entstehenden Opportunitätskosten unterscheiden.

Die Auswahl der Methode ist vom Anlass der Analyse abhängig. Es lassen sich dementsprechend drei unterschiedliche Anlässe für eine Total-Cost-of-Ownership-Betrachtung nennen. Zum einen ist die Bewertung eines veränderten Prozesses zu nennen - dies kann ein neuer Versorgungsprozess (z.B. Direktbelieferung und Verzicht auf Zwischenlagerung im Logistikzentrum des Unternehmens) oder aber die Veränderung von Produktionsprozessen durch den Bezug eines Substitutionsproduktes (z.B. Kunststoff- statt Gussteil) sein. Hier ist eine Gesamtkostenbetrachtung notwendig, d.h. alle durch den Artikel verursachten Kosten bis zu seinem Einbau und ggf. noch darüber hinaus (Wartung, etc.) sind zu betrachten. Diese Analysen sind daher auch besonders aufwendig und sollten nur in den beschriebenen Fällen angewendet werden.

Der zweite Analyseanlass ist die Unterstützung einer operativen Vergabeentscheidung zwischen mehreren Lieferanten bei ansonsten unveränderten Prozessen. Dieser Fall ist für diese Arbeit besonders relevant, da er auf die Bewertung einer unterschiedlichen Lieferleistung fokussiert und einen Beitrag zu einer optimierten Lieferantensteuerung leistet. Bei dem genannten Anlass genügt die Betrachtung der durch eine nicht optimale Lieferleistung (< 100 Prozent) zu erwartenden Mehrkosten.

Der dritte Analyseanlass ist mit dem gerade beschrieben fast identisch, nur stehen nicht die entstehenden Prozesskosten sondern die Opportunitätskosten im Vordergrund der Berechnung. Anstatt der internen Effizienzverluste werden die Umsatz-

oder Gewinneinbußen durch eine geringe Lieferleistung der Lieferanten berechnet. Diese Bewertungsmethode ist sinnvoll, wenn durch einen Lieferverzug mit Umsatzeinbußen durch entgangene Produktion zu rechnen ist. Die beiden letztgenannten Methoden können auch kombiniert eingesetzt werden. So können Effizienzverluste in der Logistik in Form zusätzlicher Bestandskosten erfasst werden und Produktionsausfälle als Opportunitätskosten berechnet werden.

Das dritte Gestaltungsmerkmal spezifiziert die bei der TCO-Analyse zu betrachtenden Aufwände. Hier lassen sich zwei Aufwandsarten voneinander unterscheiden: einmal die von den jeweiligen Abteilungen geplanten Aufwände (z.B. Vorgabezeiten für die Montage des betrachteten Artikels) und zweitens die ungeplanten Aufwände durch Prozessabweichungen (Montagestillstände, Nacharbeit, etc.). Die Betrachtung der geplanten Aufwände ist bei einer Gesamtkostenbetrachtung notwendig. Bei der Analyse der Effizienzverluste müssen dagegen lediglich die durch eine nicht optimalen Lieferleistung der Lieferanten entstehenden Aufwände erfasst werden. Entsprechend der Definition eines optimalen Versorgungsprozesses anhand der 6 R´s der Logistik (Die richtige Ware, zur richtigen Zeit, am richtigen Ort, in der richtigen Menge, in der richtigen Qualität und zu den richtigen Kosten) lassen sich die zu bewertenden Fehlerquellen als „Material fehlt (falsch, zu wenig oder am falschen Ort)", „zu viel Material", „fehlerhaft" oder „zu teuer" bewerten. Den genannten Kategorien lassen sich in einem weiteren Schritt die in den einzelnen Unternehmensbereichen zu erfassenden Effizienzverluste systematisch zuordnen (vgl. Abbildung 5-3).

Effizienzverluste	Fehlerquelle	Entstehungsort der Effizienzverluste						Kostenart
		Montage	Fertigung	Logistik	QS	Einkauf	PPS	
Wartezeiten	Material fehlt	+	+	+				Personalkosten, Maschinenstd.
Suchzeiten	Material fehlt, zu viel Material	+	+	+				Personalkosten
Extrahandling	Material fehlt, zu viel Material	+	+	+				Personalkosten
Nacharbeit/Demontage	fehlerhaftes Material	+	+					Personalkosten, Maschinenstd.
Umplanen/ Informationsbeschaffung	Material fehlt	+	+	+		+	+	Personalkosten
Umlaufbestände	Material fehlt, zu viel Material	+	+					Bestandskosten
Sicherheitsbestände	Material fehlt			+				Bestandskosten
Losgrößenbestände	zu viel Material			+				Bestandskosten
Verschrotten von Fehlbeständen	zu viel Material			+				Materialkosten
Reklamationen	fehlerhaftes Material				+			Personalkosten
Lieferantenkommunikation	fehlerhaftes/fehlendes Material				+	+	+	Personalkosten
Verschnitt durch Umplanung	Material fehlt		+					Maschinenstd.
Extrarüsten	Material fehlt	+	+					Maschinenstd.
Prüfen (erhöhte Prüfintervalle)	fehlerhaftes Material				+			Personalkosten

Abbildung 5-3: Zuordnungsmatrix Effizienzverluste-Fehlerquellen-Kostenarten

Je nach Fehlerquelle und Entstehungsort sind mittels der Matrix, siehe Abbildung 5-3, unterschiedliche Effizienzverluste durch den Anwender zu erfassen. Für Montage und Fertigung ergeben sich z.B. aus einem Fehlteil Effizienzeinbußen in Form von Warte-, Umplan- und erhöhten Rüstzeiten. Die Bereitstellung von zu viel Material zur Absicherung von lieferantenseitigen Versorgungsrisiken oder aufgrund großer Bestelllosgrößen verursacht dagegen erhöhte Such- und Wegezeiten. Des Weiteren wird der notwendige Umlaufbestand (WIP – Work-in-Progress) durch die Versorgungssicherheit und die Versorgungskonzepte der Lieferanten beeinflusst.

Das vierte Gestaltungsmerkmal des morphologischen Kastens beschreibt die Auswahl der relevanten Kostenarten. Hier handelt es sich um die bereits erwähnten Personal-, Maschinenstundensätze, Bestandskosten oder Materialkosten. Die Ermittlung der relevanten Kostenarten geschieht durch die Zuordnung der zuvor bestimmten relevanten Effizienzverluste in dem jeweiligen Unternehmensbereich, siehe Abbildung 5-3.

Als letzte Größe zur Berechnung des TCO fehlt nun noch die exakte Quantifizierung der Effizienzverluste durch die einzelnen Fehlerquellen. Gemessen werden die Effizienzverluste in den ausgewählten Kostenarten. Je nach Anwendungsfall sind bei der Quantifizierung Vereinfachungen notwendig. Die Auswahl der entsprechenden Vereinfachungsmethode ist daher als letztes Gestaltungsmerkmal ergänzt worden. Neben der artikelspezifischen Einzelbewertung bieten sich zur Vereinfachung der Quantifizierung Durchschnittsbetrachtungen, die Definition von artikelclusterspezifischen Berechnungen oder aber die Betrachtung des kritischen Pfads (und damit der kritischen Teile) an.

Ein wesentliches Problem bei der artikelspezifischen Berechnung des TCO ist, dass in vielen Fällen eine verursachergerechte Verrechnung anhand der Fehlerquellen schwierig ist. Die exakte Kostenzuordnung wird durch die Abhängigkeit der Ursachen und Wirkungen der Effizienzverluste untereinander erschwert. Zwei wesentliche Faktoren machen dabei die Abhängigkeit aus: Erstens die Vernetztheit der Fehlerquellen untereinander und zweitens die Vernetztheit der Auswirkungen der Fehler.

Ein Beispiel für die Vernetztheit der Fehlerquellen ist die Kostenzuordnung bei Fehlteilen in der Montage. Bei der Montage von einer Baugruppe führt bereits ein Fehlteil zu einem Montagestopp und verursacht damit Kosten für Umplanungen, Extrahandling, Such- und Wartzeiten, erhöhte Umlaufbestände und Lieferantenkommunikation. Alle weiteren Fehlteile führen lediglich zu gering steigenden Mehrkosten, etwa für das Extrahandling im Wareneingang und bei der Teilebereitstellung. Die Frage besteht nun darin, wie die Kosten des Montagestillstands auf das einzelne Fehlteil umgelegt werden. Eine Durchschnittsbetrachtung, bei der jedem Fehlteil anteilig die Kosten für den Stillstand zugeordnet werden, würde hier einen problematischen Effekt verursachen – bei steigender Fehlteilrate würden der TCO pro Fehlteil sinken. Eine bessere Option der Kostenzuordnung ist die Bestimmung des Teils mit der größten Lieferverspätung als wesentlich für die Gesamtkosten der Lieferverspätung (kritischer Pfad). Eine Verbesserung des TCO für diesen Artikel ergibt sich bei dieser Berechnungsart jeweils direkt durch die Optimierung der Liefersituation des Lieferanten. Damit unterstützt diese Berechnungsvariante die zielkonforme Gestaltung der Lieferprozesse, wohingegen die Durchschnittsmethode eine gegenteilige Wirkung haben kann.[387]

Die Vernetztheit der Wirkungen einer Fehlerquelle lässt sich anhand eines verspätet gelieferten Rohmaterials für die Fertigung darstellen. Ein zu spät geliefertes Rohmaterial in der Fertigung führt in direkter Folge zu Umplanungen, erhöhten Rüstkosten und zusätzlicher Lieferantenkommunikation. Falls die Verspätung in der Fertigung nicht aufgeholt werden kann, führt die verspätete Lieferung des Rohmaterials in einem nächsten Schritt auch zu Wartezeiten in der Montage, zusätzlich zu den bereits beschriebenen Folgekosten. Auch die in der Montage entstehenden Kosten müssen der Lieferverspätung zugeordnet werden. Der Nachweis dieser Fehlerkette erweist sich in der Praxis aber als extrem aufwendig.

5.1.2 Anforderungen der TCO-Berechnung an eine Lieferantenbewertung

Ziel der TCO-Berechnung ist es nicht, die Kosten für jedes beschaffte Teil im Detail zu berechnen, sondern vielmehr die Hauptfehlerquellen zu identifizieren und somit Handlungsalternativen abzuleiten und zu priorisieren.[388] Dafür müssen die relevanten Leistungsdaten der Lieferanten exakt ermittelt werden. In diesem Abschnitt werden daher die relevanten Anforderungen an die zu ermittelnden Lieferantenkennzahlen dargestellt.

Aus der in Abbildung 5-3 beschriebenen Fehlerquellen-Effizenzverluste-Zuordnung lassen sich je nach Versorgungsprozess unterschiedliche Anforderungen an die Lieferleistung der Lieferanten ableiten und die daraus resultierenden Kennzahlen zu ihrer Messung und Zielbestimmung definieren, siehe Abbildung 5-4.

---

387 Der gerade beschriebene Umstand ist eine wichtige Erkenntnis für die Gestaltung der Lieferantenbewertung. Nicht nur die Häufigkeit von Lieferterminabweichungen ist zu erfassen, sondern besonders die Dauer einer Verspätung ist relevant.

388 Vgl. Ellram (1999), Total Cost of Ownership , S.597.

Für eine zuverlässige, schnelle und flexible Materialversorgung werden die Kriterien hohe Lieferbereitschaft, kurze und stabile Lieferzeiten, eine hohe Termin- und Mengentreue, die Möglichkeit, späte Änderungen am Auftrag vornehmen und flexible Mengen bestellen zu können und frühzeitig bei drohenden Lieferverspätungen informiert zu werden, aufgeführt. Den Einkaufspreis betreffend werden die Kriterien des günstigen Einstandspreises, einer hohen Angebotsgüte und langfristig stabiler Preise definiert. Eine fehlerfreie Qualität der Produkte wird durch die Anforderungen, „keine Reklamationen" und „keine Nacharbeit" aufwenden zu müssen, bewertet.

Anforderungen an die Lieferleistung	Zugeordnete Kennzahl	Engin. -to- Order	Build -to- Order	Config. -to- Order	Make -to- Stock
hohe Lieferbereitschaft	Lieferbereitschaft	+	+	+	+
kurze Lieferzeiten	Lieferzeit (Durchschnitt, min, max)	+	+	+	+
stabile Lieferzeiten (immer x Tage)		=	=	+	+
Termin- und Mengentreue	Liefertreue	+	+	+	+
frühzeitige Warnung bei Lieferproblemen	Änderungsrate des Lieferanten	+	+	+	+
späte Änderung bei Termin, Menge und techn. Spezifikation	Lieferflexibilität	+	+	=	=
flexible Liefermengen		+	+	+	+
geringer Einstandspreis	Preisniveau	+	+	+	+
langfristig stabile Preise	Preisstabilität	=	=	+	+
hohe Angebotsgüte	Preisstabilität	+	+	=	=
keine Nacharbeit	Fehlermenge	+	+	+	+
keine Reklamationen	Reklamationsquote	+	+	+	+

Abbildung 5-4: Anforderungen an die logistische Lieferleistung

Die genannten Zielwerte sind im Rahmen der im Folgenden beschriebenen Lieferantenbewertung zu erfassen und durch das kooperative Lieferantenmanagement zu optimieren.

5.2 Kooperative Lieferantenbewertung

Die kooperative Lieferantenbewertung bildet durch das Teilen der von jedem Kooperationspartner unternehmensintern erfassten und zu Kennzahlen aufbereiteten Leistungsdaten der Lieferanten eine Erweiterung der heute bereits vielfältig eingesetzten Lieferantenbewertung.

Der Ablauf der kooperativen Lieferantenbewertung kann in eine Datenerfassungs-, eine Zielsetzungs-, eine Vergleichs- und eine Umsetzungsphase untergliedert werden und umfasst zusätzlich alle nachfolgenden Kontrollaktivitäten, siehe Abbildung 5-5.

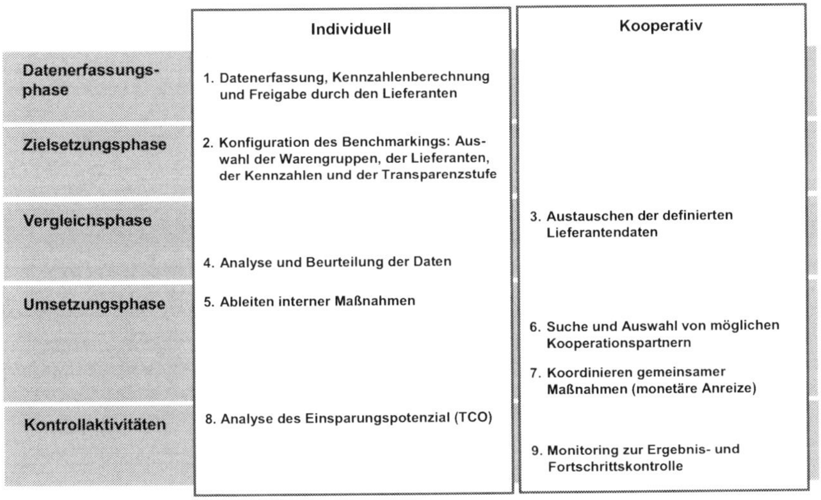

Abbildung 5-5: Ablauf einer kooperativen Lieferantenbewertung

Die Datenerfassungsphase bildet mit der Aufnahme aller relevanten Lieferdaten der zu bewertenden Lieferanten die Grundlage aller folgenden Phasen der Lieferantenbewertung. Als Informationsquellen dienen dabei die gesamte Lieferantenkommunikation und unternehmensinterne Daten der Qualitätssicherung und des Wareneingangs. Während die Datenerfassung kontinuierlich erfolgt, werden alle nachfolgend beschriebenen Phasen der kooperativen Lieferantenbewertung nur bei einem konkreten Anlass, z.B. zur Vorbereitung der jährlichen Lieferantengespräche oder aber bei der Suche neuer Lieferanten, durchlaufen.

In der Zielsetzungsphase sind die Bewertungsobjekte, also die zu vergleichenden Warengruppen, Lieferanten und Kennzahlen, daher dem konkreten Anlass entsprechend individuell festzulegen. In der sich anschließenden Vergleichsphase erfolgt zunächst der multilaterale Datenaustausch mit allen weiteren Unternehmen. Anschließend kann jedes Unternehmen ein unternehmensindividuelles Lieferantenranking bzw. die „Best Practices"-Lieferanten ermitteln. In der Umsetzungsphase definieren die Unternehmen einerseits intern Maßnahmen zur Optimierung ihres Lieferantenportfolios. Andererseits können sie mit Teilnehmern des kooperativen Lieferantenmanagements weitere Instrumente der Lieferantenbeeinflussung gemeinsam abstimmen. Hierunter fallen im Wesentlichen die in Kapitel 5.3 beschriebenen Anreizsysteme.

Neben diesen primären Aufgaben der kooperativen Lieferantenbewertung sind bei der Durchführung weitergehende Kontrollaktivitäten durchzuführen. Dies ist einmal die Berechnung möglicher Einsparpotenziale durch eine Optimierung der Lieferantenleistung als Zielwerte für das Unternehmen, siehe die Ausführungen zur TCO-Berechnung. Zum anderen müssen die gemeinsam beschlossenen kooperativen Maßnahmen/Anreize überwacht werden.

Im Folgenden werden die zu durchlaufenden Teilprozesse in den oben beschrieben Phasen der kooperativen Lieferantenbewertung detailliert beschrieben.

5.2.1 Datenerfassung

Der Prozess der Datenerfassung, siehe Abbildung 5-6, unterteilt sich in die folgenden drei Teilprozesse: erstens das automatische Erfassen aller relevanten Lieferdaten aus den mit den Lieferanten ausgetauschten Geschäftsdokumenten, zweitens das Verdichten der erfassten Daten zu Kennzahlen und drittens die Freigabe dieser Kennzahlen durch den betroffenen Lieferanten mittels so genannter Lieferantenreports.

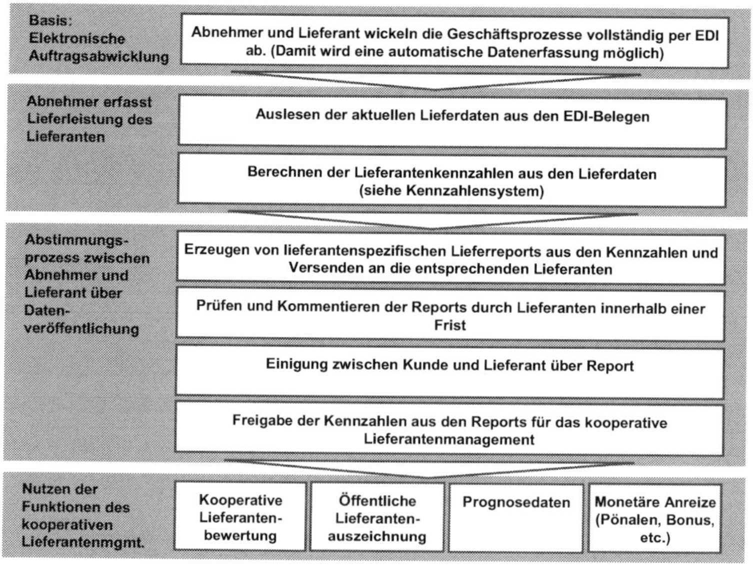

Abbildung 5-6: Ablauf der Datenerfassung

5.2.1.1 Automatische Datenerfassung

Die Datenbasis zur Ermittlung der im folgenden Unterkapitel definierten Kennzahlen lässt sich aus den einzelnen Auftragsbelegen (z.B. Bestellung), die während der Auftragsabwicklungsprozesse zwischen Abnehmer und Lieferant ausgetauscht werden, gewinnen.

Um Zusatzaufwand und subjektive Bemessungen bei der Datenerfassung zu vermeiden, muss die der Kennzahlenberechnung zugrunde liegende Datenbasis durch eine geeignete IT-Unterstützung automatisiert erfasst werden. Als Basistechnologie ist der elektronische Austausch aller Auftragsbelege hierfür eine notwendige Voraussetzung. Einerseits wird dadurch der Aufwand für die Informationsbeschaffung drastisch reduziert und andererseits wird eine Vereinheitlichung und damit Objektivierung der Daten und Erhebungsprozesse unterstützt.

Dafür werden aus den elektronisch ausgetauschten Auftragsdaten die relevanten Lieferdaten IT-gestützt ausgelesen. Die dafür notwendigen IT-technischen Prozesse werden im Rahmen der prototypischen Implementierung in Kapitel 6.2 näher beschrieben. Die Datenerfassung geschieht für jeden Lieferanten und jedes Zukaufteil.

Die Vielzahl parallel zu beherrschender Auftragsabwicklungsprozesse stellt hohe Anforderungen an eine umfassende elektronische Abbildung aller Geschäftsprozesse. Abhängig vom betrachteten Auftragsabwicklungsprozess muss der Austausch unterschiedlicher Belege zwischen Abnehmer und Lieferant unterstützt werden. Nur eine lückenlose elektronische Unterstützung gewährleistet die notwendige hohe Datenqualität und Aktualität. Besonders mündliche Absprachen und Lieferterminanpassungen können zu unerwünschten Ergebnisverfälschungen führen. Abbildung 5-7 zeigt die möglichen Nachrichtenabfolgen für die in Kapitel 2.1.6 definierten Versorgungsprozesse des Maschinen- und Anlagebaus. Eine umfassende Beschreibung, mittels welcher Auftragsbelege die im Folgenden definierten Kennzahlen zu berechnen sind, findet sich im Anhang in Kapitel 9.1.

Im Detail kann sich die genaue Abfolge der versendeten Nachrichten bei jedem Bestellprozess voneinander unterscheiden, siehe die Vielzahl von Vorgänger-Nachfolger-Beziehungen in Abbildung 5-7. Abhängig davon, ob zum Beispiel ein Rahmenvertrag vorliegt oder es zu Änderungen oder Reklamationen kommt, fallen gewisse Informationsflüsse weg beziehungsweise kommen neue hinzu.

Die Anforderungen des Maschinen- und Anlagenbaus, den elektronischen Datenaustausch an unterschiedliche Auftragsabwicklungsprozesse anpassen zu können, werden derzeit im Wesentlichen von zwei EDI-Datenformaten erfüllt. Dies sind das proprietäre Datenformat SAP IDoc des ERP-Marktführers SAP und der unabhängige Datenstandard myOpenFactory.

Als freier Standard hat myOpenFactory gegenüber dem proprietären Format von SAP mehrere Vorteile. MyOpenFactory ermöglicht den strukturierten Austausch von Nachrichten entlang des gesamten Auftragsabwicklungsprozesses, von der Anbahnung bis zur Rechnungsstellung. Als Besonderheit gegenüber anderen Datenstandards wie z.B. EDIFACT, VDA oder OpenTrans ermöglicht myOpenFactory die Verwendung von Statusnachrichten, um Rückmeldungen des Arbeitsfortschritts an definierten Meilensteinen zu ermöglichen.

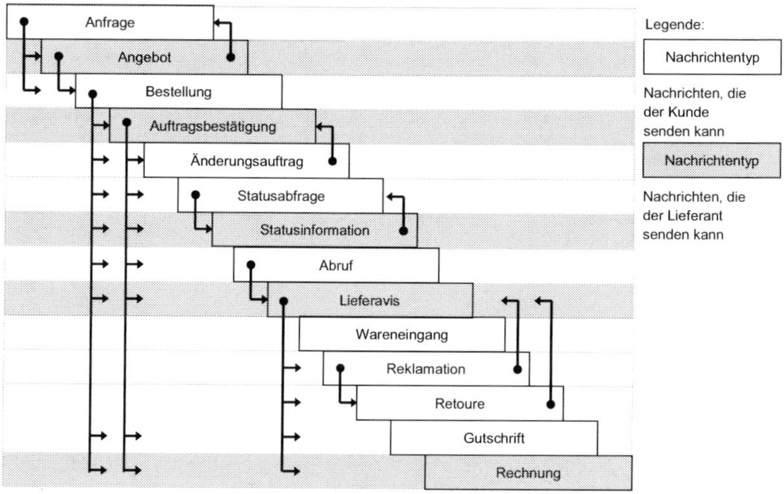

Abbildung 5-7: Auftragsdokumente der Bestellabwicklung und ihr Prozessfluss

Weiter bietet die Nutzung der erweiterbaren XML[389]-Baumstruktur als Basistechnologie umfangreiche Möglichkeiten, die auszutauschenden Nachrichten an die Bedürfnisse der Unternehmen anzupassen. Darüber hinaus ermöglicht der Einsatz des unabhängigen Standards die Kommunikation zwischen verschiedenen ERP-Systemen, da es zu einer Vielzahl an ERP-Systemen bereits eine Schnittstelle gibt.

389 XML ist eine Auszeichnungssprache zur Darstellung hierarchisch strukturierter Datensätze in Form von Textdaten.

Wegen der genannten Vorteile wurde bei der in Kapitel 6 beschriebenen Entwicklung eines IT-Prototypens für das kooperative Lieferantenmanagement der myOpen-Factory-Standard für die Lieferantenkommunikation genutzt.

5.2.1.2 Erstellen der Lieferantenbewertung

Die Vereinheitlichung der von jedem Unternehmen dezentral erfassten Lieferantenkennzahlen ist die notwendige Voraussetzung für eine branchenweite Vergleichbarkeit der Lieferanten und damit Voraussetzung für eine branchenweite Transparenz der Lieferantenqualität. Neben dem Datenerhebungsprozess wird die Vereinheitlichung durch eine Standardisierung der aus den Lieferdaten ermittelten Kennzahlen erreicht. In den folgenden Abschnitten wird das zur Standardisierung der Lieferantenbewertung genutzte Bewertungssystem beschrieben. Dieses setzt sich aus zwei Modulen zusammen (vgl. Abbildung 5-8).

	Modul 1: Lieferantenleistung (IST-Zustand)	Modul 2: Lieferantenqualität (langfristige Entwicklung)
Kriterien	- Preis - Qualität - Logistik	- Einkauf - Qualität - Logistik - ggf. weitere unternehmensspezifische Kriterien (z.B. Technologie)
Eigenschaften der Kriterien	- quantifizierbar - automatische erfassbar - ereignisorientiert erfassbar (somit rückverfolgbar, zuordbar und damit nachprüfbar)	- oft qualitativ - Erfassung in Fragebögen (interne Befragung der betroffenen Mitarbeiter) und Audits - Periodische Erfassung (z.B. jährlich)
Zu Beachten	- Zuverlässigkeitskriterien sollten nicht mit anderen Kriterien vermischt werden (besonders nicht mit qualitativen)	- Die Kriterien sollten nicht nur das aktuelle Potenzial des Lieferanten abfragen, sondern auf das zukünftige Potenzial des Lieferanten beinhalten

Abbildung 5-8: Lieferantenbewertungsmodule

Das erste Modul bezieht sich auf die Lieferantenleistung. Es zeigt die aktuelle Zuverlässigkeit des Lieferanten mit Hilfe von vergangenheitsbasierten, quantifizierbaren Lieferdaten an. Die Lieferantenleistung wird kontinuierlich erfasst und mit jeder Lieferung aktualisiert. Hierbei wird der Anspruch einer vollständig automatisierten und standardisierten Datenerhebung und –auswertung verfolgt.

Im zweiten Modul wird das langfristige Potenzial des Lieferanten über eine umfangreiche Bewertung der Lieferantenfähigkeit erfasst. Hierzu werden die Lieferanten zu definierten Zeitpunkten detailliert untersucht. Dieses Modul dient der umfassenden

Abbildung der Anforderungen an die Lieferanten und kann ggf. an die unternehmensspezifischen Bedürfnisse angepasst werden.

5.2.1.3 Bewertung der Lieferantenleistung

Im Rahmen der Bewertung der Lieferantenleistung werden nur quantifizierbare Zuverlässigkeitsdaten ausgewertet. Sie sind einem festen Zeitpunkt zuordbar und können nachgeprüft und zurückverfolgt werden. I.d.R. werden sie systemgestützt unter Verwendung von ERP-Systemen oder Lieferantenportalen erfasst. Um die Objektivität zu erhalten, sollte keine Vermischung mit anderen qualitativen Kriterien stattfinden. Die Lieferantenleistung bildet die Bemessungsgrundlage für den Einsatz der im Folgenden noch näher beschriebenen Anreizsysteme. Hierbei wird insbesondere gefordert, dass die Bezugsgrößen einfach feststellbar, nicht manipulierbar und ihre Beeinflussung für den Anreizempfänger transparent zu durchschauen sind.

Zur Definition der relevanten Kennzahlen wurde auf die Anforderungsdefinition aus Kapitel 5.1.2 zurückgegriffen. Dabei sind die in der Anforderungsdefinition dargestellten Kennzahlen zu einem Kennzahlensystem zusammengefasst worden (vgl. Abbildung 5-9).

	Hauptkriterium	Teilkriterium	Subkriterium
Einkauf	Einkaufsleistung (EZ)	- Preisstabilität (EZ1) - Umwandlungsrate (EZ2) - Preisniveau (EZ3)	
Qualität	Qualitätsleistung (QZ)	- Reklamationsrate (QZ1) - Fehlermenge (QZ2)	
Logistik	Logistikleistung (LZ)	- Lieferzuverlässigkeit (LZ1)	- Termintreue (LZ1-Termin) - Mengentreue (LZ1-Menge)
		- Lieferbereitschaft (LZ2)	- Terminbereitschaft (LZ2-Termin) - Mengenbereitschaft (LZ2-Menge)
		- Lieferflexibilität (LZ3)	- Terminflexibilität (LZ3-Termin) - Mengenflexibilität (LZ3-Menge)
		- Änderungsrate des Lieferanten (LZ4)	- Terminstabilität Lieferant (LZ4-Termin) - Mengenstabilität Lieferant (LZ4-Menge)
Basisdaten	Einkaufsvolumen, Ø-Artikelpreis, Lieferzeit (tatsächlich), Lieferzeit (geplant), Abhängigkeit des Lieferanten, Abhängigkeit des Abnehmers, gelieferte Menge		

Abbildung 5-9: Kennzahlen zur Beurteilung der Lieferantenleistung

Das Kennzahlensystem setzt sich aus der Einkaufs-, der Qualitäts- und der Logistikleistung zusammen. Die Einkaufsleistung wird anhand der Kennzahlen Preisstabilität,

Umwandlungsrate und Preisniveau gemessen. Die Qualitätsleistung setzt sich aus den Kennzahlen Reklamationsrate und Fehlermenge zusammen und die Logistikleistung aus den folgenden 4 Teilkriterien:

- Lieferbereitschaft: Misst, wie gut der Lieferant den Wunschterminen bzw. -mengen des Abnehmers entspricht,
- Lieferflexibilität: Misst, wie flexibel der Lieferant auf nachträgliche Änderungswünsche (Termin, Menge) des Abnehmers reagiert,
- Lieferzuverlässigkeit: Misst, wie gut der Lieferant seine abgegebenen Termin- und Mengenversprechen einhält und
- Änderungsrate des Lieferanten: Misst, wie häufig auf Anfrage des Lieferanten Termine und Mengen angepasst werden müssen.

Die genannten Teilkriterien setzen sich jeweils aus zwei Subkriterien zusammen. Diese erfassen die aufgelisteten Kennzahlen getrennt für Mengen- und Terminabweichungen.

Neben den vorgestellten Kennzahlen zur Berechnung der Lieferantenleistung werden weitere Basisdaten bzw. -kennzahlen ereignisorientiert erfasst, die zur täglichen Steuerung der Lieferantenbasis notwendig sind. Diese werden jedoch nicht in die Berechnung der Lieferantenleistung mit einbezogen. Einen Überblick über die ausgewählten Basisdaten und -kennzahlen gibt Abbildung 5-9. Eine detaillierte Beschreibung der Kennzahlen ist im Anhang in Kapitel 9.1 enthalten.

Wie bereits beschrieben wird bei der Bewertung der Lieferleistung ein möglichst hoher Standardisierungsgrad angestrebt. Auf der anderen Seite müssen aber auch die individuellen Ansprüche, die jedes Unternehmen an die Bewertung stellt, erfüllt werden. Um diesen Anforderungen gerecht zu werden, werden verschiedene Gewichtungsfunktionen bereitgestellt, die eine individuelle Anpassung der Bewertungskriterien auf Basis der eindeutig vorgeschriebenen Kennzahlen erlauben (vgl. Abbildung 5-10).

Als Grundlage für die Berechnung der Lieferleistung werden für jeden gelieferten Auftrag eine Reihe von Basisdaten und Kennzahlen automatisiert erhoben. Jede Auftragsposition muss dabei eindeutig einem Lieferanten und einem Artikel zugeordnet werden. Diese ereignisorientiert zu erfassenden Daten sind klar definiert, standardisiert und objektiv. Auf der untersten Ebene sind die Lieferdaten nicht durch unternehmensspezifische Einflüsse wie Toleranzen oder Gewichtungsfaktoren beeinflusst und könnten zur Erweiterung der objektiven Informationsgrundlage branchenweit verglichen werden.

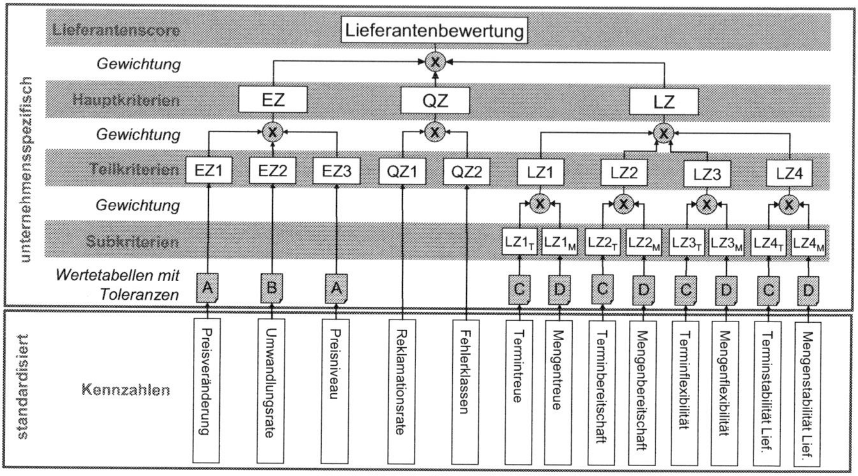

Abbildung 5-10: Berechnungsstufen der Lieferantenleistung

Erst in einem nächsten Schritt fließen wertende Toleranzen in die Berechnung der Kennzahlen mit ein: Beispielsweise wird für die Beurteilung einer termingerechten Lieferung eine unternehmensspezifische Termintoleranz einbezogen. Abhängig von den jeweiligen Anforderungen kann diese z.B. nur einzelne Tage oder ganze Wochen betragen.

Der spezifischen Anpassung der Daten an die Unternehmensanforderungen schließt sich die Gewichtung der eigentlichen Kriterien der Lieferantenbewertung an. Die einzelnen Kriterienwerte können anschließend zur Gesamtlieferleistung (Lieferantenscore) zusammengefasst werden. Die Gewichtung der einzelnen Kriterien untereinander ist von den Anforderungen der Beschaffungssituation abhängig und kann daher individuell durch das Unternehmen angepasst werden.

Auf der Ebene der ersten Gesamtbewertung liegt schließlich die Lieferzuverlässigkeit eines Lieferanten für einen Artikel bzw. eine Warengruppe vor. Für eine übergeordnete Bewertung aller vom Lieferanten gelieferten Beschaffungsteile können die einzelnen Teilbewertungen weiter aggregiert werden.

5.2.1.4 Bewertung der Lieferantenfähigkeit

Neben der aus den Auftragsabwicklungsprozessen zu erfassenden Lieferantenleistung der Zulieferer ist in regelmäßigen Abständen (z.B. einmal jährlich) oder zu bestimmten strategischen Zeitpunkten (z.B. bei der Erweiterung der Kooperation mit dem Lieferanten oder bei der Verschlechterung der Lieferleistung) eine umfassende Bewertung der allgemeinen Lieferantenfähigkeit durchzuführen. Sie dient der Beurteilung des langfristigen Entwicklungspotenzials der Lieferanten sowie der Erfassung der wirtschaftlichen und technischen Leistungsfähigkeit.[390] Im Gegensatz zu den objektiven, quantifizierbaren und automatisch erfassbaren Kriterien der Lieferantenleistung wird die Bewertung der Lieferantenfähigkeit i.d.R. durch die qualitative Beantwortung mittels Fragebögen realisiert. Einen Überblick über die in diesem Rahmen abfragbaren Beurteilungskriterien gibt Abbildung 5-11.[391] Die Gesamtbewertung gliedert sich in die definierten Hauptkriterien (z.B. Einkauf, Qualität, Logistik, Technologie oder Finanzkraft). Jedes dieser Hauptkriterien ist wiederum in vier Teilkriterien untergliedert, die sich aus unternehmensspezifischen, kross-funktional zu definierenden Subkriterien zusammensetzen. Die Gewichtung der einzelnen Kriterien ist über alle Stufen ebenfalls unternehmensintern zu definieren. Neben der angebotenen Leistung und dem zukünftigen Leistungspotenzial werden die Kooperationsbereitschaft und der Service des Lieferanten sowie weitere relevante Anforderungen untersucht. Über eine Variation der Bewertungskriterien und der Gewichtungsfaktoren kann die Lieferantenbewertung der jeweiligen Beschaffungssituation angepasst werden.

Der Anspruch einer automatisierten Bewertung ist auf der Ebene der Lieferantenfähigkeit nicht zu realisieren, da die Bewertung das (häufig subjektive) Expertenwissen der mit dem Lieferanten zusammenarbeitenden Mitarbeiter im gesamten Unternehmen erfordert. Die Datenerhebung erfolgt daher im Rahmen von Befragungen mittels standardisierter Fragebögen. Die Beschreibung eines umfangreichen Kriterienkatalogs zur Gestaltung der Subkriterien ist in Anhang 9.2 dargestellt.

Zur Reduzierung des Erfassungsaufwands in diesem Modul kann eine Lieferantenselbstauskunft einen Teil der Fragen ersetzen. So können Informationen zu vorhandenen Zertifizierungen und Logistiksystemen oder aber Forschungs- und Entwicklungstätigkeiten durch eine vom Lieferanten abzugebende Auskunft eingeholt werden.

---

[390] Vgl. Hartmann (2008), Lieferantenbewertung, S.32f.

[391] Das vorgestellte Modell zur Bewertung der Lieferantenfähigkeit lehnt sich an die in der Literatur viel beschriebene Lieferantenbewertung der Siemens AG an.

Des Weiteren löst eine zentral erfasste Selbstauskunft das Problem der Standardisierung der abgefragten Kriterien. Die zentral auszufüllende Auskunft kann für alle Lieferanten gleich gestaltet werden und erlaubt daher eine gute Vergleichbarkeit. Auch der notwendige Erfassungsaufwand wird minimiert, da ein Lieferant seine Selbstauskunft für alle am kooperativen Lieferantenmanagement teilnehmenden Abnehmer nur einmalig ausfüllen muss. In Kapitel 6.2 wird die prototypische Umsetzung einer solchen Lieferantenselbstauskunft dargestellt.

	Aktuelles Leistungspotenzial	Zukünftiges Leistungspotenzial	Kooperation, Service, Support	Sonstige Anforderungen
Einkauf	Preisgestaltung	Initiativen zur Kostensenkung	Kooperation mit dem Vertrieb des Lieferanten	Erfüllen strategischer Anforderungen
Qualität	Angebotene Qualitätsleistung	Qualitäts-managementsystem	Kooperation mit den QM-Verantwortlichen	Qualitäts-vereinbarungen
Logistik	Erreichte Logistikleistung	Logistikstrategie und -system	Kooperation mit der Logistikabteilung	Umweltschutz-aspekte
Technologie	Gegenwärtige Technologie-position	Innovations- und Technologie-roadmap	Kooperation mit der Entwicklung	Erfüllen spezifischer Anforderungen (z.B. Transportschutz)
Etc.	...	...	...	...

Abbildung 5-11: Bewertungsschema zur Beurteilung der Lieferantenfähigkeit[392]

5.2.1.5 Freigabe der Lieferdaten mittels Lieferantenreports

Durch das Teilen der Lieferdaten in der im Folgenden noch genauer beschriebenen Vergleichsphase werden nicht-öffentliche Informationen aus einem Geschäftsverhältnis durch den Abnehmer teilweise veröffentlich. Damit werden Themenstellungen des Complaince berührt, da die Veröffentlichung der Informationen eine Veränderung im Wettbewerb zur Folge hat. Rechtliche Fragstellungen, die durch die Veröffentlichung der Daten auftreten können, sollen durch die Zustimmung des Lieferanten zur Nutzung der Daten für das kooperative Lieferantenmanagement ausgeräumt werden.

Diese Zustimmung erfolgt dabei durch das Zusenden und Freigeben eines Lieferantenreports, siehe Abbildung 5-5. Der Report enthält die aktuellen Kennzahlen der

[392] Vgl. Hoffmann (2000), Lieferantenbewertung, S.96.

Lieferantenleistung eines Lieferanten und wird in definierten Abständen automatisch durch den Abnehmer erstellt. Nach der Zusendung des Reports bekommt der Lieferant die Möglichkeit, den Report zu kommentieren und eine ggf. fehlerhafte Datenbasis zu korrigieren. Nachdem der Inhalt des Reports so zwischen Abnehmer und Lieferant abgestimmt ist, werden die Daten vom Lieferanten freigegeben. Nur freigegebene Daten dürfen im Rahmen des kooperativen Lieferantenmanagements genutzt werden. Des Weiteren kann die Freigabe der Daten auch in den allgemeinen Einkaufsbedingungen des Abnehmers festgeschrieben werden. Dies sollte den Austausch der Lieferantereports aber nicht ersetzen, da hierdurch die Aufmerksamkeit des Lieferanten auf die in der Bewertung zusammengestellten Leistungskriterien gelenkt und damit eine Sensibilisierung des Lieferanten für das Thema Lieferleistung erreicht wird.

Mit der Freigabe der Lieferdaten aus den Reports ist die Phase der Datenerfassung für die kooperative Lieferantenbewertung abgeschlossen. Damit schließt sich die Zielsetzungsphase an.

5.2.2 Zielsetzungsphase

In der Zielsetzungsphase wählt der Nutzer die für ihn relevanten Lieferanten, Warengruppen und Kennzahlen für den sich anschließenden Kennzahlenvergleich aus.

Um die Analyse der Lieferanten trotz der Notwendigkeit einer einheitlichen Kennzahlenbasis an die spezifischen Bedürfnisse eines Unternehmens anpassen zu können, kann der Bewertungsprozess an unterschiedlichen Stellen unternehmensindividuell konfiguriert werden. Wie bereits beschrieben können die Gewichtungsfaktoren und Toleranzen bei der Zusammenfassung der Lieferantenkennzahlen zu einer Lieferantenbewertung frei gewählt werden. Damit kann die Lieferantenbewertung effizient an die Prozessanforderungen des Unternehmens angepasst werden, ohne die Standardisierung der Kennzahlenbasis zu reduzieren. Des Weiteren kann der Datenaustausch mit den Kooperationspartnern über ein Transparenzstufenkonzept unternehmensspezifisch angepasst werden. Dieses Konzept wird im Folgenden näher beschrieben.

Die durch die unternehmensübergreifende Lieferantenbewertung erreichbare Markttransparenz birgt neben den beschriebenen Chancen zur Steigerung der Lieferperformance auch ein Vertrauensproblem: Kennt ein Partnerunternehmen Daten und Kennzahlen eines anderen Unternehmens oder mehrerer anderer Unternehmen, so besteht die Gefahr, dass es aus der Kenntnis dieser Daten und Kennzahlen auf unlautere Art und Weise Wettbewerbsvorteile zieht. Jeder Teilnehmer der kooperativen Lieferantenbewertung muss daher die Sicherheit erhalten, dass die abgegebenen und erhaltenen Informationen in einem ausgewogenen Verhältnis stehen und dass er jederzeit die Kontrolle über die von ihm gewährte Informationstransparenz hat. Diese Sicherheit wird mit dem im Folgenden beschriebenen, partnerspezifisch konfigurierbaren Transparenzstufenkonzept realisiert.

Neben der Auswahl der Warengruppen, Lieferanten und Kennzahlen können mittels des Transparenzstufenkonzepts die aus dieser Konfiguration resultierenden Lieferdaten mehr oder weniger anonym ausgetauscht werden. Drei Transparenzstufen sind definiert:

- Anonyme Abnehmer-Lieferanten-Beziehungen: Alle geteilten Lieferdaten werden ohne Bezug zu einem spezifischen Lieferanten oder Abnehmer dargestellt, (vgl. Abbildung 5-12b). Damit ist lediglich die Zuordnung zu einer bestimmten Warengruppe möglich.

- Lieferanten sichtbar: Alle Lieferdaten werden mit dem Bezug zum jeweiligen Lieferanten dargestellt. Diese Transparenzstufe ermöglicht die Zuordnung der innerhalb einer Warengruppe geteilten Lieferdaten zu einem bestimmten Lieferanten (vgl. Abbildung 5-12c). Damit wird einerseits eine umfassende Bewertung des Lieferanten möglich. Andererseits kann anhand von Vergleichskriterien, wie z.B. der Verteilung der Marktmacht, die Leistung des Lieferanten in spezifischen Marktkonstellationen detailliert analysiert werden.

- Abnehmer und Lieferanten sichtbar: Alle Daten werden bei dieser Transparenzstufe zusätzlich zum Lieferanten auch dem bewertenden Abnehmer zugeordnet (vgl. Abbildung 5-12d). Diese Transparenzstufe erlaubt eine Abstimmung zwischen den transparenten Abnehmern und dient als Grundlage für den Einsatz monetärer Anreizsysteme. Diese Transparenzstufe muss für jeden Partner einzeln freigeschaltet werden.

Bei den Transparenzstufen 1 und 2 legitimiert sich der Abnehmer lediglich gegenüber dem Betreiber des Austauschnetzwerks und nicht gegenüber den anderen Abnehmern. Innerhalb dieses anonymen Gesamtpools tauschen alle teilnehmenden Abnehmer Daten nach dem Prinzip, dass jeder nur die Kennzahlen von den Lieferanten erhält, die er auch selbst bereit ist weiterzugeben. Durch die Transparenzstufenfunktionen kann diese Anonymität stufenweise aufgehoben werden. Dies ist zur Durchführung weiterer Marktanalysen oder aber gemeinsamer Anreizsysteme notwendig. So können sich z.B. gleichartige Abnehmer finden und weitergehende Kooperationen in Form von materiellen Anreizsystemen schließen. Auf der höchsten Transparenzstufe (Abnehmer hebt seine Anonymität auf) wird daher von dem Prinzip des multilateralen Datenaustauschs abgewichen. Hier können einzelne Partner lediglich bilateral Daten freigeben.

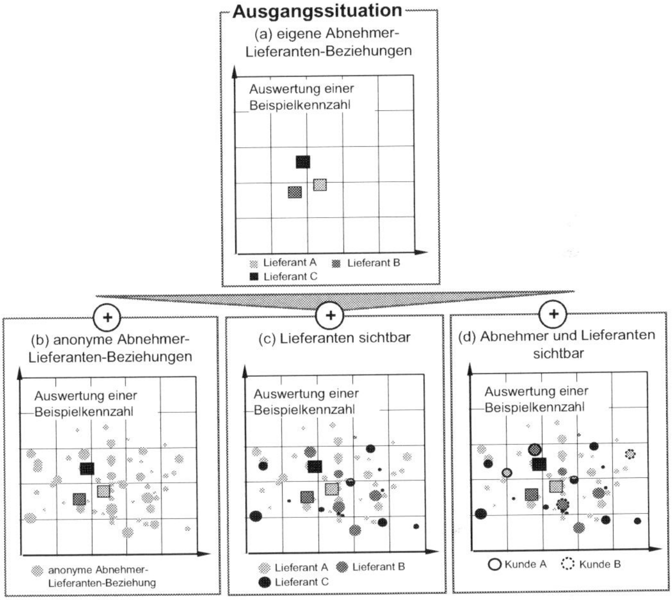

Abbildung 5-12: Transparenzstufenkonzept

5.2.3 Vergleichsphase

Nachdem die notwendigen Parameter für den kooperativen Datenaustausch in der Zielsetzungsphase festgelegt worden sind, erfolgt in der Vergleichsphase die operative Ausführung des Datenaustauschs. Weiter finden in der Vergleichsphase die eigentlichen Analyseprozesse der unterschiedlichen Abnehmer-Lieferanten-Beziehungen statt.

Der treffsichere Vergleich unterschiedlicher Abnehmer-Lieferanten-Beziehungen innerhalb einer Warengruppe bedarf einer weitergehenden Beschreibung der spezifischen Lieferbeziehung von Abnehmer und Lieferant. Hierzu werden die drei Kriterien Produktkomplexität, Marktmacht und Lieferklasse herangezogen, siehe Abbildung 5-13.

Mit dem Kriterium der Produktkomplexität werden die technischen bzw. logistischen Anforderungen für die Produktion des Lieferanten und anhand der bestellten Stückzahlen die Spezifität der produzierten Teile bewertet.

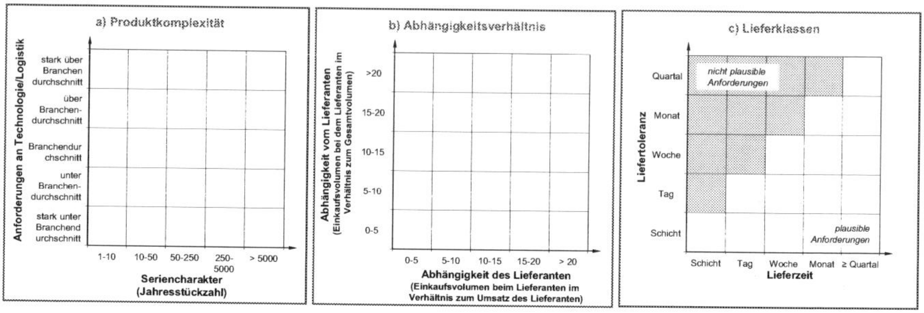

Abbildung 5-13: Dimensionen zur Beschreibung einer Kunden-Lieferanten-Beziehung

Die Verteilung der Macht innerhalb einer Abnehmer-Lieferanten-Beziehung wird mittels der Größen „Abhängigkeit des Lieferanten“ und „Abhängigkeit vom Lieferanten“ beschrieben. Die Abhängigkeit des Lieferanten vom Abnehmer wird als der Anteil des Umsatzes vom Lieferanten definiert, den der Abnehmer erzielt. Die Abhängigkeit des Abnehmers vom Lieferanten wird dagegen als der Anteil des Einkaufsvolumens definiert, den der Abnehmer bei dem betrachteten Lieferanten erreicht. Ungünstig für den Abnehmer ist dabei eine große Abhängigkeit vom Lieferanten (A-Lieferant) bei gleichzeitig geringer Abhängigkeit des Lieferanten vom Abnehmer (C-Kunde).

Das Kriterium „Lieferklasse“ beschreibt die logistischen Anforderungen an den Lieferanten. Dazu werden die Lieferzeitanforderungen einerseits und die geforderten Liefertoleranzen andererseits erfasst.

Auf Basis dieser Eingliederung lassen sich innerhalb der kooperativen Lieferantenbewertung Unternehmen mit gleichen oder ähnlichen Anforderungen bzw. Voraussetzungen an einen bestimmten Lieferanten analysieren. Dies ist besonders für die Maßnahmenableitung von Bedeutung. Auch lassen sich anhand der Kriterien die passenden Partner für eine kooperative Anreizgestaltung finden.

5.2.4 Umsetzungsphase

Nach der Analyse der Lieferleistung der selektierten Lieferanten ist der nächste Schritt die Ableitung von Maßnahmen zur Optimierung des eigenen Lieferantenportfolios. Wie in Kapitel 2.2.3.3 bereits beschrieben, fallen hierunter im Wesentlichen Maßnahmen der Lieferantenbeeinflussung. Daneben kann es aber auch um das Ausphasen eines Lieferanten mit geringer Lieferleistung oder aber den Aufbau einer neuen Lieferantenbeziehung gehen. I.d.R. wird aber die Optimierung bestehender Beziehungen thematisiert.

In dieser Arbeit sind die kooperativen Maßnahmen der Lieferantenbeeinflussung von besonderem Interesse. Auf eine detaillierte Darstellung bereits in der Praxis vielfach eingesetzter, unternehmensinterner Maßnahmen soll daher an dieser Stelle verzichtet werden. Im folgenden Kapitel werden daher die in Kapitel 4 ausgewählten kooperativen Anreize detailliert aufbereitet.

5.3 Kooperative Anreizgestaltung

Die Wirkungsweise der für ein kooperatives Lieferantenmanagement in Frage kommenden Anreize zur Lieferantenbeeinflussung ist bereits in Grundzügen beschrieben worden. Im Folgenden sollen die Prozesse zur Nutzung dieser Anreize daher detaillierter beschrieben werden.

5.3.1 Nicht-monetäre Anreize

In Kapitel 4.3.4 sind die „Öffentliche Lieferantenauszeichnung" und das „Erstellen branchenweiter Prognosedaten" als besonders wirksame, immaterielle Anreize für das kooperative Lieferantenmanagement ausgewählt worden.

Öffentliche Lieferantenauszeichnung: Eine öffentliche Darstellung der Leistung eines Lieferanten hat auf seine Reputation im Markt einen erheblichen Einfluss und wirkt damit steuernd auf das Verhalten des Lieferanten. Im Folgenden werden der Prozess zur Erstellung eines öffentlichen Rankings und die Interaktion mit den bewerteten Lieferanten dargestellt (vgl. Abbildung 5-14).

Grundlage der Lieferantenauszeichnung bilden die durch die Lieferantenreports zur Veröffentlichung freigegebenen Lieferdaten. Die freigegebenen Daten stellt der Abnehmer in den Gesamtpool des kooperativen Lieferantenmanagements. Die dazu notwendigen IT-technischen Prozesse können in Kapitel 6.2 gefunden werden. Aus dem Gesamtpool der Daten wird pro Lieferant auf Basis des bereits vorgestellten Kennzahlensystems eine Lieferantenscore erstellt. Aus dieser Bewertung wird anschließend ein Ranking über alle Lieferanten erstellt und mittels eines Internetportals veröffentlicht. Das Ranking kann bei Bedarf auch in die einzelnen, vom Lieferanten bedienten Warengruppen detailliert werden.

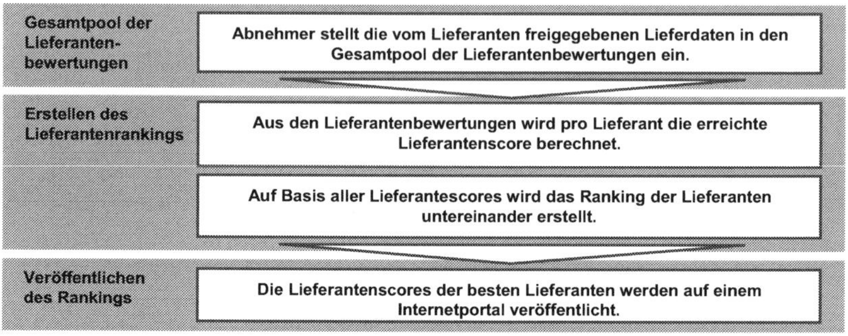

Abbildung 5-14: Ablauf des öffentlichen Lieferantenrankings

Um eine zielgerichtete Beeinflussung der Lieferanten zu ermöglichen, muss dem Lieferanten das Zustandekommen der Bewertungsergebnisse transparent dargelegt werden. Dies bezieht sich einerseits auf die Darstellung des Bewertungsverfahrens (Kennzahlen, Gewichtungen) und andererseits auf die individuelle Darstellung der Ergebnisse bei den einzelnen Kennzahlen und Warengruppen. In einem weiteren Schritt können auch Hilfestellungen bei der Ableitung von Verbesserungsmaßnahmen erforderlich sein.

Branchenweite Prognosedaten (Beschaffungsmarktdaten): Der projektspezifische Charakter der Wertschöpfung in der Einzel- und Kleinserienproduktion im Maschinen- und Anlagenbau macht den Abschluss von langfristigen Rahmenverträgen und damit die Fixierung bestimmter Lieferkonditionen (Preise, Mengen, Wiederbeschaffungszeiten) für eine Vielzahl an Beschaffungsgütern unmöglich. Den Unternehmen fehlen hierfür die verlässlichen Absatz- bzw. Prognosedaten. Ohne die längerfristige Fixierung der Lieferkonditionen wirken sich Auslastungsschwankungen an den Beschaffungsmärkten damit direkt auf die Kundenprojekte der beschaffenden Unternehmen aus.

Bei einem Anteil der Beschaffung an der gesamten Wertschöpfung eines Unternehmens von ca. 50 Prozent bestimmen die Beschaffungsgüter maßgeblich den wirtschaftlichen Erfolg eines Auftrags. Unerwartete Preisveränderungen bei wichtigen Zukaufteilen können die Margen daher stark belasten. Auch die Entwicklung der Wiederbeschaffungszeiten der notwendigen Zukaufteile hat einen wesentlichen Einfluss auf die fristgerechte Fertigstellung des Auftrags. Daher müssen die Lieferkonditionen für alle kritischen Zukaufteile bereits bei der Abgabe eines Angebots an den

Kunden transparent sein, um nicht den Erfolg des Auftrags von vornherein zu riskieren.

Eine rollierende Analyse der relevanten Beschaffungsmärkte ist daher notwendig. Bei einer Angebotsumwandlungsrate von durchschnittlich 10 bis 15 Prozent im Maschinenbau können nicht bei jeder Kundenanfrage die aktuellen Lieferkonditionen für alle resultierenden Beschaffungsteile neu angefragt werden. Im Extremfall würde dies für eine Kundenanfrage mehrere 100 Anfragen an die Unterlieferanten bedeuten. Daher bietet der kooperative Austausch der Lieferdaten hier eine Möglichkeit, die aktuellen Lieferkonditionen zu erhalten, ohne den administrativen Aufwand der ansonsten notwendigen Angebotseinholung betreiben zu müssen.

Die mittels der kooperativen Lieferantenbewertung von einer Vielzahl an Abnehmern gesammelten Lieferzeiten können genutzt werden, um die heute in den ERP-Systemen zur Auftragsterminierung genutzten, statischen Wiederbeschaffungszeiten automatisch anzupassen und damit zu einer validen Angebotskalkulation führen. Des Weiteren können generelle Preisveränderungen einfacher erfasst werden.

Dazu werden die Lieferzeiten im Rahmen der kooperativen Lieferantenbewertung auf zwei Arten gemessen: Einmal werden die tatsächlich erreichten Lieferzeiten eines Produktes aus der Zeitspanne vom Versand der Bestellung bis zum tatsächlichen Wareneingang gemessen. Dieses Verfahren bildet zwar die Wiederbeschaffungszeiten besonders genau ab, kann aber zu einer ungewünschten zeitlichen Verzögerung bei der Erfassung von Lieferzeitveränderungen führen, da erst mit der Buchung des Wareneingangs die aktuellen Daten über die tatsächlich am Markt herrschenden Lieferzeiten erfasst werden können. Um Veränderungen der Lieferzeiten schneller erfassen zu können, werden auch die geplanten Liefertermine aus den Angeboten und Auftragsbestätigung erfasst und in einer gesonderten Kennzahl (geplante Lieferzeit) dargestellt. Dieses Verfahren ist besonders bei Produkten mit langen Lieferzeiten ein guter Indikator für veränderte Lieferzeiten. Die genaue Definition der Lieferzeit-Kennzahlen kann in Anhang 9.1.1 (Basiskennzahlen) gefunden werden.

Die Erfassung der Preisveränderungen erfolgt über die Kennzahl „Preisstabilität“, die im Rahmen der Lieferantenbewertung von jedem am kooperativen Lieferantenmanagement teilnehmenden Unternehmen einzeln erfasst wird. Die genaue Definition der Kennzahl „Preisstabilität“ kann in Anhang 9.1.4.1 gefunden werden.

Die Aggregation einer Vielzahl an Lieferdaten lässt neben der optimierten Auftragsplanung jedes einzelnen Abnehmers auch die Prognose von makroökonomischen Trends zu. So lassen sich Trends über die Entwicklung der Wiederbeschaffungszeiten für spezifische Warengruppen und darüber mittelbar Rückschlüsse auf die Auslastung der Branche prognostizieren. Dieses Wissen ermöglicht den Lieferanten, sich proaktiv auf Markt- und Kapazitätsveränderungen einzustellen. Dies kann Situationen eines generellen Marktversagens durch das ungesteuerte Annehmen von Aufträgen, wie in den vergangenen Boomjahren von 2006 bis 2008 zu beobachten war, verhindern helfen.

5.3.2 Monetäre Anreize

Neben den immateriellen Anreizen, die alle Lieferanten gleichsam zur Optimierung ihrer Lieferleistung anspornen, kann mittels monetärer Anreize die Leistung einzelner Lieferanten gezielt gesteigert oder abgesichert werden.

Die Anwendung dieser kooperativen monetären Anreize verläuft in vier aufeinanderfolgenden Schritten. Grob lassen sich die Phasen der Kooperationspartnerfindung, Anreizsaushandlung, Vertragsabstimmung und das Monitoring der Anreizbasis voneinander abgrenzen.

Am Anfang steht für jeden Abnehmer eine individuelle Analyse des Bedarfs an speziellen Anreizen zur Steigerung oder Absicherung der Lieferperformance bei seinen kritischen Lieferanten. In einem zweiten Schritt sind, je nach Ausgangslage, weitere Abnehmer zu finden, die eine vergleichbare Ausgangslage (gleiche Warengruppen, Lieferperformance und Machtstellung), ähnliche Prozessanforderungen (Liefer- und Mengentoleranzen, Qualitätsanforderungen) und Ziele (notwendige Lieferperformance) bei den adressierten Lieferanten verfolgen. Sowohl die Ausgangslage als auch die Prozessanforderungen lassen sich anhand der Lieferantenbewertung ermitteln. Lediglich die Ziele müssen von den Abnehmern noch manuell spezifiziert werden. Bei der Suche werden die Bewertungsprofile (Basisdaten, Toleranzen und Gewichtungsfaktoren) mit dem Ziel verglichen, ähnliche Abnehmer in einer Gruppe zusammenzustellen. Bei Interesse können diese in einem weiteren Schritt gemeinsam mit dem Lieferanten bestimmte Anreize aushandeln. Die ausgehandelten Anreize werden dann z.B. in einer Zusatzvereinbarung einem bestehenden Rahmenvertrag mit dem Lieferanten angehängt. Der Vertragsschluss erfolgt dabei bilateral zwischen dem Lieferanten und dem jeweiligen Abnehmer. Lediglich die Überwachung der kooperativen Konditionen findet durch das kooperative Lieferantenmanagement statt.

Die Anreize bestehen immer aus einer leistungsabhängigen Komponente des Lieferanten und einer gemeinschaftlichen Belohnung bzw. Bestrafung durch die Abnehmer. Die leistungsabhängige Komponente (z.B. erreichte Liefertreue) muss der Lieferant gegenüber allen Abnehmern der Vereinbarung einhalten. Dann wird auch die gemeinschaftlich vereinbarte Belohnung vollständig ausgezahlt. Auf Basis dieses Grundprinzips sind die Anreize variabel gestaltbar. Besonders eignen sich aber positive Anreize für diesen kooperativen Mechanismus. Der Abschluss von gesonderten Vereinbarungen mit den Lieferanten schränkt die Anwendbarkeit der Anreize auf Lieferanten ein, bei denen der Abnehmer regelmäßig Bestellungen platziert. Es kommen daher die kritischen Kernlieferanten eines Abnehmers in Frage.

Ein Beispiel für den Einsatz von materiellen Anreizen zur Steigerung der Lieferflexibilität liefert die mittelständische Mägerle AG. Das Unternehmen produziert Flach- und Profilschleifsysteme in Fehraltorf in der Schweiz und generierte im Jahr 2008 einen Umsatz von 38 Millionen Euro. Der Einsatz eines aktiven Lieferantenmanagements hat dabei für das Unternehmen einen wichtigen Stellenwert zur Steuerung seiner Hauptlieferanten. Neben der Lieferantenbewertung und der kooperativen Zusammenarbeit mit Schlüssellieferanten setzt die Mägerle AG darüber hinaus weitere Anreize ein, um die Lieferbereitschaft ihrer Zulieferer sicherzustellen und diese zu steigern. Durch das vereinzelte Verhängen von Strafzahlungen für Schlechtleistungen sichert sie vereinbarte Vertragsgegenstände wie Liefertermin und –menge ab. Eine Erhöhung der Lieferperformance kann über solche negativ formulierten Anreize jedoch nur selten erzielt werden. Hierzu verwendet der Schleifmaschinenhersteller eine positive monetäre Gestaltung. Gelingt es dem Lieferanten, bei lieferzeitkritischen Bauteilen die Lieferzeiten zu verkürzen, so wird er an dem daraus resultierenden positiven Effekt für Mägerle beteiligt und erhält eine Bonuszahlung. Außerdem bietet der Werkzeugmaschinenhersteller einen indirekten monetären Anreiz über die Aussicht einer Beschaffungsvolumenerhöhung und –bündelung bei durchgängig guten Lieferleistungen. Abgerundet werden die eingesetzten Anreizsysteme über weitere Gestaltungsmerkmale, wie qualifizierende Maßnahmen und das Branding von Zukaufteilen.

6 Prototypische Umsetzung des kooperativen Lieferantenmanagements

6.1 Das Projekt „InTime“

Zur Validierung der in dieser Arbeit entwickelten Instrumente des kooperativen Lieferantenmanagements haben sich innerhalb des von der europäischen Union geförderten Projektes „InTime“ Partner aus unterschiedlichen europäischen Ländern zu einem Konsortium zusammengeschlossen.[393]

Neben Verbänden, Forschungseinrichtungen und Softwareherstellern sind drei mittelständische Unternehmen aus dem Maschinen- und Anlagenbau als Pilotanwender vertreten. Aufgabe der Pilotanwender ist die Erprobung der entwickelten Instrumente innerhalb ihrer Lieferantennetzwerke. Die Auswahl der Unternehmen wurde auf Basis der von ihnen produzierten Endprodukte getroffen. In Abbildung 6-1 sind die Pilotpartner anhand der Komplexität und Lieferzeit ihrer Produkte eingeordnet worden. In der Wertschöpfungspyramide des Maschinen- und Anlagenbaus stellen sie damit die wesentlichen Produktionstypen dar (Anlagenhersteller, Maschinenbauer und Komponentenfertiger).

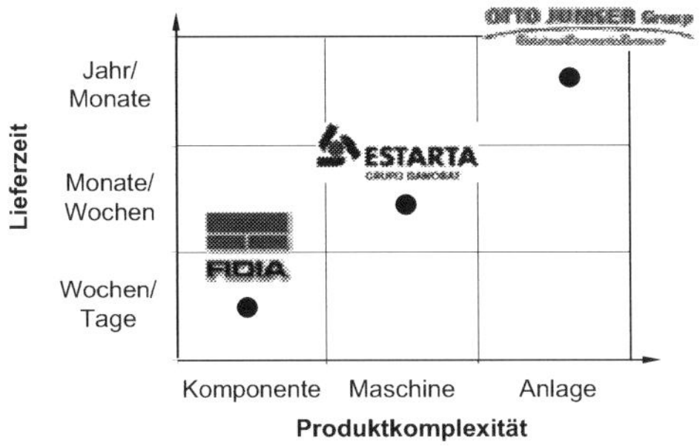

Abbildung 6-1: Pilotanwender der Koordinationsmechanismen im Projekt „InTime“

[393] Vgl. Kampker, A.; Schuh, G.; Franzkoch, B.; Attig, P. (2009), Delivery Reliability, S.184f.

Alle Pilotpartner weisen eine gleichermaßen mittelständische Struktur auf und sind der Einzel- und Kleinserie zuzuordnen. Der Fokus der Wertschöpfung liegt bei allen Piloten auf der Montage der projektspezifisch von ihren Lieferanten bezogenen Zukaufteile.

Die Firma Otto Junker deckt als Hersteller von Anlagen zur Wärmebehandlung von Halbzeugen den Schwerpunkt des Engineer-To-Order-Versorgungsprozesses ab. Versorgungskritische Komponenten sind komplexe A-Teile, die direkt zu Beginn eines neuen Kundenprojektes bestellt werden müssen, da sonst die notwendigen Lieferzeiten nicht eingehalten werden können. Die dem Projektgeschäft immanenten starken Kapazitätsschwankungen werden innerhalb eines großen Zuliefernetzwerks mit redundanten Partnern geatmet. Diese Strategie verursacht hohe Koordinationsaufwände, inbesondere da die Kunden von Otto Junker die Liefertermine ihrer Anlagen mit Strafzahlungen von bis zu 0.5 Prozent des Wertes der Anlage pro verspätetet gelieferter Woche absichern. Im Falle drohender Verspätungen führt dies zu Zusatzaufwänden in Montage und Auftragskoordination von 100 bis 600 Arbeitsstunden pro Auftrag.

Der spanische Schleifmaschinenhersteller Estrata deckt als Kleinserienhersteller schwerpunktmäßig den Bereich der Built-To-Order-Beschaffung ab. Estrata bezieht dabei Teile von ca. 400 verschiedenen Lieferanten. Durch die kundenspezifische Anpassung der Schleifmaschinen liegt die Beschaffung der kundenspezfisch herzustellenden Bauteile häufig auf dem kritischen Pfad. Lieferverspätungen bei diesen Teilen führen daher unweigerlich zu Umplanungen. Deren Kompensation durch Reihenfolgevertauschungen und ähnliches verursacht in der Montage Effizienzverluste von durchschnittlich 15 Prozent der verfügbaren Personalkapazität.

Der dritte Pilotpartner, die italienische Firma Fidia, stellt neben Werkzeugmaschinen auch eine Produktlinie mit CNC-Steuerungen her. Diese Produktlinie wird in dem Projekt näher betrachtet. Die fokussierten Beschaffungsprozesse sind daher Make-to-Stock und Configure-to-Order. Lieferterminprobleme bei den Zulieferteilen für die Maschinensteuerungen führen zu teuren Sondermaßnahmen. So müssen im Fall von Lieferengpässen Teile von speziellen Händlern mit Preisaufschlägen von 50 bis 100 Prozent gekauft werden.

Wie die geschilderten Probleme der Pilotunternehmen zeigen, ist das Verbesserungspotenzial durch den Einsatz des kooperativen Lieferantenmanagements vielschichtig. Im Wesentlichen lassen sich die Einspareffekte in einen quantitativ messsbaren Anteil und in ein nur qualitativ abschätzbares Potenzial einteilen (vgl. Abbildung 6-2).

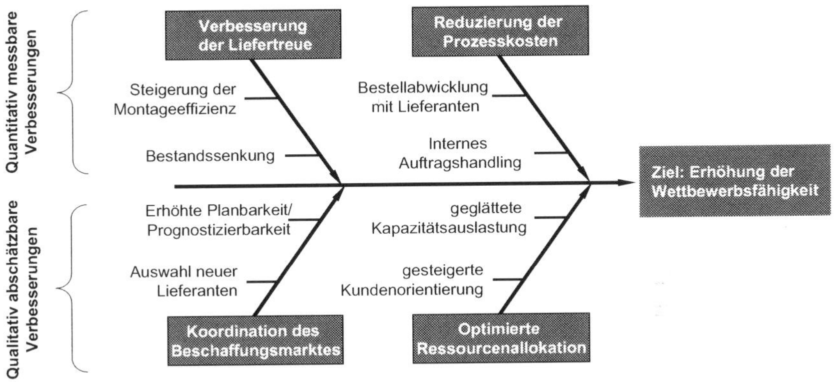

Abbildung 6-2: Verbesserungspotenziale des kooperativen Lieferantenmanagements

Zum einen beziehen sich die messbaren Potenziale auf die Reduzierung der Bestände und der Effizienzverluste in der Montage durch eine bessere Synchronisierung der Teileversorgung. So schätzen die Pilotunternehmen das Potenzial zur Bestandssenkung durch einen flächendeckenden Einsatz des kooperativen Lieferantenmanagements auf ca. 30 Prozent ein. Weiter wird durch die Reduzierung fehlteilbedingter Unterbrechungen mit einer Erhöhung der Montageeffizienz um bis zu 15 Prozent gerechnet.

Des Weiteren können die Prozesskosten in Beschaffung und Auftragssteuerung reduziert werden. Durch den Einsatz von EDI bei der Bestellabwicklung mit ihren Lieferanten laufen die Arbeitsabläufe im Einkauf deutlich effizienter ab: Die Daten aus den Lieferbestätigungen der anfallenden Bestellpositionen werden automatisch und nicht mehr von Hand geprüft und eingegeben. Der Status der offenen Bestellpositionen kann damit wesentlich früher abgerufen werden als bei manueller Abwicklung – oft genug können die Auftragsbestätigungen mangels Kapazität erst mit großem Zeitverzug eingepflegt werden. Abweichungen hinsichtlich Menge, Preis und Termin werden programmgestützt ermittelt und nur bei relevanten Differenzen vom Mitarbeiter bearbeitet. Dadurch bleibt dem Mitarbeiter im Einkauf Zeit, sich im Falle von Lieferverzögerungen um eine schnellstmögliche Anlieferung zu kümmern. Beim Einsparpotenzial durch EDI kalkulieren die Pilotunternehmen, dass sie ca. 25 Prozent der anfallenden operativen Auftragsabwicklungsprozess im Einkauf durch den Einsatz von EDI einsparen können. Die frei gewordene Kapazität wird für ein aktives Lieferantenmanagement und eine kontinuierliche Verbesserung der Arbeitsabläufe oder die Mitarbeiterentwicklung eingesetzt.

Neben den beschriebenen, quantitativ messbaren Einsparungen erwarten die Unternehmen weitere positive Effekte durch den Einsatz des kooperativen Lieferantenmanagements. Die Pilotunternehmen erwarten eine Verbesserung ihrer Wettbewerbsposition durch eine gesteigerte Kundenzufriedenheit in Folge einer flexibleren und termintreueren Leistungserstellung.

Weiter führen die erhöhte Transparenz des Beschaffungsmarktes und die daraus resultierende bessere Prognostizierbarkeit von Marktveränderungen, wie z.B. die Verknappung bestimmter Zulieferteile, zu einer erhöhten Lieferzuverlässigkeit. Dadurch werden teure Sondermaßnahmen, wie z.B. die beschriebenen Preisaufschläge bei Fidia oder die Sonderschichten bei Otto Junker, vermieden.

6.2 Softwareprototyp zur Umsetzung des kooperativen Lieferantenmanagements

Zur prototypischen Umsetzung der beschriebenen Instrumente des kooperativen Lieferantenmanagements sind die im Folgenden beschriebenen Softwaremodule zur Koordination der Lieferanten entwickelt worden.

6.2.1 Systemarchitektur

Grundvoraussetzung für den effizienten Einsatz des kooperativen Lieferantenmanagements ist eine weitestgehende Automatisierung der Kooperationsfunktionen durch den Einsatz von IT. Für die technische Umsetzung der Kooperationsfunktionen wird daher der Einsatz unterschiedlicher Softwarefunktionen notwendig. Zum einen müssen für die neuen Kooperationsprozesse, wie der Austausch der Lieferantenkennzahlen unter allen Kooperationspartnern, neue Softwarefunktionen entwickelt werden und zum anderen sind bestehende Applikationen, wie z.B. die innerhalb der Unternehmen eingesetzten ERP-Systeme über Schnittstellen in die veränderten Abläufe zu integrieren. Das Zusammenspiel der entwickelten Applikationen ist in Abbildung 6-3 als Systemarchitektur dargestellt.

In der Darstellung lassen sich die zentralen Applikationen „Community-Portal" und „Benchmarking-Server" und die dezentral, bei jedem teilnehmenden Unternehmen zu installierende Applikation „Kennzahlencockpit" erkennen. Das Kennzahlencockpit bildet dabei über eine Schnittstelle die Verbindung zur elektronischen Datenkommunikation mit den Lieferanten (EDI-System).

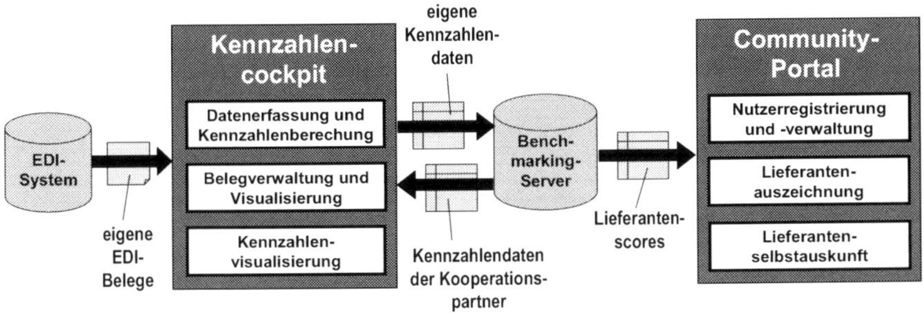

Abbildung 6-3: Systemarchitektur des kooperativen Lieferantenmanagements

6.2.2 Funktionen des Community-Portals

Das Community-Portal hat zwei funktionale Schwerpunkte. Zum einen übernimmt es durch die Veröffentlichung des aktuellen Lieferantenrankings eine wesentliche Anreiz- bzw. Transparenzfunktion innerhalb des kooperativen Lieferantenmanagements. Für das Ranking werden alle von der Nutzergemeinschaft ausgetauschten Lieferdaten pro Lieferant zu einer Topscore verdichtet und in Form einer Liste auf der Startseite des Portals veröffentlicht. Diese Topscore kann pro Warengruppe detailliert dargestellt werden (vgl. Abbildung 6-4).

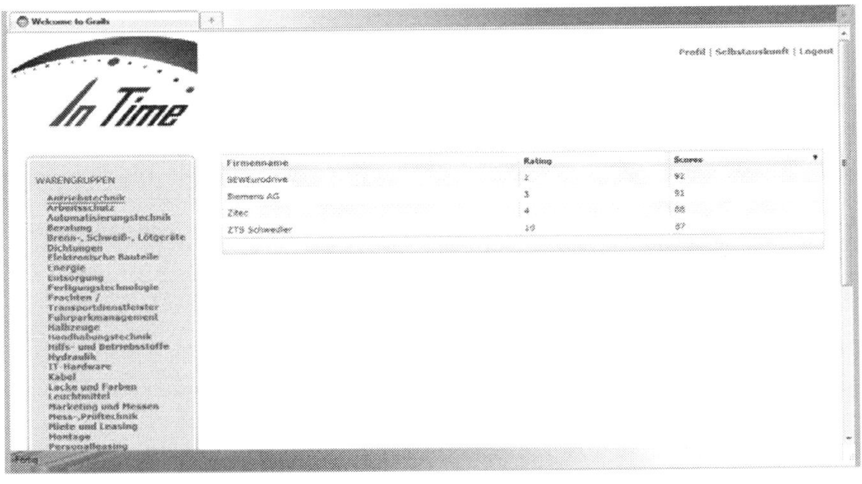

Abbildung 6-4: Screenshot „Community-Portal" mit Lieferantenranking (Auswahl der Warengruppe Antriebstechnik)

Des Weiteren sind in dem Portal alle Funktionen zum Aufbau und zur Verwaltung der Nutzergemeinschaft abgebildet. Dies ist die Registrierung zur Teilnahme am kooperativen Lieferantenmanagement als „Einkäufer“ oder „Lieferant“. Je nach Rolle stehen dem Anwender weitere Funktionen innerhalb des Login-Bereichs zur Verfügung.

Lieferanten erhalten die Möglichkeit, ihr Unternehmen durch das Ausfüllen einer Lieferantenselbstauskunft für alle teilnehmen Einkäufer genauer zu spezifizieren (vgl. Abbildung 6-5 und Tabelle 9-16 in Anhang 9.4). Ein Lieferant hat damit die Möglichkeit, jederzeit seine Firmendaten und bestimmte Kennzahlen in dem Internetformular einzusehen und zu aktualisieren.

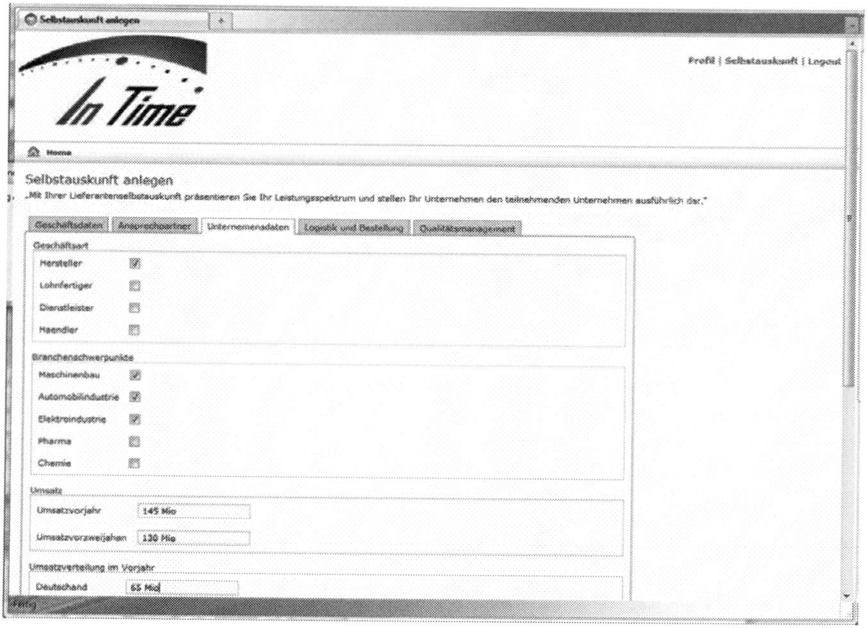

Abbildung 6-5: Screenshot „Lieferantenselbstauskunft“

6.2.3 Funktionen des Benchmarking-Servers

Hauptaufgabe des Benchmarkings-Servers ist das Poolen der von den einzelnen Teilnehmern gesammelten Lieferdaten zu einer einheitlichen Datenbasis. Dabei senden alle registrierten Nutzer über ihr Kennzahlencockpit periodisch (z.B. täglich) standardisierte Lieferdaten an den Benchmarking-Server. Auf Basis der an den Server übermittelten Lieferdaten poolt der Server die Daten jedes Einzelunternehmens mit der Gesamtheit aller Daten. Als Ergebnis erhält jeder Teilnehmer seinen Grunddaten entsprechend alle verfügbaren Daten der entsprechenden Lieferanten.

6.2.4 Funktionen des Kennzahlencockpits

Das Kennzahlencockpit bildet die unternehmensinternen Funktionen zur Steuerung der Lieferantenbasis ab. Dazu gehören im Wesentlichen die Funktionen der kooperativen Lieferantenbewertung, d.h. das Erfassen aller Lieferdaten, inkl. der Berechnung der Kennzahlen bzw. Lieferantenscores, und die Visualisierung der Kennzahlen für die Lieferantenanalyse. Daneben können alle zur Erfassung der Lieferdaten eingelesenen EDI-Belege durch verschiedene Such- und Visualisierungsfunktionen vom Nutzer angesehen werden. Die genannten Funktionen werden im Folgenden detailliert dargestellt.

6.2.4.1 Datenerfassung und Kennzahlenberechnung

Für das Einlesen der elektronisch ausgetauschten Auftragsbelege in das Kennzahlencockpit ist eine XML-basierte Beleg-Schnittstelle vorhanden. Als Schnittstellenformat wird der myOpenFactory Standard 3.1 verwendet. Alle übernommenen Belege müssen dementsprechend den Belegdefinitionen des myOpenFactory-Standards gehorchen.

Über die Schnittstelle wird der gesamte elektronisch ausgetauschte Nachrichtenverkehr parallel zur Verarbeitung im ERP-System in die Datenbank des Kennzahlencockpits übernommen und steht damit zur Berechnung der Lieferantenkennzahlen zur Verfügung. Die Verarbeitung eines neu über die Schnittstelle eingelesenen XML-Belegs verläuft in den folgenden Schritten:

- Der neue XML-Beleg wird in der Datenbank des Kennzahlencockpits abgelegt.
- Daneben wird der Belegkopf (Belegnummer, -art, Lieferant, etc.) zusätzlich in einer Tabelle gespeichert, um einen effizienten Zugriff des Nutzers auf die Belege zu ermöglichen.
- Des Weiteren werden die Artikeldaten aus den einzelnen, im Beleg enthaltenen Positionen in einer weiteren Tabelle abgelegt. Falls es zu dem gerade eingelesenen Beleg einen Vorgängerbeleg gibt (z.B. Bestellung auf Basis eines Angebots) und die betreffende Position bereits angelegt wurde, werden lediglich die aktuellen Daten der Position aus dem neuen Beleg übernommen und die vorhandenen Informationen überschrieben. Die hier abgelegten Daten sind neben der Artikel-

nummer und -beschreibung der Positionsstatus (angeboten, bestellt, geliefert, etc.) und die relevanten Termine, Preise und Mengeninformationen.

- Der Empfang einer neuen Nachricht bedeutet auch immer die Veränderung des Status einer Position. So verändert sich z.B. der Status einer im System als bislang „angeboten“ geführten Position durch das Verarbeiten einer passenden Bestellung auf den Status „bestellt“. Die Aktualisierung des Positionsstatus wird dabei durch die Positions-Transitions-Matrix gesteuert (vgl. Abbildung 6-6). Diese Matrix definiert alle möglichen Stausübergänge einer Position. Als Inputinformationen sind der aktuelle Status der Position und der Typ des zu verarbeitenden Belegs (Angebot, Bestellung, etc.) notwendig. Aus diesen Informationen lassen sich als Outputinformationen der neue Status der Position ablesen und alle für die weitere Verarbeitung der Position notwendigen Verarbeitungsprozesse.

- Anhand der durch den Statusübergang definierten Verarbeitungsprozesse werden die für die Kennzahlenberechnung notwendigen Kennzahleneinträge aus den Daten der gerade betrachteten Positionen erzeugt, z.B. das Auslesen des Liefertermins und die Berechnung der Termintreue. Hierzu sind zu jedem in der Positions-Transitions-Matrix definierten Statusübergang die notwendigen Berechnungsvorschriften hinterlegt.

- Neben der Berechnung der Basisdaten für die Kennzahlenberechnung werden durch den Statusübergang auch bestimmte, für die Prozesssteuerung relevante Fristen neu berechnet oder aber gelöscht. So wird z.B. die Angebotsfrist einer Position im Fall einer Bestellung gelöscht und damit der Mahnlauf eines überfälligen Angebots deaktiviert.

Damit werden nach Eingang eines neuen EDI-Belegs durch die beschriebene Prozesssteuerung alle Kennzahlendaten positionsweise berechnet. Somit wird eine Batchverarbeitung vermieden und die Daten zur Auswertung der Lieferantenleistung stehen stets aktuell zur Verfügung.

Neben dem beschriebenen Verarbeitungsprozess über die EDI-Schnittstelle können Kennzahlendaten auch direkt in die Kennzahlendatenbank des Kennzahlencockpits geschrieben werden. Dies ist sowohl für den kooperativen Datenaustausch mit den Partnerunternehmen als auch für individuelle Anbindungen bestehender Kennzahlendatenbanken notwendig.

von / nach	neue Position	angefragt	Anfrage abgelehnt	Anfrage zurückgezogen	Angebot überfällig/1. Mahnung	Angebot überfällig/2. Mahnung	Anfragefrist abgelaufen	Anfrage-Bestellfrist abgelaufen	angeboten
neue Postion									
angefragt	Anfrage								
Anfrage abgelehnt		Storno Lieferant			Storno Lieferant	Storno Lieferant	Storno Lieferant	Storno Lieferant	
Anfrage zurückgezogen		Storno Kunde			Storno Kunde	Storno Kunde	Storno Kunde	Storno Kunde	
Angebot überfällig/1. Mahnung		Mail: 1. Mahnung Angebot							
Angebot überfällig/2. Mahnung					Mail: 2. Mahnung Angebot				
Anfragefrist abgelaufen		Deadline abgelaufen			Deadline abgelaufen	Deadline abgelaufen			
Anfrage-Bestellfrist abgelaufen		Deadline Bestellfrist abgelaufen			Deadline Bestellfrist abgelaufen	Deadline Bestellfrist abgelaufen	Deadline Bestellfrist abgelaufen		
angeboten	Angebot	Angebot			Angebot	Angebot	Angebot	Angebot	
Angebot abgelehnt									Storno Kunde
Angebot zurückgezogen									Storno Lieferant
Angebotsfrist kurz vor Ablauf									Deadline kurz vor Ablauf
Angebotsfrist abgelaufen									Deadline abgelaufen
bestellt	Bestellung	Bestellung			Bestellung	Bestellung	Bestellung	Bestellung	Bestellung
Bestellung abgelehnt			Vorgang abgeschlossen	Vorgang abgeschlossen					
AB überfällig/1. Mahnung									
AB überfällig/2. Mahnung									
bestätigt									
Bestellung storniert									
Bestellung									

Abbildung 6-6: Ausschnitt aus der Positions-Transitions-Matrix

6.2.4.2 Standardisierung der erfassten Warengruppen

Wie im vorangegangenen Abschnitt beschrieben wurde, werden die Daten für eine automatisierte Lieferantenbewertung auf unterster Ebene auftrags- beziehungsweise artikelspezifisch erfasst und anschließend über verschiedene Ebenen zu einer Gesamtbewertung aggregiert. Dabei wird neben der Zusammenfassung der Daten zu der Gesamtbewertung eines Lieferanten auch die Bewertung verschiedener Warengruppen verfolgt. Zur Sicherstellung der problemlosen Aggregation, auch über Unternehmensgrenzen hinweg, muss daher bei der Datenerfassung, neben der Lieferantenzuordnung, auch die Warengruppe des beschafften Artikels eindeutig aufgenommen werden. Dem Anspruch einer standardisierten Datenerfassung muss somit auch die Klassifizierung der Warengruppen folgen. Einen Ansatzpunkt dafür bieten das Klassifizierungssystem nach eCl@ss[394] und die statistischen Warengruppen des statistischen Bundesamtes.

Über die Erfassung des nummerischen eCl@ss-Schlüssels bei jedem Datensatz zur Lieferantenbewertung ist die eindeutige und standardisierte Zuordnung der Teilbewertung zu einer Warengruppe sichergestellt und somit die problemlose Aggregation der Daten garantiert.

Neben den oben genannten Standards sind für die Definition der für den kooperativen Datenaustausch verbindlichen Warengruppen die von verschiedenen Unternehmen des Maschinen- und Anlagenbaus verwendeten Warengruppensystematiken verglichen und zusammengefasst worden. Das Ergebnis dieses Prozesses kann in Tabelle 9-15 des Anhangs gefunden werden. Die dargestellte Liste kann bei Bedarf problemlos erweitert werden und stellt mit ihrem Umfang lediglich einen Startpunkt dar.

6.2.4.3 Kennzahlenvisualisierung

Das Cockpit kann die Kennzahlendaten auf drei unterschiedliche Arten auswerten und dementsprechend visualisieren. Als Auswertungen stehen:

- eine Zeitreihendarstellung zur Visualisierung des zeitlichen Verlaufs einer einzelnen Kennzahl in unterschiedlichen Abnehmer-Lieferanten-Beziehungen,
- eine Portfoliodarstellung zum detaillierten Vergleich der zeitlich geglätteten Kennzahlenwerte in verschiedenen Abnehmer-Lieferanten-Beziehungen und
- eine tabellarische Übersicht für die Lieferantenbewertung eines einzelnen Lieferanten mit allen in Kapitel 5.2.1.3 definierten Kennzahlen zur Verfügung.

[394] eCl@ss gruppiert Materialien, Produkte oder Dienstleistungen anhand produktspezifischer Eigenschaften. Dabei helfen Sachmerkmalslisten zur Beschreibung der zu klassifizierenden Elemente. Über die Zusammenfassung spezifischer Merkmale wird eine Aggregation in verschiedene Warengruppen ermöglicht. ECl@ss unterscheidet dabei vier Ebenen: Sachgebiet (Ebene 1), Hauptgruppe (Ebene 2), Gruppe (Ebene 3), Untergruppe (Ebene 4). Den produktspezifischen Eigenschaften ist auf jeder Ebene ein nummerischer Schlüssel zugeordnet, der zusammengefasst einen achtstelligen Code bildet und jedes Material oder Produkt eindeutig beschreibt.

Die Zeitreihenansicht ermöglicht die Darstellung des zeitlichen Verlaufs einer Kennzahl (vgl. Abbildung 6-7). Die Verläufe werden für alle ausgewählten Lieferanten einzeln visualisiert und erlauben damit einen detaillierten Vergleich über die Entwicklung bestimmter Kennzahlen pro Lieferant.

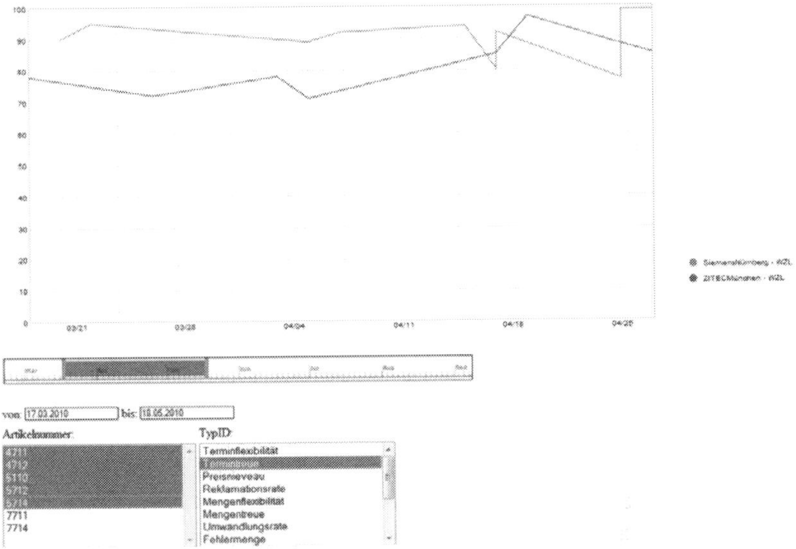

Abbildung 6-7: Screenshot „Zeitreihendarstellung der Kennzahlen" (gewählte Kennzahl Termintreue)

Die Portfoliodarstellung, siehe Abbildung 6-8, ermöglicht dabei den warengruppenspezifischen Vergleich von jeweils zwei Kennzahlen für eine Vielzahl ausgewählter Abnehmer-Lieferanten-Beziehungen innerhalb eines Portfolios.

Die Lieferantenbewertung stellt die Lieferantenkennzahlen und –scores in den einzelnen Bewertungsbereichen im Detail dar (vgl. Abbildung 6-9).

Die vom Anwender gewünschte Auswertung kann über einen Wizard spezifiziert und angewählt werden (vgl. Abbildung 6-10). Technisch werden durch den Wizard in einem dreischrittigen Auswahlprozess aus der Gesamtheit aller vorhandenen Kennzahlendaten die für die gewünschte Analyse notwendigen Daten ausgewählt und für die jeweilige Visualisierungsform aufbereitet.

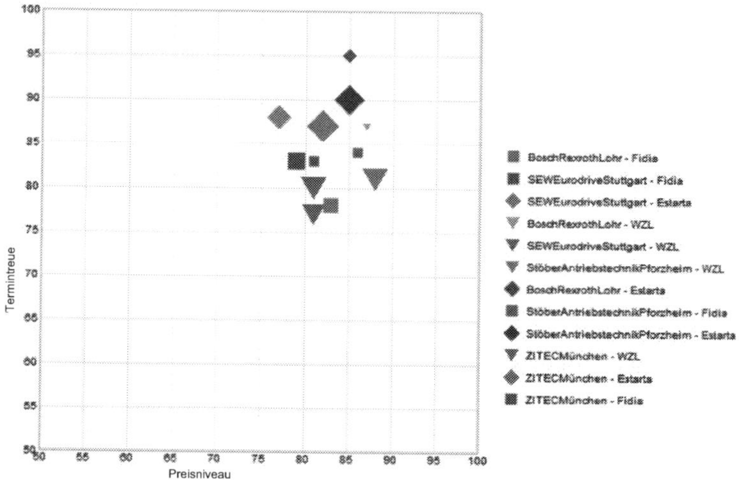

Abbildung 6-8: Screenshot „Portfoliodarstellung der Kennzahlen“

SiemensNürnberg - WZL | GebeleinFranken - WZL | SEWEurodriveStuttgart - WZL

Hauptkriterium Teilkriterium	Gewichtung		Punktzahl (1-100)	Punktzahl gewichtet
Einkauf	30%			
Preisstabilität (EZ1)		30%	80,00	
Umwandlungsrate (EZ2)		15%	92,00	
Preisniveau (EZ3)		55%	65,00	
Gesamte Teilpunktzahl			73,55	
Gewichtete Gesamtpunktzahl				22,07
Qualität	15%			
Reklamationsquote (QZ1)		20%	95,00	
Fehlermenge (QZ2)		80%	87,00	
Gesamte Teilpunktzahl			88,60	
Gewichtete Gesamtpunktzahl				13,29
Logistik	55%			
Lieferzuverlässigkeit (LZ1)		25%	87,00	
Lieferbereitschaft (LZ2)		25%	32,00	
Lieferflexibilität (LZ3)		25%	76,00	
Änderungsrate des Lieferanten (LZ4)		25%	90,00	
Gesamte Teilpunktzahl			71,25	
Gewichtete Gesamtpunktzahl				39,19
Summe	100%			74,55

Abbildung 6-9: Screenshot „Darstellung der Lieferantenscores“

Mit dem ersten Auswahlschritt des Wizards legt der Anwender den Analysezeitraum und damit den Betrachtungszeitraum der Kennzahlendaten fest. In einem zweiten Schritt werden diese Daten auf die zu betrachtenden Lieferanten, Warengruppen und Kooperationspartner eingeschränkt. Der dritte Schritt dient schließlich der Auswahl der gewünschten Auswertung und stößt damit die ggf. notwendigen Aggregationsprozesse für die Visualisierung (z.B. Mittelwertbildung bei der Portfoliodarstellung) an.

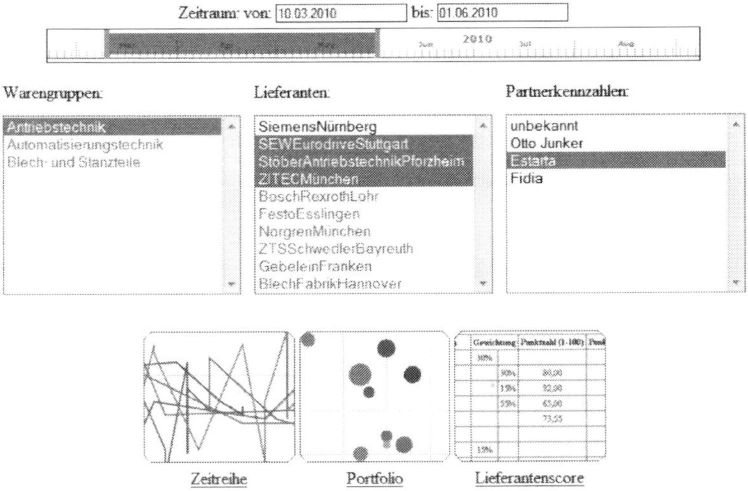

Abbildung 6-10: Screenshot „Kennzahlen-Wizard“

6.2.4.4 Visualisierung der EDI-Belege und des Positionsstatus

Um den Anwendern neben der Kennzahlenanalyse auch Zugriff auf die eingelesenen EDI-Belege zu geben, verfügt das Kennzahlencockpit über verschiedene Funktionen zur Belegvisualisierung und –suche. Alle über die Belegschnittstelle gespeicherten EDI-Belege werden daher auf drei Arten verwaltet und visualisiert.

Einerseits können alle Daten eines EDI-Belegs als Gesamtbeleg dargestellt werden (vgl. Abbildung 6-11). Daneben wird für eine schnelle Suche nach einzelnen Auftragsbelegen eine Belegliste angeboten. Hier werden lediglich die Beleg-Köpfe in Listenform mit den Feldern Firma, Belegnummer, Belegart, Deadline sortierbar dargestellt. Per Klick kommt man vom Listeneintrag zur Darstellung des ausgewählten Gesamtbelegs.

Abbildung 6-11: Screenshot „Belegansicht“

Den aktuellen Status einer bestimmten Auftragsposition (z.B. „bestellt“, „geliefert“ oder „reklamiert“) gibt die Positionsliste wieder. Alle durch das System verwalteten Positionen werden hier in Listenform dargestellt. Angezeigt werden, neben der entsprechenden Artikelnummer, dem Lieferanten, Menge, Termin und Preis, der aktuelle Status der Position. Ähnlich der Belegliste kommt man auch hier per Klick zur Anzeige des jeweiligen Gesamtbelegs. Neben dem aktuellen Status wird in der Positionsliste die Statushistorie einer Position durch Aufklappen angezeigt (vgl. Abbildung 6-12). Alle Positionseinträge sind such- und sortierbar z.B. nach Lieferant oder Positionsstatus.

6.2.4.5 Up- und Downloadfunktionen für den Benchmarking-Server

Das Kennzahlencockpit bildet die Schnittstelle zwischen den unternehmens-individuellen Lieferdaten und den standardisierten Lieferdaten des Benchmarking-Servers. Mittels der Upload-Funktion werden die unternehmenseigenen Lieferdaten entsprechend der gewählten Konfigurationseinstellungen aus der Datenbank des Cockpits extrahiert und können so an den Benchmarking-Server versendet werden.

Wie bereits beschrieben werden dort entsprechend der in den Konfigurationsdaten enthaltenen Einstellungen die Datensätze aus dem Kennzahlencockpit mit den anderen auf dem Server gespeicherten Datensätzen gepoolt und dann für das entsprechende Kennzahlencockpit zum Download bereitgestellt.

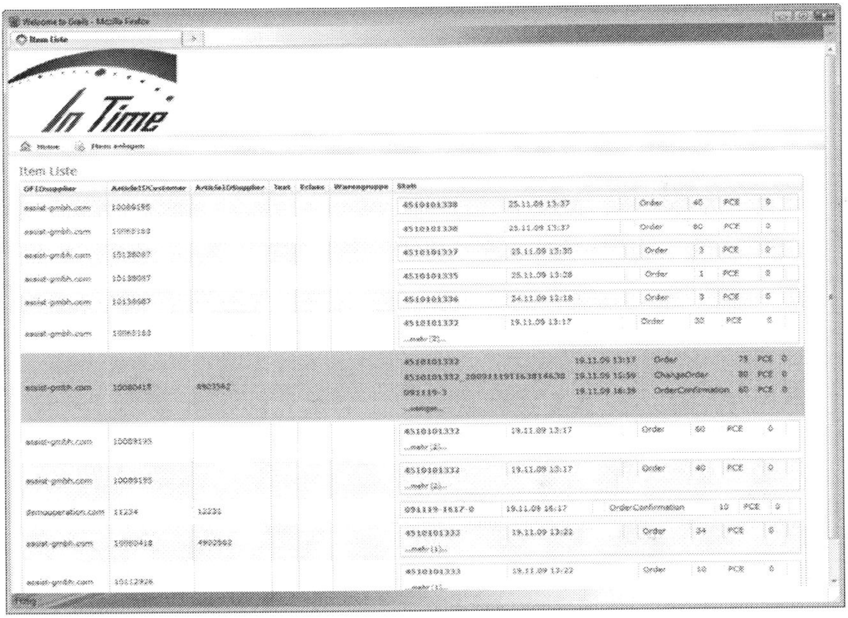

Abbildung 6-12: Screenshot „Positionsliste" mit Aufgeklappter Historie einer Position

6.3 Reflexion der Ergebnisse

Zum Abschluss soll nun eine kritische Reflektion erfolgen, um den Gültigkeitsbereich des kooperativen Lieferantenmanagements zu bestimmen und um weiteren Forschungsbedarf aufzuzeigen.

Der langfristig positive Einsatz der beschriebenen Instrumente des kooperativen Lieferantenmanagements muss sich in der Praxis noch bewähren. Ein wesentlicher Teil des beschriebenen Nutzenpotenzials für den mittelständischen Maschinen- und Anlagenbau entfaltet sich erst bei einem branchenweiten Einsatz der beschriebenen Instrumente. Das Interesse am Einsatz der Instrumente des kooperativen Lieferantenmanagements lässt sich anhand der Ergebnisse der Studie „Beschaffungslogistik im

Maschinen- und Anlagenbau“ aber bereits abschätzen. Hier hat sich gezeigt, dass mittelständische Unternehmen bereit sind, ihre Lieferanten gemeinsam zu bewerten und dass sie auf dieser Basis auch weitergehende Anreizsysteme gemeinschaftlich nutzen wollen.

Das Beispiel der Mägerle AG zeigt, dass mit den heute verfügbaren Instrumenten des Lieferantenmanagements Kernlieferanten effektiv gesteuert werden können. Für den flächendeckenden Einsatz von Anreizsystemen fehlt jedoch die Durchsetzbarkeit auf dem Markt. Für Dr. Roland Rütti, Vorsitzender der Geschäftsführung, ist klar, woran dies liegt. Es fehlt der Hebel gegenüber den Lieferanten. Diese sind aktuell bei der Auftragseinplanung nicht anreizgetrieben, so dass diese Instrumente des Lieferantenmanagements bei B- oder C-Lieferanten kaum wahrgenommen werden. Die Zulieferer sind so stark an ihrem Tagesgeschäft orientiert, dass sie selbst Pönalen billigend in Kauf nehmen, wenn diese nur von einzelnen Unternehmen mit geringem Beschaffungsvolumen eingesetzt werden. Ziel muss deshalb in einem ersten Schritt sein, eine branchenweite Sensibilisierung der Lieferanten für Anreizsysteme zu erreichen, so Rütti. Dies kann nur gemeinsam erfolgen. Unternehmensübergreifende Konzepte erzeugen einen größeren Hebel und somit eine höheres „Drehmoment“, also eine höhere Wahrnehmung und Durchsetzbarkeit bei den Zulieferern.[395]

Neben der branchenweiten Sensibilisierung für das Thema der kooperativen Lieferantensteuerung ist ein weiteres Ziel die Schaffung eines unabhängigen Lieferanten-Gütesiegels auf Basis der kooperativ erfassten Lieferantenbewertungen. Als Vergabestelle für ein solches Gütesiegel kommt nur eine zentrale, von allen Marktteilnehmern gleichsam akzeptierte Stelle in Frage. Dies könnte z.B. der VDMA sein. Ein solches Gütesiegel würde damit eine ähnliche Funktion wie die Produktbewertungen der Stiftung Warentest in der Konsumgüterindustrie erhalten.

[395] vgl. Schuh (Beschaffungslogistik), 2009, S. 28.

7 Zusammenfassung

Der deutsche Maschinen- und Anlagenbau steht durch die fortschreitende Globalisierung unter einem zunehmenden Wettbewerbsdruck. Der technische Vorsprung gegenüber der Konkurrenz aus den Schwellenländern wird zusehends geringer, während sich ein vollständiger Ausgleich der globalen Lohnkostenunterschiede nicht andeutet. Die daraus entstehenden Wettbewerbsnachteile muss der deutsche Maschinenbau durch eine effizientere Leistungserstellung ausgleichen.

Als schwer immitierbarer Standortvorteil der deutschen Unternehmen gilt dabei die kooperative Zusammenarbeit in dynamischen, teils projektspezifischen Produktionsnetzwerken. Die so entstehenden Kompetenznetzwerke stellen die hohe Qualität und Innovativität deutscher Erzeugnisse sicher und helfen, bestehende Kostennachteile zu kompensieren.

Die zunehmende Dynamik auf den Absatz- und Beschaffungsmärkten stellt dabei neue Anforderungen an die Koordination der Lieferanten in diesen Netzwerken. In den vergangenen Jahren ist es zu einem wachsenden Kontrollverlust der überwiegend mittelständischen Maschinenbauer gegenüber ihren Lieferanten gekommen. So wurde im Jahre 2008 ca. ein Sechstel aller Zulieferteile in der Branche verspätet angeliefert. Diese mangelhafte Liefertreue musste auf Abnehmerseite durch kostspielige Sicherheitsbestände und Kapazitätsreserven kompensiert werden. Studien weisen für die besonders stark betroffenen Einzel- und Kleinserienhersteller Einsparpotenziale durch eine optimierte Lieferantenkoordination von mehr als fünf Prozent des Umsatzes aus.

Supply Chain Management-Konzepte, die in anderen Branchen erfolgreich zur Lieferantenkoordination eingesetzte werden, scheitern bei den mittelständischen Maschinenbauern am Widerstand der Lieferanten. Der mittelständische Maschinenbauer verfügt als B- oder C-Kunde bei der Mehrzahl seiner Lieferanten nicht über die zur Durchsetzung der Konzepte notwendige Einkaufsmacht. Aufgrund der mangelhaften Übertragbarkeit existierender Konzepte basiert die Steuerung der Lieferketten im Maschinenbau nach wie vor lediglich auf den Preismechanismen des Marktes.

Wie die geringe Lieferleistung der Lieferanten belegt, führt dies aber nicht zu einer optimalen Koordination. Im Sinne volkswirtschaftlicher Theorien kann daher von einem Marktversagen aufgrund von Informationsasymmetrien in den Beschaffungsmärkten gesprochen werden, d.h. weder das Leistungsniveau noch die tatsächlichen Lieferpräferenzen der Lieferanten sind für den Maschinenbauer transparent bzw. beeinflussbar. Teile der Beschaffungsmärkte sind daher heute vom Opportunismus der Lieferanten geprägt.

Konkret konnten drei Defizite aus Sicht der Abnehmer bei der Koordination ihrer Lieferanten identifiziert werden: erstens die geringe Wirksamkeit der Instrumente der Lieferantenbeeinflussung aufgrund der geringen Einkaufsmacht der Abnehmer die eine aktive Einflussnahme auf die Prozesse bei den Lieferanten verhindert, zweitens die geringe Transparenz über die Lieferleistung der eigenen Lieferanten aber auch über die in den Beschaffungsmärkten erreichbaren Bestleistungen und drittens das Zielsystem des Einkaufs, das die Materialpreisreduktion in den Vordergrund der Lieferantensteuerung stellt.

Ziel dieser Arbeit war es, die Koordinationsprozesse im Maschinenbau mit dem kooperativen Lieferantenmanagement so weiterzuentwickeln, dass die bestehenden Defizite aufgelöst werden und für einen mittelständischen Maschinenbauer eine wirksame Lieferantensteuerung möglich wird.

Die grundlegende Organisation der Abnehmer-Lieferanten-Beziehungen durch den Preismechanismus wurde dabei beibehalten und lediglich um Instrumente zur Beseitigung der Informationsasymmetrien erweitert. In Anlehnung an die Mechanismus-Design-Theorie von HURWITZ und REITER wurde der neue Koordinationsmechanismus in drei Schritten entwickelt.

Im ersten Schritt wurden die Anforderungen an die Mechanismuserweiterung thesenartig formuliert. Die erste unter Kapitel 4.2 genannte Hypothese beschreibt den notwendigen Wandel im Zielsystem des Einkaufs von der „Minimierung der Materialpreise" hin zur „Optimierung der Gesamtkosten (Total-Cost-of-Ownership)" bei einer Vergabeentscheidung. Die zweite These definiert die automatische Erfassung der Lieferleistung durch EDI als notwendige technische Voraussetzung zur Reduzierung der bestehenden Transparenzdefizite. Die dritte These beschreibt den Machtgewinn durch eine Koalition der Abnehmer als Voraussetzung für eine wirksame Lieferantensteuerung und damit eine effiziente Unterdrückung des heute vorherrschenden Opportunismus der Lieferanten.

Zur Umsetzung der Hypothesen wurden in einem zweiten Schritt vier Koordinationsinstrumente abgeleitet. Deren genaue Funktionsweise wurde im Anschluss an den Beweis der wirtschaftlichen Umsetzbarkeit (dritter Schritt) beschrieben.

Als erstes Instrument wurde der Aufbau einer Total-Cost-of-Ownership-Berechnung mittels eines morphologischen Kastens durch den Einkauf beschrieben. Der entwickelte morphologische Kasten enthält alle Merkmale zum unternehmensspezifischen Aufbau einer TCO-Berechnungsmodells. Ziel einer TCO-Bewertung ist es, die gesamten durch den Fremdbezug eines Gutes verursachten Kosten zu betrachten und nicht nur den Materialpreis. Der Einkauf wird damit für das Thema Versorgungssicherheit bzw. Lieferleistung der Lieferanten sensibilisiert und bei der notwendigen ganzheitlichen Bewertung seiner Vergabeentscheidung methodisch unterstützt.

Als zweites Instrument wurde die Nutzung eines EDI-Systems bzw. Lieferantenportals zur automatischen Erfassung aller relevanten Lieferdaten und damit einer kontinuierlichen Messung und Analyse der Lieferleistung aller Lieferanten beschrieben. Da es für den elektronischen Austausch von Lieferdaten bereits eine Vielzahl kommerzieller Softwaresysteme gibt, stand bei der Betrachtung die Beschreibung der besonderen Anforderungen der mittelständischen Maschinenbauer an diese Systeme im Vordergrund.

Im Anschluss wurde die kooperative Lieferantenbewertung als drittes Instrument beschrieben. Die kooperative Lieferantenbewertung ermöglicht jedem interessierten Abnehmer die eigenen Lieferantenbewertungen mit einer Vielzahl anderer Abnehmer zu teilen, um dadurch als Gegenleistung Zugriff auf die Bewertungen aller anderen kooperierenden Abnehmer zu erhalten. Dieser Datenaustausch ist von besonderem Interesse, da es durch die geringen Verbräuche in den einzelnen Abnehmer-Lieferanten-Beziehungen an der für eine aktive Steuerung der Lieferanten notwendigen Transparenz mangelt. Schwerpunkt des für die kooperative Lieferantenbewertung entwickelten, standardisierten Kennzahlensystems ist die Erfassung der Logistikleistung in den Dimensionen Lieferbereitschaft, Lieferflexibilität, Liefertreue und Änderungsrate des Lieferanten.

Auf Basis der kooperativen Lieferantenbewertung setzt als viertes Instrument die kooperative Anreizgestaltung auf. Die erhöhte Transparenz aus der kooperativen Lieferantenbewertung wird dabei genutzt, um sowohl immaterielle Anreize als auch materielle Anreize zur Steuerung der Lieferanten einzusetzen. Während die monetären Anreize direkt das Gewinnstreben des Lieferanten adressieren, beeinflussen die immateriellen Anreize langfristig die Reputation des Lieferanten im Markt. Eine gute Reputation ist die Basis einer nachhaltigen Umsatzsicherung bzw. –steigerung und wirkt damit langfristig auf das Ziel der Gewinnmaximierung des Lieferanten ein. Als immaterielle Anreize wurden eine öffentliche Auszeichnung der branchenweit besten Lieferanten und eine gemeinschaftliche Lieferzeitenüberwachung und –prognose umgesetzt. Im Bereich der monetären Anreize wurden die Vergabe von Pönalen bzw. Boni und Alternativ die Erhöhung der Lieferquote für eine bestimmte Lieferleistung beschrieben.

Die Validierung der beschriebenen Koordinationsinstrumente erfolgt innerhalb des von der EU geförderten Projektes „InTime“ durch drei mittelständische Maschinen- und Anlagenbauer. Dazu wurden die Instrumente der kooperativen Lieferantenbewertung und Anreizgestaltung in einem IT-Prototypen umgesetzt. Dieser ermöglicht die Erstellung standardisierter Lieferantenbewertungen und bietet die notwendigen Analyse- und Kooperationsfunktionen zur gemeinschaftlichen Bewertung des Lieferantenportfolios. Des Weiteren wurde mit dem Community-Portal ein Werkzeug zum Aufbau einer öffentlichen Lieferantenauszeichnung geschaffen.

Weiterer Forschungsbedarf liegt in der detaillierten Ausgestaltung weiterer Anreizformen und deren Wirkung auf die Kapazitätsallokation im Lieferantenmarkt des Maschinenbaus. Überlegungen in diesem Sinne können auch zu neuen Erkenntnissen im Bereich des Global Sourcings aus Low Labour Cost Countries (LLCC) in der Einzel- und Kleinserie führen.

8 Literaturverzeichnis

Ackermann, K.-F. (Anreizsysteme):
Anreizsysteme, Sp.156-163, in: Glochla, E.; Wittmann, W. (Hrsg.): Handwörterbuch der Betriebswirtschaft. 4. Auflage, Poeschel Verlag, Stuttgart, 1974.

Adam, D. (Planung und Entscheidung):
Planung und Entscheidung, 4. Aufl., Gabler Verlag, Wiesbaden, 1996.

Akerlof, G. E. (The Market for Lemons):
The Market for Lemons: Quality Uncertainty and the Market Mechanism, S. 488-500, in: Quaterly Journal of Economics, Volume 84, Issue 3, 1970.

Alicke, K. (Supply Chain Management):
Planung und Betrieb von Logistiknetzwerken, Unternehmensübergreifendes Supply Chain Management, 2., neu bearbeitete und erweiterte Aufl., Springer-Verlag, Berlin, Heidelberg, 2005

Alparslan, A. (Prinzipal-Agent-Theorie):
Strukturalistische Prinzipal-Agent-Theorie – Eine Reformierung der Hidden-Action-Modelle aus der Perspektive des Strukturalismus, Dissertation an der Universität Duisburg-Essen, Deutscher Universitäts-Verlag, Essen, 2005.

Appelfeller, W.; Buchholz, W. (Supplier Relation Management):
Supplier Relation Management. Strategie, Organisation und IT des modernen Beschaffungsmanagements. Gabler Verlag, Wiesbaden, 2005.

Arnold, V.; Dettmering, H.; Engel, T.; Karcher, A. (Product Lifecvcle Management):
Product Lifecvcle Management beherrschen, Springer Verlag, Berlin u.a., 2005.

Arnolds, H.; Heege, F.; Tussing, W. (Materialwirtschaft und Einkauf):
Materialwirtschaft und Einkauf. Praxisorientiertes Lehrbuch. 10. Auflage. Gabler Verlag, Wiesbaden, 2001.

Auer, J. (Zukunftsmärkte):
Zukunftsmärkte für den ostdeutschen Maschinenbau: Chancen in den globalen Wachstumszentren. Vortrag auf dem Expertenforum Maschinenbau 2008, Leipzig, 2008.

Bach, N.; Buchholz, W.; Eichler, B. (Geschäftsmodelle für Netzwerke):
Geschäftsmodelle für Wertschöpfungsnetzwerke, Gabler Verlag, Wiesbaden, 2003.

Back, M. (Integriertes Beschaffungskonzept):
Erstellen eines integrierten Beschaffungskonzeptes bei Freudenberg Schwingungstechnik Industrie GmbH & Co. KG, IPL-Magazin 03, 2008

Bauernhansl, T. (Maschinenbau):
Bewertung von Synergiepotenzialen im Maschinenbau. Dissertation RWTH Aachen, 2003.

Baumbach, M. (After-Sales-Management):
After-Sales-Management im Maschinen- und Anlagenbau. 2. Auflage, Transfer-Verlag, 2004.

Bea, F.X; Haas, J. (Strategisches Management):
Strategisches Management, 4. Auflage, Lucius & Lucius Verlagsgesellschaf, Stuttgart, 2005.

Becker, F. G. (Ausgestaltung eines strategisch orientierten Anreizsystems):
Zur Ausgestaltung eines strategisch orientierten Anreizsystems: Anforderungen und Gestaltungsmerkmale zur Beeinflussung des strategischen Leistungssystems, Zeitschrift für Führung und Organisation; Vol.56, S.159-164, 1987.

Beer, S. (Kybernetik und Management):
Kybernetik und Management, Verlag S. Fischer, Hamburg, 1959.

Bleicher, K. (Integriertes Management):
Das Konzept Integriertes Management. 5., revidierte und erweiterte Auflage, Campus Verlag, Frankfurt/New York, 1999

Bloech, J. (Beschaffungslogistik):
Beschaffungslogistik, S.246-254. in: Kern, W., et. al: Enzyklopädie der Betriebswirtschaftslehre. Bd. 7. Handwörterbuch der Protektionswirtschaft. 2. Aufl. Schäffer-Poeschel Verlag, Stuttgart, 1996.

BME - Bundesverband Materialwirtschaft, Einkauf und Logistik e.V. (Best Pratice):
Mit Best Practice im Supply Chain Management zur Optimierung der Wertschöpfungskette, Frankfurt am Main, 2000.

BMWi (Branchenfokus):
Bundesministerium für Wirtschaft und Technologie: Branchenfokus: http://www.bmwi.de/BMWi/Navigation/Wirtschaft/branchenfokus,did=196380.html, aufgerufen am 20.04.2010.

Bodendorf, F.; Robra-Bissantz, S. (E-Business-Management):
E-Business-Management. Springer Verlag, Berlin u.a., 2006.

Boutellier, R.; Wagner, S.M.; Wehrli, H.P. (Handbuch Beschaffung):
Handbuch Beschaffung. Strategien - Methoden – Umsetzung, Hanser Verlag, 2003.

Brandenberg, A. (Anreizsysteme zur Unternehmenssteuerung):
Anreizsysteme zur Unternehmenssteuerung: Gestaltungsoptionen, motivationstheoretische Herausforderungen und Lösungen; Deutscher Universitätsverlag, Wiesbaden, 2001.

Brecher, C. (Integrative Produktionstechnik):
Integrative Produktionstechnik für Hochlohnländer (VDI-Buch), Springer Berlin Heidelberg; Auflage: 1. Auflage, 2011

Brenner, W.; Wenger, R. (Elektronische Beschaffung):
Elektronische Beschaffung. Stand und Entwicklungstendenzen, Springer Verlag, Berlin, Heidelberg, New York, 2007.

Brettschneider, G. (Beschaffung im Handel):
Beschaffung im Handel unter besonderer Berücksichtigung der Auswirkungen von ECR. Lang, Frankfurt am Main, 2000.

Broda, S. (Marketing-Praxis):
Marketing-Praxis. Ziele, Strategien, Instrumentarien. 2. überarbeitete und erweiterte Aufl., Gabler Verlag, Wiesbaden, 2005

Brösse, U. (Mirkoökonomie):
Einführung in die Volkswirtschaftslehre: Mikroökonomie, 3 Aufl., Oldenbourg Verlag, 1999.

Brosze, T.; Bauhoff, F.; Stich, V.; Fuchs, S. (HRSCM):
High Resolution Supply Chain Management - Resolution of the Polylemma of Production by Information Transparency and Organizational Integration; in Advances in Production Management Systems New Challenges New Approaches (2010); Volume: 338, Springer Boston, S.325-332.

Bullinger, H. J. (Standort Deutschland):
Forschung und Entwicklung in der Produktion – Kernkompetenz für Marktwachstum, S. 1-12. in: Brecher, C., Klocke, F. Schmitt, R., Schuh, G. (Hrsg.): Wettbewerbsfaktor Produktionstechnik - Aachener Perspektiven, Apprimus Verlag, Aachen, 2008

Büsch, M. (Strategischer Einkauf):
Praxisbuch strategischer Einkauf. Methoden, Verfahren, Arbeitsblätter für professionelles Beschaffungsmanagement. Gabler Verlag, Wiesbaden, 2007.

Campbell, D. E. (Incentives):
Incentives: Motivation and the Economics of Information, 2nd edition, Cambridge 2006.

Child, J.; Faulkner, D. (1998) (Co-operation):
Strategies of Co-operation, Managing Alliances, Networks, and Joint Ventures, Oxford University Press, New York, 1998.

Coase, R. (Nature of the Firm):
The Nature of the Firm, Economica, Vol. 4, No. 16, S. 386-405, The London School of Economics and Political Science, 1937.

Corsten, H.; Reiß, M. (Betriebswirtschaftslehre)
Betriebswirtschaftslehre; Band 1. 4. Aufl., Oldenbourg Wissenschaftsverlag, München, 2008.

Corsten, H. (Internationales SCM):
Gestaltungsfelder des internationalen Supply Chain Management, Nr. 42 der Schriften zum Produktionsmanagement, Kaiserslautern, 2001.

Dales, J. H. (Pollution, Property & Prices):
Pollution, Property & Prices: An Essay in Policy-Making and Economics; Toronto, 1968.

Disselkamp, M., Schüller, R. (Lieferantenrating):
Lieferantenrating. Instrumente, Kriterien, Checklisten. Gabler Verlag, Wiesbaden, 2004

Diller, H. (Beziehungsmanagement):
Beziehungsmanagement, S. 285-300, in: Tietz, B., Köhler, R., Zentes, J. (Hrsg.): Handwörterbuch des Marketings. 2. Aufl., Schäffer-Poeschel Verlag, Stuttgart, 1995.

Dressler, M. (Vergütungssysteme):
Erfolgreiche Vergütungssysteme im deutschen Einzelhandel: Arbeitsmotivation durch erfolgsabhängige Entlohnung, Diss., Frankfurt am Main, 1998.

Dutta, P. K. (Strategies and Games):
Strategies and Games – Theory and Praxis; MIT Press, Cambridge, 1999.

DWDS - Das Digitale Wörterbuch der deutschen Sprache des 20. Jh. (Koordination):
http://www.dwds.de/?kompakt=1&qu=Koordintion, aufgerufen am 25.11.2009.

Eichle, B. (Beschaffungsmarketing und –logistik):
Beschaffungsmarketing und –logistik. Strategische Tendenzen der Beschaffung. Prozessphasen und Methoden. Organisation und Controlling. Verlag Neue Wirtschafts-Briefe, Herne, Berlin, 2003.

Eisenhut, P. (VWL):
Aktuelle Volkswirtschaftslehre 06/07; Verlag Rügger, Zürich, 2006.

Ellram, L.M. (Supply Chain):
TCO – Adding Value to the Supply Chain. Arizona State University, W.P. Carey School of Business, Department for Supply Chain Management, Tempe, USA.

Ellram, L.M. (Supplier Selection Decision):
The Supplier Selection Decision in Strategic Partnerships. In: Journal of Purchasing and Materials Management, Fall 1990, S.8-14.

Ellram, L. M. (Framework of Total Cost of Ownership):
A Framework of Total Cost of Ownership. In: International Journal of Logistics Management 4 (1993) 2, S.23-36.

Ellram, L. M.; Edis, O.R.V. (Successful Partnership Implementation):
A Case Study of Successful Partnership Implementation. In: International Journal of Purchasing and Materials Management. Band 32 Nr. 4, 1996, S.20-28.

Ellram, L. M. (Total Cost of Ownership):
Total Cost of Ownership, S.595-607, in: Hahn, D.; Kaufmann, L.: Handbuch industrielles Beschaffungsmanagement, Gabler Verlag, Wiesbaden, 1999.

Erlei, M.; Leschke, M.; Sauerland, D. (Institutitonenökonomik):
Neue Institutitonenökonomik, 2. Aufl., Schäffer-Poeschel Verlag, Stuttgart, 2007

Eurostat (Statistikdaten):
European Business-facts and figures. 2009 edition, Office for Official Publications of the European Communities, Luxembourg, 2009.

Fees, E. (Mikroökonomie):
Mikroökonomie: Eine spieltheoretisch- und anwendungsorientierte Einführung, 2. Aufl., Marburg, 2000.

Fleisch, E.; Subirana, B.; Sarma, S. (High Resolution Management):
High Resolution Management; IESE Alumni Magazine / JULY - SEPTEMBER 2006; Seite.1-13.

Fleischer J.; Herm, M.; Schell, M.-O. (Wertschöpfung):
Wertschöpfung in Netzwerken, in: ZWF Zeitschrift für wirtschaftlichen Fabrikbetrieb (Hrsg.): Produktion in Netzwerken, Carl Hanser Verlag, München, 2004.

Flick, U. (Forschung):
Qualitative Forschung: Theorie, Methoden, Anwendung in der Psychologie und Sozialwissenschaften, Rowohlt Taschenbuch, Hamburg, 1996.

Franke, H. - J. (Variantenmanagement):
Variantenmanagement in der Einzel- und Kleinserienfertigung. Hanser Verlag, München, 2002.

Gabath, Ch. W. (Gewinngarant Einkauf):
Gewinngarant Einkauf. Nachhaltige Kostensenkung ohne Personalabbau. Gabler Verlag, Wiesbaden, 2008.

Gabler (Wirtschaftslexikon):
Wirtschaftslexikon, 15. Aufl., Gabler Verlag, 2001

Gausemeiser, J.; Hahn, A.; Kespohl, H. D.; Seifert, L. (Produktentwicklung):
Vernetzte Produktentwicklung, Hanser Verlag, München, Wien, 2005.

Glantschnig, E. (Lieferantenbewertung):
Merkmalsgestütze Lieferantenbewertung, Förderungsgesellschaft Produktmarketing e.V., Köln, 1994.

Glässner, J. (Beschaffungslogistische Prozesskette):
Modellgestütztes Controlling der beschaffungslogistischen Prozesskette, Fortschr.-Ber. VDI Reihe 2 Nr. 337, VDI-Verlag, Düsseldorf, 1995.

Gronau, N. (Kollaborative Engineering Communities):
Kollaborative Engineering Communities; Arbeitsbericht WI2001-01, Universität Oldenburg, Oldenburg, 2001.

Jahns, C. (Supply-Strategie):
Formulierung der Supply-Strategie, in: Beschaffung aktuell, 6/2003, 2003

Hagen, R. (Anreizsysteme):
Anreizsysteme zur Strategiedurchsetzung, R.F. Wilfer Verlag, Spardorf, 1985.

Handelsblatt (Mechanismus):
Nobelpreis für Wirtschaft – Der schwer begreifliche Mechanismus; Ausgabe vom 15.10.2007, Verlagsgruppe Handelsblatt, 2007.

Hart, O.; Holmstrom, B. (The theory of contracts):
The theory of contracts, Cambridge 1987, in: Bewley, T. (Hrsg.): Advances in economic theory, 1987.

Harting, D. (Lieferanten-Wertanalyse):
Lieferanten-Wertanalyse: ein Arbeitshandbuch mit Checklisten und Arbeitsblättern für Auswahl, Bewertung und Kontrolle von Zulieferern, Schriften zum Marketing 2., völlig überarb. und erw. Aufl., Schäffer-Poeschel, Stuttgart, 1994.

Hartmann, H. (Lieferantenmanagement):
Lieferantenmanagement. Gestaltungsfelder, Methoden, Instrumente. Deutscher Betriebswirte Verlag, Gernsbach, 2004.

Hartmann, H.; Orths, H.; Pahl, H.-J. (Lieferantenbewertung):
Lieferantenbewertung – aber wie? Lösungsansätze und erprobte Verfahren. 4. Auflage. Deutscher Betriebswirte Verlag, Gernsbach, 2008.

Haslinger, F. (WiSt):
Wirtschaftswissenschaftliches Studium (WiSt), 11. Jg., Heft 5, Regensburg 1982.

Hein, D. (Strategisches Risikomanagement)
Strategisches Risikomanagement im Maschinen- und Anlagenbau. Dissertation an der RWTH Aachen. Berichte aus der Produktion. Band 10/2007. Shaker, Aachen, 2007.

Heinen, E. (Betriebswirtschaftslehre):
Einführung in die Betriebswirtschaftslehre, 9. Aufl., Gabler, Wiesbaden, 1985.

Hess, G. (Supply-Strategien):
Supply-Strategien in Einkauf und Beschaffung. Systematischer Ansatz und Praxisfälle, Gabler Verlag, Wiesbaden, 2008.

Hofbauer, G.; Mashhour, T.; Fischer, M. (Lieferantenmanagement):
Lieferantenmanagement. Die wertorientierte Gestaltung der Lieferbeziehung, Oldenbourg Verlag, München, 2009.

Hoffmann, R.; Lumbe, H.-J. (Lieferantenbewertung):
Lieferantenbewertung – der erste Schritt zum Lieferantenmanagement. in: Hildebrandet, H.; Koppelmann, U. (Hrsg.): Beziehungsmanagement mit Lieferanten. Konzepte, Instrumente, Erfolgsnachweise, Schäffer-Poeschel Verlag, Stuttgart, 2000.

Hubmann, H.-E., Barth, M. (Strategiebewusstsein im Einkauf):
Das neue Strategiebewusstsein im Einkauf, in: Beschaffung aktuell, 10/1990, 1990

Hurwicz, L.; Reiter, S. (Economic Mechanisms):
Designing Economic Mechanisms, Cambridge University Press, Cambridge, 2006.

Janker, CH. G. (Multivariante Lieferantenbewertung):
Multivariante Lieferantenbewertung. Empirisch gestützte Konzeption eines anforderungsgerechten Bewertungssystems, 2. aktualisierte und erweiterte Auflage, Gabler Verlag, Wiesbaden, 2008.

Kampker, A.; Schuh, G.; Franzkoch, B.; Potente, T.; Welter, T. (Adaptive Logistics):
Adaptive Logistics-Simulation based decision making in assembly planning and – control, in: Innovative Developments in Design and Manufacturing - Advanced Research in Virtual and Rapid Prototyping - Proceedings of VR@P4, Portugal, Hrsg.: Bartolo, et.al..; CRC Press/Taylor&Francis, Inc. Leiria, Portugal 2009, S. 613-617.

Kampker, A.; Schuh, G.; Franzkoch, B.; Attig, P. (Delivery Reliability):
Delivery Reliability in Non-Hierarchical Manufacturing Networks, in: 3rd International Conference on Changeable, Agile, Reconfigurable and Virtual Production, Hrsg.: Zaeh, M., 1. Aufl. , Herbert Utz Verlag München 2009, S. 184-192.

Kieser, A.; Kubicek, H. (Organisationstheorien II):
Organisationstheorien II – kritische Analysen neuerer sozialwissenschaftlicher Ansätze, Stuttgart et al., 1978.

Klotzbach, C. (Industrieller Werkzeugbau):
Gestaltungsmodell für den industriellen Werkzeugbau, Dissertation an der RWTH Aachen, Aachen, 2007.

Kluck, D. (Materialwirtschaft):
Materialwirtschaft und Logistik. Lehrbuch mit Beispielen und Kontrollfragen. 2. Aufl., Schäffer-Poeschel Verlag, Stuttgart, 2002.

Koppelmann, U. (Beschaffungsmarketing):
Beschaffungsmarketing, 3. Aufl., Springer Verlag, Berlin u.a., 2000.

Kraljic, P. (Beschaffungsmarketing):
Neue Wege im Beschaffungsmarketing, S. 72-80, in: Manager Magazin, 7. Jg., Nr. 11, 1977.

Kraljic, P. (Versorgungsstrategie):
Zukunftsorientierte Beschaffungs- und Versorgungsstrategie als Element der Unternehmensstrategie, S. 477-497, in: Henzler, H. A. (Hrsg.): Handbuch Strategiesche Führung, Wiesbaden, 1988.

Kriegbaum, H.; Uhlig, A. (EU-Maschinenbau):
EU-Maschinenbau: Strukturen und Trends, VDMA-Verlag, Frankfurt am Main, 2000.

Kruse, K.-O. (Anreizsysteme):
Anreizsysteme in der Abnehmer-Zulieferer-Kooperation; Kovač Verlag, Hamburg, 1998.

Kubicek, H. (Konstruktionsstrategie):
Heuristische Bezugsrahmen und heuristische angelegte Forschungsdesigns als Element einer Konstruktionsstrategie empirischer Forschung, S. 3-36., in: Köhler, R. (Hrsg.): Empirische und handlungstheoretische Forschungskonzeptionen in der Betriebswirtschaftlehre, C.E. Poeschel, Stuttgart, 1977,

Laux, H. (Optimale Anreizsysteme bei unsicherer Erwartung):
Optimale Anreizsysteme bei unsicherer Erwartung. Zeitschrift für betriebswirtschaftliche Forschung, Vol.40, S.1093-1111, 1988.

Laux, H. (Risiko, Anreiz und Kontrolle):
Risiko, Anreiz und Kontrolle: Prinzipal Agent Theorie: Einführung und Verbindung mit dem Delegationswertkonzept. Springer Verlag, Berlin u.a., 1990.

Laux, H. (Tantiemesysteme für die Investitionsrechnung):
Tantiemesysteme für die Investitionsrechnung. Zeitschrift für Betriebswirtschaft, Vol. 45, S.597-618, 1975.

Large, R. (Strategisches Beschaffungsmanagement):
Strategisches Beschaffungsmanagement. Eine praxisorientierte Einführung. 4. völlig überarbeitete Auflage. Gabler Verlag, Wiesbaden, 2009.

Lassen, S. (Auftragskoordination):
Gestaltung der Informationsflüsse der Auftragskoordination in Lieferketten mit hybriden Produktionsstrukturen, FIR RWTH-Aachen, 2006.
Lee, H. L. et al. (Bullwhip):
The Bullwhip Effect in Supply Chains, in: SloanManagement Rewiew/Spring, 1997.

Lenk, H. (Vernunft):
Pragmatische Vernunft: Philosophie zwischen Wissenschaft und Praxis. Reclam, Stuttgart, 1979.

Lofgren, K.-G.; Persson, T.; Weibull, J. W. (Asymmetric Information):
The Nobel Memorial Prize in Economics 2001, Markets with Asymmetric Information: The Contributions of George Akerlof, Michael Spence and Joseph Stiglitz; in: Scandinavian Journal of Economics, Volume 104 Issue 2, S. 195-211, 2002.

Luhmann, N.; Baecker, D. (Systemtheorie):
Einführung in die Systemtheorie; 2. Aufl., Carl-Auer-Systeme-Verlag, Heidelberg 2004.

Lutz, S. (Vernetzte Produktion):
Perspektiven einer vernetzten Produktion, in: Lutz, S; Windt, K.; Wiendahl, H.-P. (Hrsg.): Produktionsmanagement in Unternehmensnetzwerken, Verlag Paxiswissen, Dortmund, 2000.

Malanowski, N. (Unternehmensnetzwerke)
Unternehmensnetzwerke zur Nachhaltigkeit als innovativer Prozess, in: ZWF Zeitschrift für wirtschaftlichen Fabrikbetrieb (Hrsg.): Produktion in Netzwerken, Carl Hanser Verlag, München, 2004.

Mercer Management Consulting, Fraunhofer Institut für Produktionstechnik und Automatisierung (FAST):
Future Automotive Industry Structure (FAST) 2015, Materialien zur Automobilindustrie Nr. 32,, Verband der Automobilindustrie, Frankfurt am Main, 2004.

Merx, S. (Viel Rauch):
Viel Rauch um nichts, Technology Review 06/2006; S. 36-43, Heise Verlag, 2009.

Müller, E.-W. (Gestaltungspotentiale in der Logistik):
Gestaltungspotentiale für die Logistik in der Beschaffung, S. 51-53, in: Beschaffung Aktuell, o. Jg., Nr. 4, 1990.

Müller, W. A. (Fremdvergabe):
Fremdvergabe im Wandel, in ZWF Zeitschrift für wirtschaftlichen Fabrikbetrieb (Hrsg.): Auftragsmanagement, Carl Hanser Verlag, München, 2004.

Narr, C.; Kampker, A. (IsiPS):
IsiPS - Entscheidungsunterstützung in der Planung, in: wt Werkstattstechnik online 94 (2004), 11/12, ISSN 1436-4980, S. 686-691

Narr, C.; Müller, C.; Mertins, K.; Kampker, A. (Simulationsgestützte PPS):
Simulationsgestützte Produktionsplanung- und Steuerung - Ein Erfahrungsbericht in: Experiences from the Future, Hrsg.: Mertins, K.; Rabe, M., IRB Verlag Stuttgart 2004, ISBN 3-8167-6640-4, S. 123-132

Nicolini, H. J. (Marktmacht):
Untersuchungen zur Erfassung unternehmerischer Marktmacht, Vandenhoek & Ruprecht, Göttingen, 1978.

Orths, H. (Controlling im Einkauf):
Controlling im Einkauf, in: Strub, M. (Hrsg.): Das große Handbuch Einkaufs- und Beschaffungsmanagement. Moderne Industrie, Lech, 1998.

Peukert, J. (Wertbeitrag Beschaffung):
Wertbeitrag und strategische Bedeutung der Beschaffung, in: KMPG (Hrsg.): Jahrbuch der Beschaffung 2000 – Beschaffung im Spannungsfeld von Tradition und eCommerce. Verlag für Wissenschaftskommunikation, Frankfurt u.a., 2000.

Pfeffer, J. (Managing with Power):
Managing with Power: politics and influence in organizations, Havard Business School Press, Boston, 1994.

Pfeffer, J.; Salancik, G. R. (Control of Organizations):
The external control of Organizations, Harper & Row, New York, 1978.

Pfefferli, H.; Wippler, M. C. (Lieferantenqualifikation):
Lieferantenqualifikation, Expert Verlag, Renningen, 2002.

Pfohl, H.-Chr.; Large, R. (Beschaffungsstrategien):
Beschaffungsstrategien und strategisches Beschaffungsmanagement, S. 433-452, in: Boutellier, R. et.al.: Handbuch Beschaffung, Hanser Verlag, 2003.

Plötz, A.; v. Strachwitz, S. (Wertorientierte Beschaffung):
Wertorientierte Beschaffung, in: io New Management, 1-2/2002, S.22-29.

Pütz, D. (Logistikmanagement):
Logistikmanagement, Vortrag in Aachen am 26.06.2003. RAKE, H. (1999): Mess- und Reglungstechnik; Institut für Regelungstechnik der RWTH Aachen, Aachen, 1999.

Rake, H. (Regelungstechnik):
Mess- und Regelungstechnik und Ergänzungen (Regelungstechnik B), Umdruck zur Vorlesung, 23. Aufl., Aachener Forschungsgesellschaft Regelungstechnik e.V., Aachen, 1999.

Roesgen, R.; Schmidt, C (Supply Chain Management):
Gestaltung eines zentralen Supply Chain Managements;, S.18-21; in: UdZ Unternehmen der Zukunft 4 (2007) 1, 2007.

Roiger, M. B. (Anreizsysteme):
Gestaltung von Anreizsystemen und Unternehmensethik, Dissertation an der Ludwig-Maximilians-Universität München, Deutscher Universitäts-Verlag, München, 2006

Schanz, G. (Grundfragen):
Wissenschaftstheoretische Grundfragen der Führungsforschung, In Kieser, A.E.A. (Hrsg.): Handwörterbuch der Führung, Stuttgart, 1987.

Schleyer, C. (Kooperationsmanagement):
Erfolgreiches Kooperationsmanagement im Werkzeugbau, Dissertation an der RWTH Aachen, Aachen 2006.

Schmidt, C. (Überbetriebliche Koordinationsprozesse):
Konfiguration überbetrieblicher Koordinationsprozesse in der Auftragsabwicklung des Maschinen- und Anlagenbaus, Diss., Aachen, 2008.

Schmitt, R. (Qualitätsmanagement):
Qualitätsmanagement in der Beschaffung, Vorlesung 10, in: Vorlesungsskript Qualitätsmanagement WS2009, RWTH Aachen, 2009.

Schuh, G.; Kampker, A.; Narr, C.; Potente, T.;Attig, P. (Aufträge ohne Grenzen):
Aufträge ohne Grenzen: Mit neuen Standards die Effizienzbarrieren in der überbetrieblichen Auftragsabwicklung überwinden, in: Management am Puls der Zeit - Strategien, Konzepte und Methoden: Festschrift für Univ.-Prof. Dr.Dr.h.c.mult. Horst Wildemann, Hrsg.: Hausladen, I. Produktion und Logistik 2, 1. Aufl. , TCW München 2008, S. 1501-1514

Schuh, G.; Kampker, A.; Narr, C.; Jasinski, T.; Sander, S.; Vogel, C.; (Beschaffungslogistik):
Beschaffungslogistik im Maschinen- und Anlagenbau - Status, Potenziale, Trends; Apprimus Verlag, Aachen, 2009.

Schuh, G.; Narr, C.; Schmidt, C. (Effiziente Auftragsabwicklung):
Effiziente Auftragsabwicklung mit myOpenFactory. Carl Hanser Verlag, München, Wien, 2008.

Schuh, G.; Gottschalk, S.; Narr, C.; Höhne, T. (Adaptive Logistics):
Adaptive Logistics - Information Management for Planning and Control of Small Series Assembly, in: CARV 2007: 2nd International Conference on Changeable, Agile, Reconfigurable and Virtual Production, Hrsg.: H.; Zäh, M., Eigendruck IMS Centre, University of Windsor Windsor, Canada 2007, S. 212-221

Schuh, G.; Gottschalk, S.; Höhne, T. (High Resolution Production Management I):
High Resolution Production Management; CIRP Annals - Manufacturing Technology, Vol. 56, No. 1. (2007), S. 439-442.

Schuh, G. et. al. (High Resolution Production Management II):
High Resolution Production Management – Auftragsplanung und Steuerung in der individualisierten Produktion; S. 451-467 in: Brecher, C., Klocke, F. Schmitt, R., Schuh, G. (Hrsg.): Wettbewerbsfaktor Produktionstechnik - Aachener Perspektiven, Apprimus Verlag, Aachen, 2008.

Schuh, G. et. al. (High Resolution Production Management III):
High Resolution Production Management, in: Brecher, C., Klocke, F. Schmitt, R., Schuh, G. (Hrsg.): Wettbewerbsfaktor Produktionstechnik - Aachener Perspektiven, Apprimus Verlag, Aachen, 2011.

Schuh, G.; Schnittny, S; Hurter, F.; Leffin, T.; Boos, W. (Komplexitätsmanagement):
Komplexitätsmanagement Studie 2004; WZL der RWTH Aachen, Aachen, 2004.

Schuh, G.; Westkämper, E. (Liefertreue im Maschinen- und Anlagenbau):
Liefertreue im Maschinen- und Anlagenbau, Stand - Potenziale - Trends, Rhiem Druck, Voerde 2006.

Schuh, G.; Narr, C.; Potente, T.; Attig, P. (myOpenFactory):
myOpenFactory; in: International Journal of Computer Integrated Manufacturing 21 (2007), 2, S. 215-221.

Schuh, G.; Gottschalk, S.; Höhne, T.;Attig, P. (Potentials of Smart Logistics):
Further Potentials of Smart Logistics; in: Manufacturing Systems and Technologies for the New Frontier - The 41St Cirp Conference On Manufacturing Systems, May 26-28, 2008, Tokyo, Japan, Hrsg.: Mitsuishi, M.CIRP Conference on Manufacturing Systems 41, 1. Aufl. , Springer Verlag London 2008, ISBN 9781848002661, S. 93-96.

Schuh, G. (PPS):
Produktionsplanung und –steuerung. Grundlagen, Gestaltung und Konzepte. 3. Aufl.. Springer Verlag, Berlin, Heidelberg, 2006.

Schulte, G. (Lexikon der Logistik):
Lexikon der Logistik. Oldenbourg Verlag, München,1999

Schulte, G. (Logistikmanagement):
Material- und Logistikmanagement, 2. Aufl. Oldenburg Verlag, München, Wien, 2001.

Schulte, G. (Logistik):
Logistik: Wege zur Optimierung der Supply Chain. 4. Auflage. Verlag Vahlen, München, 2006.

Schwarz, P. (Kooperationen und Verbände):
Morphologie von Kooperationen und Verbänden. – Schriften zur Kooperationsforschung, Band 15, J.C.B Mohr (Paul Siebeck), Tübingen 1979.

Sebastian K. H., Niederdrenk, R. (Beschaffung):
Beschaffung und Verkauf – Von der Konfrontation zur Kooperation, in Hahn, D., Kaufmann, L.: Handbuch industrielles Beschaffungsmanagement, Gabler Verlag, Wiesbaden, 1999.

Shepherd, W. (Market Power an Economic Welfare):
Market Power an Economic Welfare, Random House, New York, 1970.

Simpson, P. M.; Siguaw, J. A.; White, S. (Performance of Suppliers):
Measuring the performance of Suppliers: An Analysis of Evaluation Processes, S. 29-41, in: The Journal of Supply Chain Management, 2002.

Smith, A. (Wealth of Nations):
An Inquiry into the Nature and Causes of a Wealth of Nations (veröffentlicht 1776), in Hrsg: Cannan E.: An Inquiry into the Nature and Causes of a Wealth of Nations, 5. Aufl., Methuen & Co., London, 1904.

Spence, M. (Market Structure):
Informational Aspects of Market Structure: An Introduction in: Quarterly Journal of Economics: Symposium: The Economics of Information, Wiley, S. 591-597. Boston, 1976.

Statistisches Bundesamt (Statistisches Jahrbuch):
Statistisches Jahrbuch 2009 für die Bundesrepublik Deutschland. Statistisches Bundesamt, Wiesbaden, 2009.

Statistisches Bundesamt (Deutsche Wirtschaft 2010):
Deutsche Wirtschaft 2010. Statistisches Bundesamt, Wiesbaden, 2010.

Stiglitz, J. E. (Imperfect Information):
Equilibrium in Product Markets with Imperfect Information, in: New Directions in industrial Organization, Vol. 69, No. 2, S. 339-345. 1979,

Stratmann, J. (Kerngeschäftsstrategien):
Kerngeschäftsstrategien im internationalen Vergleich – Kurz- und langfristige Wertschöpfungspotentiale; Schriftenreihe des Instituts für Unternehmungsplanung; Band 40, Books on Demand GmbH, Norderstedt, 2005.

Suri, R. (Quick Response Manufacturing):
Quick Response Manufacturing: A Competitive Strategy for the 21st Century; POLCA Implementation Workshop, Madison, 2002.

Sydow, J. (Netzwerke):
Management von Netzwerkorganisationen, Gabler Verlag, Wiesbaden 2001.

Syska, A. (Produktionsmanagement):
Produktionsmanagement: Das A-z wichtiger Methoden und Konzepte für die Produktion von heute, Gabler Verlag, Wiesbaden, 2006.

Szyperski, N. (Betriebswirtschaftslehre):
Zur wissenschaftsprogrammatischen und forschungsstrategischen Orientierung der Betriebswirtschaftslehre, in: Schmalenbachs Zeitschrift für betriebswirtschaftliche Forschung 1971, Nr. 23, S. 261-282.

Tempelmeier, H.-O. G. (Produktion und Logistik):
Produktion und Logistik, 6. Aufl., Springer-Verlag, 2005.

Tomczak, T. (Forschungsmethoden)
Forschungsmethoden in der Marketingwissenschaft – Ein Plädoyer für den qualitativen Forschungsansatz, S. 77-78., in Marketing ZFP, Nr.2,, 14 Jahrgang, 1992.

Trossmann, E. (Beschaffung und Logistik):
Beschaffung und Logistik, Kap.2., in: Bea, F. X., Dichtl, E., Schweitzer, M.: Allgemeine Betriebswirtschaftslehre Band 3: Leistungsprozess. Lucius & Lucius Verlagsgesellschaft, Stuttgart, 2002.

Uhlmann, E; Yalniz, Z. (Kooperationsplattform):
Kooperationsplattform für den Werkzeug- und Formenbau, in ZWF Zeitschrift für wirtschaftlichen Fabrikbetrieb: Verteilte Produktion, Carl Hanser Verlag, München, 2004.

Ullrich, H. (Betriebswirtschaftslehre):,
Die Betriebswirtschaftslehre als anwendungsorientierte Sozialwissenschaft. S. 168-199, in: Dyllick, T.; Probst, J.B. (Hrsg.): Management, 1984,

Ulrich, P.; Hill, W. (Grundlagen Teil 1)
Wissenschaftstheoretische Grundlagen der Betriebswirtschaftslehre (Teil 1). In WiST Zeitschrift für Ausbildung und Hochschulkontakt. Heft 8, S. 304-309. 1976,

Ulrich, H. (Systemorientiertes Management)
Systemorientiertes Management – Das Werk von Hans Ulrich (Studienausgabe). Paul Haupt Verlag, St. Gallen, 2001.

Vahrenkamp, R., Siepermann, Ch. (Logistik);
Logistik. Management und Strategien. Oldenburg Verlag, München, Wien, 2005.

VDA - Verband der Automobilindustrie (Auto):
Auto Jahresbericht 2008, Frankfurt am Main, 2008.

VDMA - Verband deutscher Maschinen- und Anlagenbauer (Maschinenbau in Zahl und Bild):
Maschinenbau in Zahl und Bild 2009. VDMA Volkswirtschaft und Statistik, VDMA Verlag, Frankfurt am Main, 2009.

VDMA - Verband deutscher Maschinen- und Anlagenbauer (Statistisches Handbuch):
Statistisches Handbuch für den Maschinenbau. Ausgabe 2009. VDMA Verlag, Frankfurt am Main, 2009.

VDMA - Verband deutscher Maschinen- und Anlagenbauer (Strategien):
Effizient, schnell und erfolgreich, Strategien im Maschinen und Anlagenbau, (Hrsg.), VDMA Verlag, Frankfurt am Main, 2007.

Wagner, S. (Lieferantenmanagement):
Lieferantenmanagement. Carl Hansa Verlag, München, 2002.

Wannenwetsch, H. (Integrierte Materialwirtschaft):
Integrierte Materialwirtschaft und Logistik, 3. Aufl., Springer Verlag, Berlin, Heidelberg, 2007.

Weber, M. (Wirtschaft):
Wirtschaft und Gesellschaft. Grundriss der verstehenden Soziologie, 5., rev. Aufl., J.C.B. Mohr, Tübingen, 1972.

Wegehaupt, Patrick (Produktionsnetzwerke):
Führung von Produktionsnetzwerken, Dissertation an der RWTH Aachen, Aachen 2005.

Werner, H. (Supply Chain Management):
Supply Chain Management. Grundlagen, Strategien, Instrumente und Controlling, 2. völlig überarbeitete und erweiterte Aufl., Gabler Verlag, Wiesbaden, 2002.

Wiendahl, H.-H.; Wiendahl, H.-P.; v. Cieminski, G. (Stolpersteine):
Stolpersteine der PPS: Symptome, Ursachen, Lösungsansätze; S. 717-725, in: Wt Werkstatttechnik 95 (2005), 2005

Wiendahl, H.-P. (PPS):
Produktionsplanung und –steuerung, in: Eversheim, W.; Schuh, G. (Hrsg.) (1996): Betriebshütte, Produktion und Management, Teil 2, Aufl. 7, Springer, Berlin 1996.

Wiendahl, H.-P. (Betriebsorganisation),
Betriebsorganisation für Ingenieure. 6. Auflage. Hansa Verlag, München, Wien, 2008.

Wildemann, H. (Beschaffungslogistik):
Beschaffungslogistik, Kapitel 15.2, in: Eversheim, W.; Schuh, G.: Betriebshütte: Produktion und Management, 7. Aufl., Berlin [u.a.], Springer Verlag, 1996.

Wildemann, H. (Einkaufpotenzialanalyse):
Das Konzept der Einkaufspotentialanalyse, http://www-user.tu-chemnitz.de/~duong/Studium/Alte%20Semester/IBL_FALL/EPA_Text.pdf; Download: 07.03.2010, 2010.

Wildemann, H. (Konzept der Einkaufpotenzialanalyse):
Das Konzept der Einkaufspotentialanalyse: Bausteine und Umsetzungsstrategien, S.435-452. in: Hahn, D. / Kaufmann, L. (Hrsg.): Handbuch Industrielles Beschaffungsmanagement, Wiesbaden, 1999.

Wildemann, H. (Logistik):
Logistik. Prozessmanagement. Organisation und Methoden. 2. Auflage. TCW Transfer-Centrum-Verlag, München, 2001.

Winkler, H. (VISCO):
Konzept und Einsatzmöglichkeiten des Supply Chain Controlling am Beispiel einer Virtuellen Supply Chain Organisation (VISCO), Dissertation an der Universität Klagenfurt, Deutscher Universitäts-Verlag/GWV Fachverlage GmbH, Wiesbaden, 2005.

Williamson, O. E. (Ökonomische Institutionen):
Die ökonomischen Institutionen des Kapitalismus: Unternehmen, Märkte, Kooperationen, Tübingen, 1990.

Williamson, O. E. (Transaction Cost Economics):
Transaction Cost Economics, Berkeley USA 1989.

Williamson, O. E. (Mechanism of Governance):
The Mechanism of Governance, New York, Oxford Press, Oxford, 1996.

Wollnik, M. (Erfahrungswissen):
Die explorative Verwendung systematischen Erfahrungswissens, S. 37-64; in: Köhler, R. 8Hrsg.): Empirische und handlungstheoretische Forschungskonzeptionen in der Betriebwirtschaftslehrer, Schaeffer-Poeschel, Stuttgart, 1977.

Wunderer, R. (BWL):
BWL als Management- und Führungslehre. 3. Auflage, Schäffer-Poeschel Verlag, Stuttgart, 1995.

Zachau, T.; Momber, A. (Beschaffungsmanagement):
Kosten senken durch professionelles Beschaffungsmanagement, S.38-41, in: Beschaffung aktuell, Vol.5, 1999.

Zelewski, S. (Efficient Consumer Response):
Efficient Consumer Response (ECR) - Chancen und Risiken für Handel und Logistikdienstleister; Vorlesungsskript des Instituts für Produktion und Industrielles Informationsmanagement der Universität Essen, 2009.

Zentes, J.; Swoboda, B.; Morschett, D. (Kooperationen):
Kooperationen, Allianzen und Netzwerke, 2. Aufl., Gabler Verlag, Wiesbaden, 2005

Zäh, M. (Holistic Framework):
A Holistic Framework for enhancing the changeability of production systems. In: 1st Conference on Changeable, Agile and Virtual Production (CARV 2005), München 2005

9 Anhang

9.1 Kennzahlen der Lieferantenbewertung

Die im Folgenden beschriebenen Kennzahlen werden einerseits zur detaillierten Analyse bestimmter Beschaffungsmärkte erhoben (z.B. Entwicklung der Lieferzeiten oder aber Preise) und andererseits zur Erstellung einer klassischen Lieferantenbewertung. Die in Abschnitt 9.1.1 dargestellten Basiskennzahlen dienen daher der Analyse der Beschaffungsmärkte und der Einordnung des eigenen Unternehmens innerhalb eines Beschaffungsmarktes. Die für die Lieferantenbewertung genutzten Kennzahlen folgen in den Abschnitt 9.2.3 bis 9.2.5.

9.1.1 Basiskennzahlen

Die Erhebung der Basiskennzahlen, siehe Tabelle 9-1, eines Lieferanten ist die Voraussetzung für die exakte Klassifizierung der betrachteten Materialgruppen-Lieferanten-Beziehung und damit die Basis für einen unternehmensübergreifenden Vergleich unterschiedlicher Abnehmer-Lieferanten-Beziehungen.

Kriterium	Erfassungsart	Definition
Gelieferte Menge	täglich, pro Artikelnr.	Gesamtes mengenmäßiges Volumen, das in einer Zeitspanne vom Lieferanten geliefert worden ist (inkl. Reklamationen).
Einkaufs-volumen	täglich, pro Artikelnr.	Gesamtes in Geldeinheiten bewertetes Volumen, das von einem Lieferanten in einer Zeitspanne geliefert worden ist (inkl. Reklamationen).
Ø-Artikelpreis	täglich, pro Artikelnr.	Durchschnitt des Netto-Artikelpreises in der Periode. (Hierbei ist der final zu zahlende Preis nach Abzug von Steuern und sämtlichen Rabatten sowie Sonderkonditionen heranzuziehen.)
Lieferzeit (tatsächlich)	täglich, pro Artikelnr.	Zeitspanne zwischen Versand der Bestellung und Wareneingang beim Abnehmer (Erfassungszeitpunkt: Wareneingang)

Lieferzeit (geplant)	Täglich, pro Artikelnr.	Vom Abnehmer in einem Angebot oder aber in der Auftragsbestätigung angegebene Lieferzeit
Abhängigkeit des Lieferanten	jährlich, pro Lieferant	(Einkaufsvolumen bei dem Lieferanten / Gesamter Umsatz des Lieferanten) * 100
Abhängigkeit des Abnehmers	jährlich, pro Lieferant	(Einkaufsvolumen mit dem Lieferanten / Gesamtes Einkaufsvolumen) * 100

Tabelle 9-1: Basiskennzahlen der Lieferantenbewertung

Da die Berechung der Kennzahlen im Kennzahlencockpit von den im Wizard, siehe Kapitel 6.2.4.3, ausgewählten Warengruppen (Artikel) und Zeitraum (Periode) abhängt, werden sie nach der Auswahl der Visualisierungsform im Wizard neu berechnet. Im Folgenden wird die Berechnung der einzelnen Kennzahlen pro Lieferant detailliert dargestellt.

9.1.1.1 Gelieferte Menge

Die Berechnung der Kennzahl „Gelieferte Menge“ ist wie folgt definiert:

$$Menge = \sum_{Artikel} \sum_{Periode} Menge_{WE}$$

Formel 9-1: Gelieferte Menge

- $Menge_{WE}$: Positionsmenge von Artikel Y am Tag X mit dem Status „geliefert“

9.1.1.2 Einkaufsvolumen

Die Berechnung des Einkaufsvolumens ist wie folgt definiert:

$$EK = \sum_{Artikel} \sum_{Periode} p_{avrg}^{periode} \times Menge_{Bestellt}$$

Formel 9-2: Einkaufsvolumen

- $p_{avrg}^{periode}$: Durchschnittspreis von Artikel Y in der entsprechenden Periode, siehe Formel 9-10
- $Menge_{Bestellt}$: Bestellte Menge von Artikel Y in der entsprechenden Periode

9.1.1.3 Durchschnittliche Lieferzeit (tatsächlich)

Die Berechnung der durchschnittlichen Lieferzeit ist wie folgt definiert:

$$LZ_{avrg} = \frac{\sum_{Artikel} \sum_{Periode} Tag_{WE} - Tag_{Bestellt}}{Anzahl_{WE}}$$

Formel 9-3: Durchschnittliche Lieferzeit (tatsächlich)

- Tag_{WE}: Wareneingang (Status „geliefert“) von Artikel Y am Tag X

- $Tag_{Bestellt}$: Bestellversand (Status „bestellt") der gleichen Position, siehe Tag_{WE}
- $Anzahl_{WE}$: Anzahl Positionen die von den spezifizierten Artikeln in der Periode geliefert wurden.

9.1.1.4 Durchschnittliche Lieferzeit (geplant)

Die Berechnung der durchschnittlichen geplanten Lieferzeit ist wie folgt definiert:

$$LZ_{avrg} = \frac{\sum_{Artikel} \sum_{Periode} Liefertermin - Tag_{Bestellt}}{Anzahl_{BE}}$$

Formel 9-4: Durchschnittliche Lieferzeit (geplant)

- Liefertermin: Liefertermin in der Auftragsbestätigung für Artikel Y
- $Tag_{Bestellt}$: Bestellversand (Status „bestellt") der gleichen Position (siehe AB) von Artikel Y
- $Anzahl_{BE}$: Anzahl Positionen die von den spezifizierten Artikeln in der Periode bestellt wurden und für die eine Auftragsbestätigung erhalten wurde.

9.1.1.5 Abhängigkeit des Lieferanten

Die Berechnung der Kennzahl „Abhängigkeit des Lieferanten" ist wie folgt definiert:

$$Abhängigkeit_{Lieferant} = \frac{EK}{Umsatz}$$

Formel 9-5: Abhängigkeit des Lieferanten

- EK: Einkaufsvolumen beim Lieferanten X in der letzten Periode, siehe Formel 9-2
- $Umsatz$: Umsatz des Lieferanten X in der letzten Periode. (Daten erhältlich aus Lieferantenselbstauskunft)

9.1.1.6 Abhängigkeit des Lieferanten

Die Berechnung der Kennzahl „Abhängigkeit des Lieferanten" ist wie folgt definiert:

$$Abhängigkeit_{Abnehmer} = \frac{EK}{EK_{gesamt}}$$

Formel 9-6: Abhängigkeit des Abnehmers

- EK: Einkaufsvolumen beim Lieferanten X in der letzten Periode, Formel 9-2
- EK_{gesamt}: Einkaufsvolumen bei allen Lieferanten in der letzten Periode

9.1.2 Kennzahlensystem für die Lieferantenbewertung

Der hierachische Aufbau des Kennzahlensystems ist in Abbildung 9-1 als Übersicht dargestellt.

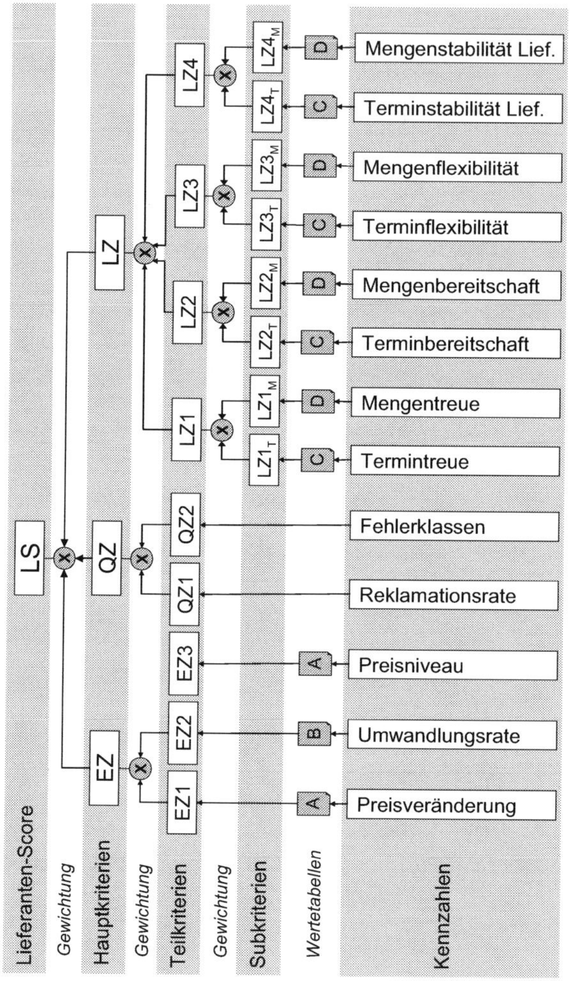

Abbildung 9-1: Struktur des Kennzahlensystems zur Lieferantenbewertung

Die Formeln für alle dort aufgeführten Kennzahlen, Sub-, Teil- und Hauptkriterien werden in den folgenden Abschnitten definiert. Die im Folgenden angegebenen Gewichte und Toleranzen entsprechen den im Kennzahlencockpit voreingestellten Standardwerten.

9.1.3 Gesamtbewertung (Lieferanten-Score)

Die Leistung der Lieferanten wird vom Abnehmer rollierend anhand der drei Hauptkriterien Einkaufsleistung (EZ), Qualitätsleistung (QZ) und Lieferleistung (LZ) bewertet.

Hauptkriterium	Erfassungsart	Teilkriterien	Gewicht
Einkaufsleistung (EZ)	periodisch, pro Artikelnr.	Preisstabilität (EZ1)	30 %
		Umwandlungsrate (EZ2)	
		Preisniveau (EZ3)	
Qualitätsleistung (QZ)	täglich, pro Artikelnr.	Reklamationsrate (QZ1)	15 %
		Fehlermenge (QZ2)	
Lieferleistung (LZ)	täglich, pro Artikelnr.	Lieferzuverlässigkeit (LZ1)	55%
		Lieferbereitschaft (LZ2)	
		Lieferflexbibilität (LZ3)	
		Änderungsrate des Lieferanten (LZ4)	

Tabelle 9-2: Übersicht über die verwendeten Lieferantenkennzahlen

Die in Tabelle 9-2 angegebenen Gewichte sind die Basis für die Errechnung des unternehmensübergreifenden Lieferantenrankings. Jedes Einzelunternehmen hat aber die Möglichkeit die Gewichtung der einzelnen Kriterien beim individuellen Lieferantenbenchmarking frei für sich zu wählen.

Auf Basis der Standardgewichtungen lautet die Formel für die Berechnung der übergeordneten Lieferanten-Score lautet:

$$LS = \frac{0{,}3 \times EZ + 0{,}15 \times QZ + 0{,}55 \times LZ}{0{,}3 + 0{,}15 + 0{,}55}$$

Formel 9-7: Berechnung der Lieferantenscore

9.1.4 Hauptkriterium Einkaufsleistung (EZ)

Das Hauptkriterium Einkaufsleistung (EZ) setzt sich aus drei Teilkriterien mit unterschiedlicher Gewichtung zusammen:

Teilkriterium	Erfassungsart	Definition	Gewicht
Preisstabilität (EZ1)	periodisch, pro Artikelnr.	(durchschnittlicher Artikelpreis der letzten Periode - durchschnittlicher Artikelpreis der vorletzten Periode) / durchschnittlicher Artikelpreis der vorletzten Periode	30 %
Umwandlungs-rate (EZ2)	periodisch, pro Artikelnr.	(Anzahl Bestellpositionen mit vorangegangenem Angebot / Summe Anfragepositionen) * 100	15 %
Preisniveau (EZ3)	periodisch, pro Artikelnr.	(durchschnittlicher Artikelpreis des Lieferanten/ durchschnittlicher Artikelpreis aller Lieferanten) * 100	55%

Tabelle 9-3: Übersicht über die Teilkriterien im Bereich Einkaufsleistung EZ

Die Berechnung des Hauptkriteriums EZ lautet:

$$EZ = \frac{0{,}3 \times EZ1 + 0{,}15 \times EZ2 + 0{,}55 \times EZ3}{0{,}3 + 0{,}15 + 0{,}55}$$

Formel 9-8: Berechnung EZ

9.1.4.1 Teilkriterium Preisstabilität (EZ1)

Das Teilkriterium Preisstabilität EZ1 wird auf Basis der Kennzahl „Preisveränderung" berechnet. Die Standardformel für die Ermittlung der Kennzahl ist definiert als:

$$\Delta p_{avrg} = \frac{\sum_{Artikel} \frac{\left(p_{avrg}^{n-1} - p_{avrg}^{n-2}\right)}{p_{avrg}^{n-2}}}{Anzahl_{Artikel}} \times 100$$

Formel 9-9: Kennzahl „Preisveränderung"

- p_{avrg}^{n-1} : Durchschnittspreis eines Artikels in der Periode n-1. Falls ein Artikel, der in Periode (n-2) angeboten oder bestellt wurde, in Periode (n-1) nicht vorkommt, wird der Preis aus Periode (n-2) unverändert übernommen.
- p_{avrg}^{n-2} : Durchschnittspreis eines Artikels in der Periode n-2. Falls ein Artikel, der in Periode (n-1) angeboten oder bestellt wurde, in Periode (n-2) nicht vorkommt, wird der Preis aus Periode (n-1) unverändert übernommen.
- $Anzahl_{Artikel}$: Anzahl der Artikel, die in den Perioden (n-1) und (n-2) angeboten oder bestellt wurden

Der Durchschnittspreis ist dabei definiert als:

$$p_{avrg}^{periode} = \frac{\sum_{Periode} p_{Artikel}^{letzterStatus}}{\sum_{Periode} Anzahl_{abAngebot}}$$

Formel 9-10: Durchschnittspreis eines Artikels in einer Periode

- $p_{Artikel}^{letzterStatus}$: Preis des Artikels X am Tag Y innerhalb einer Position eines Bestellvorgangs. Innerhalb des Vorgangs wird für die Berechnung immer der letzte bestätigte Preis der Position genutzt. Folgende Belege werden zur Aktualisierung des Preises genutzt: „Angebot“, „Bestellung“, „AB“, „Rechnung“. Der Preis wird dabei wenn möglich dem AB-Datum zugeordnet. Wenn dies nicht möglich ist, werden das Bestelldatum oder das Angebotsdatum zugeordnet.
- $Anzahl_{abAngebot}$: Anzahl Positionen des Artikels X am Tag Y mit einem Status ≥ „angeboten“, siehe Postitions-Transitions-Matrix.

Das Teilkriterium ergibt sich wie folgt aus der Kennzahl „Preisveränderung“:

$$EZ1 = 50 + A(\Delta p_{avrg})$$

Formel 9-11: Berechnung des Teilkriteriums EZ1

- $A(\Delta p_{avrg})$: Der Gewichtungsfaktor A wird auf Basis der prozentualen Preisveränderung aus Tabelle 9-11 abgelesen, siehe Abbildung 9-2.

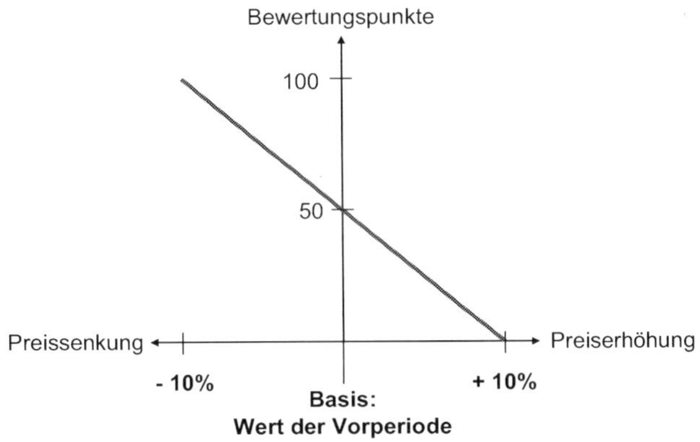

Abbildung 9-2: Entwicklung der Punktevergabe abhängig von Preisveränderungen

9.1.4.2 Teilkriterium Umwandlungsrate (EZ2)

Das Teilkriterium EZ2 wird auf Basis der Kennzahl „Umwandlungsrate“ berechnet. Die Standardformel für die Ermittlung dieser Kennzahl ist definiert als:

$$umwandlung = \frac{\sum_{Artikel} \sum_{Periode} Anzahl_{bestellt}^{mitAnfrage}}{\sum_{Artikel} Anzahl_{Anfrage}} \times 100$$

Formel 9-12: Umwandlungsrate

- $Anzahl_{bestellt}^{mitAnfrage}$: Anzahl Positionen mit dem Status „bestellt“ am Tag X, die im selben Vorgang auch einen Status „angefragt“ haben. Mehrfachbestellungen mit Bezug auf ein Angebot werden nur einfach gewertet.
- $Anzahl_{Anfrage}$: Anzahl Positionen mit dem Status „angefragt“ des Artikels X in der Periode. In die Berechnung werden nur Positionen einbezogen, deren Anfrage- und Angebotsfrist abgelaufen ist, siehe Abbildung 9-3. Die Angebotsfrist kann dabei als eine fixe Anzahl an Tagen hinterlegt werden.

Auf Basis der prozentual ermittelten Umwandlungsrate kann das Teilkriterium EZ2 mithilfe der folgenden Formel berechnet werden:

$$EZ2 = 100 - B(umwandlung)$$

Formel 9-13: Berechnung des Teilkriteriums EZ2

Der Gewichtungsfaktor B wird auf Basis der Umwandlungsrate aus Tabelle 9-13 abgelesen.

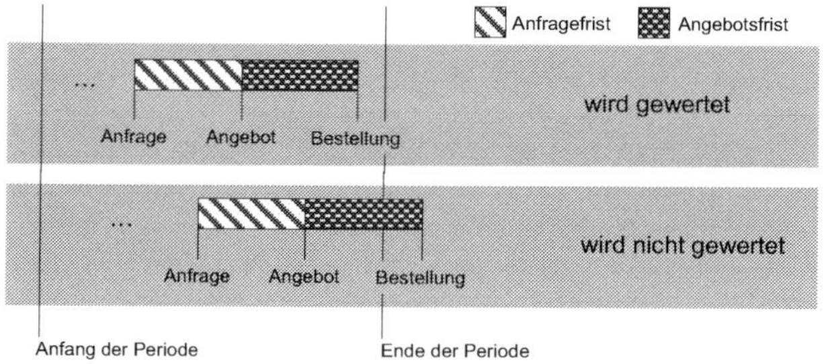

Abbildung 9-3: In die Umwandlungsrate eingehenden Angebotspositionen

9.1.4.3 Teilkriterium Preisniveau (EZ3)

Das Teilkriterium EZ3 wird auf Basis der Kennzahl „Preisniveau“ errechnet. Das Preisniveau beschreibt das Verhältnis des durchschnittlichen Artikelpreises der letzten Periode beim bewerteten Lieferanten zum durchschnittlichen Artikelpreis bei allen anderen Lieferanten. Die Standardformel für die Ermittlung dieser Kennzahl ist definiert als:

$$\Delta p_{avrg\_global} = \frac{p_{avrg}^{n-1}}{\left[\frac{\sum_{Lieferante\ n} p_{avrg}^{n-1}}{Anzahl_{Lieferante\ n}}\right]} \times 100$$

Formel 9-14: Preisniveau

- p_{avrg}^{n-1}: Durchschnittspreis eines Artikels in der Periode n-1. Falls ein Artikel, der in Periode (n-2) angeboten oder bestellt wurde, in Periode (n-1) nicht vorkommt, wird der Preis aus Periode (n-2) unverändert übernommen.
- $Anzahl_{Lieferanten}$: Anzahl der Lieferanten, die für den Artikel X im Zeitraum (n-2) bis (n-1) ein Angebot abgegeben haben oder aber eine Bestellung erhalten haben.

Das Teilkriterium EZ1 ergibt sich, siehe Abbildung 9-4 auf Basis der Kennzahl Preisniveau wie folgt:

$$EZ3 = 50 + A(\Delta p_{avrg\_global})$$

Formel 9-15: Berechnung des Teilkriteriums EZ3

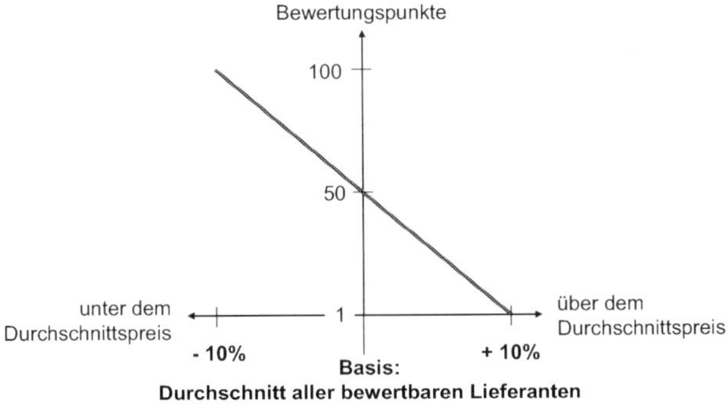

Abbildung 9-4: Entwicklung der Punktevergabe abhängig vom Preisniveau

- $A(\Delta p_{avrg\_global})$: Abgelesener Wert aus Tabelle 9-11 für die Preisveränderung.

9.1.5 Hauptkriterium Qualitätsleistung (QZ)

Das Hauptkriterium Qualitätsleistung (QZ) setzt sich aus zwei Teilkriterien mit unterschiedlicher Gewichtung zusammen:

Teilkriterium	Erfassungsart	Definition	Gewicht
Reklamationsrate (QZ1)	periodisch, pro Artikelnr.	(Anzahl Mängelrügen / Lieferungen)	20 %
Fehlerklasse (QZ2)	periodisch, pro Artikelnr.	(beanstandete Menge pro Fehlerklasse x Gewichtung der Fehlerklasse) / gelieferte Menge	80 %

Tabelle 9-4: Übersicht über die Teilkriterien im Bereich Qualität QZ

Die Berechnungsformel für das Hauptkriterium QZ lautet:

$$QZ = \frac{0{,}2 \times QZ1 + 0{,}8 \times QZ2}{0{,}2 + 0{,}8}$$

Formel 9-16: Berechnung des Hauptkriteriums QZ

Für die Ermittlung der Qualitätskriterien QZ1 und QZ2 werden sowohl offene und abgeschlossene, berechtigte Beanstandungen innerhalb des Bewertungszeitraums ausgewertet. Grundlage sind Feststellungen aus der Wareneingangsprüfung, aus laufender Produktion und Reklamationen des Endkunden.

9.1.5.1 Reklamationsrate (QZ1)

Die Berechnungsformel für die Reklamationsrate lautet:

$$reklamrate = \frac{\sum_{Artikel} \sum_{Periode} \sum_{Positionen} Anzahl_{Mängelrügen}}{\sum_{Artikel} \sum_{Periode} \sum_{Positionen} Anzahl_{WE}}$$

Formel 9-17: Reklamationsrate

- $Anzahl_{Mängelrügen}$: Alle Positionen mit dem Status „reklamiert" am Tag Y für den Artikel X
- $Anzahl_{WE}$: Alle Positionen mit dem Status „Wareneingang" am Tag Y für den Artikel X

Daraus ergibt sich die Formel für das Teilkriterium (siehe auch Abbildung 9-5):

$$QZ1 = 100 - 1000 \times reklmarate$$

Formel 9-18: Berechnung des Teilkriteriums QZ1

Bei einem QZ1 Wert kleiner 1 wird grundsätzlich per Definition der Wert 1 zugewiesen. Bei 10 % reklamierten Lieferungen liegt somit die QZ1 bei 1 statt bei 0.

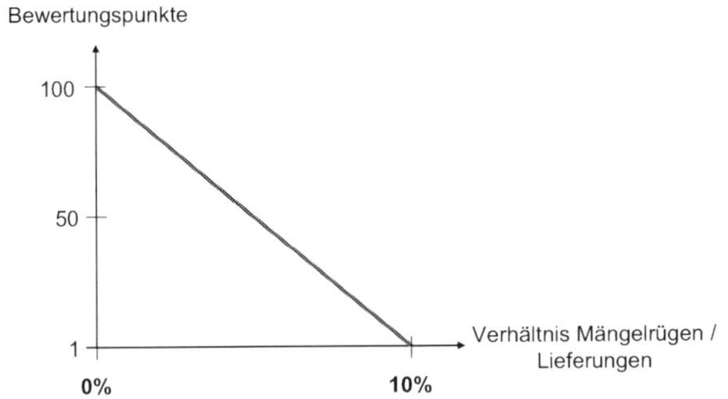

Abbildung 9-5: Entwicklung der Punktevergabe abhängig von der Häufigkeit der Mängelrügen

9.1.5.2 Fehlerklassen (QZ2)

Bei der Berechnung der Qualitätskennzahl (QZ2) wird die gelieferte Menge (ME) pro Wareneingang berücksichtigt. Bei mehreren Abweichungen an einem Teil wird das Teil nur einmal mit der höchsten vorgefundenen Fehlerklasse eingerechnet. Die Fehlerklassen werden gewichtet und QZ2 gemäß folgender Formel berechnet:

$$QZ2 = 101 - \frac{Menge_0 \times f(0) + Menge_1 \times f(1) + Menge_2 \times f(2) + Menge_3 \times f(3)}{Menge_0 + Menge_1 + Menge_2 + Menge_3}$$

Formel 9-19: Fehlerklassen

- $Menge_0$: Summe aller Positionsmengen für den Artikel X mit dem Status „Wareneingang" und ohne den Status „reklamiert".
- $Menge_1$, $Menge_2$, $Menge_3$: Summe aller Positionsmengen für den Artikel X mit dem Status „reklamiert" und der entsprechenden Fehlerklasse (f(1), f(2), f(3)).
- $f(0)$, $f(1)$, $f(2)$, $f(3)$: Die Gewichtung der Fehlerklassen findet sich in der nachfolgenden Tabelle:

Nr.	Beschr.	Definition	Gewicht
F(0)	fehlerfrei	keine Beanstandungen gefunden	1
f(1)	Artikel mit Nebenfehlern	Die Verwendbarkeit des Produktes oder Bauteils ist nicht beeinträchtigt, es sind keine Nacharbeitern erforderlich. Beispiele: Schweißspritzer, falsche Lackierung, fehlerhafte Prüfdokumentation, ect.	20
f(2)	Artikel mit Hauptfehlern	Die Verwendbarkeit des Produktes oder Bauteils für den vorgesehenen Zweck ist in Frage gestellt und zieht Prüfung und Sonderfreigaben durch die Konstruktion nach sich oder bedingt Nacharbeit in geringem Umfang. Beispiele: Maßabweichungen im tolerierbaren Bereich, Nacharbeiten wie Entgraten, entfernen von Schweißperlen etc.	100
f(3)	Artikel mit kritischen Fehlern	Fehler, die das Produkt oder Bauteil für den vorgesehenen Zweck unbrauchbar machen. Die Nachabreit oder Neuanfertigung sind zwingend erforderlich, da die Funktion nicht gegeben ist oder Folgeschäden/Gefährdungen eintreten können. Beispiele: Nicht tolerierbare Maßabweichungen, fehlende Bearbeitungen, falscher Werkstoff, etc.	200

Tabelle 9-5: Definition der verwendeten Fehlerklassen

Im Fall von Materialrücklieferungen ist der Lieferant aufgefordert, die tatsächlich fehlerhafte Menge zu ermitteln und im Fall von Abweichungen zur beanstandeten Menge an den reklamierenden Kunden zurückzumelden.

9.1.6 Hauptkriterium Lieferleistung (LZ)

Das Hauptkriterium Lieferleistung (LZ) setzt sich aus vier Teilkriterien mit gleicher Gewichtung zusammen:

Teilkriterium	Erfassungsart	Definition	Gewicht
Lieferzuverlässigkeit (LZ1)	täglich, pro Artikelnr.	Kennzahl zur Messung der termingerechten und mengenmäßig korrekt gelieferten Menge	25%
Lieferbereitschaft (LZ2)	täglich, pro Artikelnr.	Kennzahl zur Messung der zum Wunschtermin und mit Wunschmenge bestätigten Bedarfe	25%

Lieferflexibilität (LZ3)	täglich, pro Artikelnr.	Kennzahl zur Messung des Erfüllungsgrades bei Termin- und Mengenänderungen auf Wunsch des Kunden	25%
Änderungsrate des Lieferanten (LZ4)	täglich, pro Artikelnr.	Kennzahl zur Messung der Änderungshäufigkeit von Termin- und Menge durch den Lieferanten	25%

Tabelle 9-6: Übersicht über die Teilkriterien im Bereich Lieferleistung LZ

Die vier oben genannten Teilkriterien setzen sich jeweils aus zwei Subkriterien mit gleicher Gewichtung zusammen. Eines der Subkriterien bewertet dabei jeweils die Mengenabweichungen und das andere Subkriterium die Terminabweichung.

Die Berechnungsformel für das Hauptkriterium LZ lautet:

$$LZ = \frac{0{,}25 \times LZ1 + 0{,}25 \times LZ2 + 0{,}25 \times LZ3 + 0{,}25 \times LZ4}{0{,}25 + 0{,}25 + 0{,}25 + 0{,}25}$$

Formel 9-20: Berechnung des Hauptkriteriums LZ

9.1.6.1 Lieferzuverlässigkeit (LZ1)

Das Teilkriterium Lieferzuverlässigkeit (LZ1) setzt sich aus den zwei Kennzahlen „Termintreue" und „Mengentreue" zusammen. Beide Kennzahlen gehen mit gleicher Gewichtung in die Berechnung ein.

Kennzahl	**Erfassungsart**	**Definition**	**Gewicht**
Termintreue (LZ1-Termin)	täglich, pro Artikelnr.	Ø-Abweichung des tatsächlichen Liefertermins der Ware zum letzten bestätigten Termin	50 %
Mengentreue (LZ1-Menge)	täglich, pro Artikelnr.	Ø-Abweichung der tatsächlich gelieferten Menge zur letzten bestätigten Menge	50 %

Tabelle 9-7: Übersicht über die Subkriterien im Bereich Lieferzuverlässigkeit LZ1

Die Berechnungsformel für das Teilkriterium LZ1 lautet:

$$LZ1 = \frac{0{,}5 \times LZ1_{Termin} + 0{,}5 \times LZ1_{Menge}}{0{,}5 + 0{,}5}$$

Formel 9-21: Berechnung des Teilkriteriums LZ1

9.1.6.1.1 Termintreue (LZ1-Termin)

Die zur Berechnung des Subkriteriums LZ1-Termin notwendige Kennzahl „Termintreue" (TT) wird als Abweichung des tatsächlichen Liefertermins der Ware zum letzten bestätigten Termin errechnet. Die Berechnungsformel für die Kennzahl Termintreue lautet:

$$TT = \frac{\sum_{Artikel} \sum_{Periode} \sum_{Position} Tag_{Bestätigt\_last} - Tag_{Geliefert}}{\sum_{Artikel} \sum_{Periode} Anzahl_{WE}}$$

Formel 9-22: Termintreue

- $Tag_{Bestätigt\_last}$: Vom Lieferanten bestätigter Liefertermin, Termin wird aus der letzten Auftragsbestätigung entnommen.
- $Tag_{Geliefert}$: Tatsächlicher Liefertermin, Termin wird Wareneingangsbuchung entnommen.
- $Anzahl_{WE}$: Alle Positionen mit dem Status „Wareneingang“ am Tag Y für den Artikel X

Das Subkriterium $LZ1_{Ter\min}$ wird auf Basis der Kennzahl Termintreue wie folgt bestimmt:

$$LZ1_{Ter\min} = C(TT)$$

Formel 9-23: Berechnung des Subkriteriums LZ1-Termin

- $C(TT)$: Abgelesener Wert aus Tabelle 9-14 für die Terminabweichung

9.1.6.1.2 Mengentreue (LZ1-Menge)

Die Kennzahl für Mengentreue wird als Abweichung (Unter- oder Überlieferung) der tatsächlich gelieferten Menge zur letzten bestätigten Menge ermittelt. Die prozentuale Unter- bzw. Überlieferung wird wie folgt berechnet:

$$MT = \frac{\sum_{Artikel} \sum_{Periode} \sum_{Position} Menge_{Bestätigt\_last} - Menge_{WE}}{\sum_{Artikel} \sum_{Periode} \sum_{Position} Menge_{Bestätigt\_last}} \times 100$$

Formel 9-24: Mengentreue

- $Menge_{Bestätigt\_last}$: Vom Lieferanten bestätigte Liefermenge, wird aus der letzten AB entnommen.
- $Menge_{WE}$: Positionsmenge mit dem Status „Wareneingang“ am Tag Y für den Artikel X.

Für eine mengenmäßig exakte Lieferung werden 100 Punkte vergeben. Bei Unter- und/oder Überlieferungen werden entsprechend Tabelle 9-14 Punkte abgezogen. Entsprechend berechnet sich das Subkriterium wie folgt:

$$LZ2_{Menge} = 100 - D(MT)$$

Formel 9-25: Berechnung des Subkriteriums LZ2-Menge

- $D(MT)$: Abgelesener Wert aus Tabelle 9-14 für die prozentuale Mengenabweichung

Bei Teillieferungen wird die Kennzahl für jede Lieferung berechnet. Die Mengenabweichungen werden immer auf Basis der Summe der bereits gelieferten Mengen zu der betreffenden Bestellposition berechnet.

9.1.6.2 Lieferbereitschaft (LZ2)

Das Teilkriterium Lieferbereitschaft (LZ2) setzt sich aus den zwei Kennzahlen „Terminbereitschaft" und „Mengenbereitschaft" zusammen. Beide Kennzahlen gehen mit gleicher Gewichtung in die Berechnung ein. Wunschtermin und –menge werden dabei aus der ersten innerhalb eines Vorgangs an den Lieferanten übersendeten Anfrage oder Bestellung ermittelt.

Kennzahl	**Erfassungsart**	**Definition**	**Gewicht**
Terminbereitschaft (LZ2-Termin)	täglich, pro Artikelnr.	Ø-Abweichung des angebotenen bzw. bestätigten Liefertermins der Ware zum angefragten bzw. bestellten Termin	50 %
Mengenbereitschaft (LZ2-Menge)	täglich, pro Artikelnr.	Ø-Abweichung der angebotenen bzw. bestätigten Menge der Ware zur angefragten bzw. bestellten Menge	50 %

Tabelle 9-8: Übersicht über die Subkriterien im Bereich Lieferbereitschaft LZ2

Die Berechnungsformel für das Teilkriterium LZ2 lautet:

$$LZ2 = \frac{0{,}5 \times LZ2_{Termin} + 0{,}5 \times LZ2_{Menge}}{0{,}5 + 0{,}5}$$

Formel 9-26: Berechnung des Teilkriteriums LZ2

9.1.6.2.1 Terminbereitschaft (LZ2-Termin)

Die Kennzahl Terminbereitschaft (TB) wird als Abweichung des vom Lieferanten bestätigten Liefertermins für eine Position zum ersten vom Kunden geäußerten Termin errechnet. Die Höhe der Punktevergabe für die gemessene Terminabweichung erfolgt auf Basis von Tabelle 9-14 für alle Liefereinteilungen. Die Berechnungsformel für die Abweichung zum Wunschtermin lautet:

$$\Delta_{Wunschter\min} = \frac{\sum_{Artikel}\sum_{Periode} Tag_{Wunsch} - Tag_{Bestätigt\_first}}{\sum_{Artikel}\sum_{Periode} Anzahl_{Bestätigt}}$$

Formel 9-27: Abweichung zum Wunschtermin

- Tag_{Wunsch}: Vom Kunden gewünschter Liefertermin. Wird entweder aus der Anfrage oder falls nicht vorhanden aus der Bestellung entnommen.
- $Tag_{Bestätigt\_first}$: Vom Lieferanten bestätigter Liefertermin. Wird aus der ersten AB entnommen.
- $Anzahl_{Bestätigt}$: Alle Positionen mit dem Status „bestätigt" am Tag X für den Artikel XY

Aus der Kennzahl ergibt sich das Subkriterium „Terminbereitschaft" wie folgt:

$$LZ2_{Ter\min} = C(\Delta_{Wunschter\min})$$

Formel 9-28: Berechnung des Subkriteriums LZ2-Termin

- $C(\Delta_{Wunschter\min})$: Abgelesener Wert aus Tabelle 9-12 für die Terminabweichung

9.1.6.2.2 Mengenbereitschaft (LZ2-Menge)

Die Kennzahl Mengenbereitschaft (MB) wird als Abweichung der vom Lieferanten bestätigten Menge zur ersten vom Kunden geäußerten Menge errechnet.

Die Abweichung zur Wunschmenge wird wie folgt berechnet:

$$\Delta_{Wunschmenge} = \frac{\sum_{Artikel}\sum_{Periode} Menge_{Wunsch} - Menge_{Bestätigt}}{\sum_{Artikel}\sum_{Periode} Anzahl_{Bestätigt}} \times 100$$

Formel 9-29: Abweihung zur Wunschmenge

- $Menge_{Wunsch}$: Vom Kunden gewünschte Liefermenge. Wird entweder aus der Anfrage oder falls nicht vorhanden aus der Bestellung entnommen.
- $Menge_{Bestätigt}$: Vom Lieferanten bestätigt Menge. Wird aus der ersten AB entnommen.

Bei Liefereinteilungen erfolgt eine Summierung der Menge ab der zweiten Lieferung.

Für eine mengenmäßig übereinstimmende Lieferung werden 1oo Punkte vergeben. Bei Unter- und oder Überlieferungen werden entsprechend Tabelle 9-14 Punkte abgezogen. Daraus ergibt sich das Subkriterium „Mengenbereitschaft" wie folgt:

$$LZ2_{Menge} = 100 - D(\Delta_{Wunschmenge})$$

Formel 9-30: Berechnung des Subkriteriums LZ2-Menge

- $D(\Delta_{Wunschmenge})$: Abgelesener Wert aus Tabelle 9-14 für die prozentuale Mengenabweichung

9.1.6.3 Lieferflexibilität (LZ3)

Das Teilkriterium Lieferflexibilität (LZ3) setzt sich aus den zwei Kennzahlen „Terminflexibilität" und „Mengenflexibilität" zusammen. Beide Kennzahlen gehen mit gleicher Gewichtung in die Berechnung ein. Neuer Lieferterminwunsch und –menge werden dabei aus dem jeweils innerhalb eines Vorgangs an den Lieferanten übersendeten Änderungsauftrag ermittelt.

Kennzahl	Erfassungsart	Definition	Gewicht
Terminflexibilität (LZ3-Termin)	täglich, pro Artikelnr.	Ø-Abweichung des vom Lieferanten neu bestätigten Liefertermins zum im Änderungsauftrag des Kunden geäußerten neuen Wunschtermin	50 %
Mengenflexibilität (LZ3-Menge)	täglich, pro Artikelnr.	Erfüllungsgrad des Lieferanten bei Mengenänderungen durch den Kunden nach Bestelleingang	50 %

Tabelle 9-9: Übersicht über die Subkriterien im Bereich Lieferflexibilität LZ3

Die Berechnungsformel für das Teilkriterium LZ3 lautet:

$$LZ2 = \frac{0{,}5 \times LZ3_{Termin} + 0{,}5 \times LZ3_{Menge}}{0{,}5 + 0{,}5}$$

Formel 9-31: Berechnung des Teilkriteriums LZ3

9.1.6.3.1 Terminflexibilität (LZ3-Termin)

Das Subkriterium LZ3-Termin (Terminflexibilität) wird auf Basis der Terminabweichung zum Änderungswunsch berechnet. Die Berechnungsformel dafür lautet:

$$\Delta_{Ter\min änderung} = \frac{\sum_{Artikel} \sum_{Periode} Tag_{Änderung} - Tag_{NeuBestätigt}}{Anzahl_{NeuBestätigt}}$$

Formel 9-32: Terminabweichung zum Änderungswunsch

- $Tag_{Änderung}$: Vom Kunden gewünschter neuer Liefertermin. Wird aus allen Änderungsaufträgen einer Position entnommen.
- $Tag_{NeuBestätigt}$: Vom Lieferanten neu bestätigter Liefertermin. Wird aus der auf den jeweiligen Änderungsauftrag folgenden AB entnommen.
- $Anzahl_{NeuBestätigt}$: Alle Einträge mit dem Status „neu bestätigt" in der Periode (eine Position kann mehrere Einträge mit den Status „neu bestätigt" haben.

Aus der Kennzahl ergibt sich das Subkriterium „Terminflexibilität" wie folgt:

$$LZ3_{Ter\min} = C(\Delta_{Ter\min änderung})$$

Formel 9-33: Berechnung des Subkriteriums LZ3-Termin

- C($\Delta_{Ter\min änderung}$): Abgelesener Wert aus Tabelle 9-12 für die Terminabweichung

9.1.6.3.2 Mengenflexibilität (LZ3-Menge)

Das Teilkriterium LZ3-Menge wird auf Basis der Mengenabweichung zum Änderungswunsch berechnet:

$$\Delta_{Mengenänderung} = \frac{\sum_{Artikel} \sum_{Periode} Menge_{Änderun} - Menge_{ABneu}}{Anzahl_{NeuBestätigt}} \times 100$$

Formel 9-34: Mengenabweichung zum Änderungswunsch

- $Menge_{Änderung}$: Vom Kunden im Änderungsauftrag neu gewünschte Liefermenge. Wird aus allen Änderungsaufträgen zu einer Position entnommen.
- $Menge_{ABneu.}$: Vom Lieferanten neu bestätigte Liefermenge. Wird aus der auf den jeweiligen Änderungsauftrag folgenden AB entnommen.

Die Berechnung des Teilkriteriums erfolgt auf Basis von Tabelle 9-14 wie folgt:

$$LZ3_{Menge} = D(\Delta_{Mengenänderung})$$

Formel 9-35: Berechnung des Teilkriteriums LZ3-Menge

9.1.6.4 Änderungsrate des Lieferanten (LZ4)

Das Teilkriterium Änderungsrate des Lieferanten (LZ4) setzt sich aus den zwei Kennzahlen „Terminstabilität Lieferant" und „Mengenstabilität Lieferant" zusammen. Beide Kennzahlen gehen mit gleicher Gewichtung in die Berechnung ein. Neue Liefertermine und –mengen werden dabei aus den jeweils innerhalb eines Bestellvorgangs an den Kunden übersendeten Auftragbestätigungen ermittelt.

Kennzahl	Erfassungsart	Definition	Gewicht
Terminstabilität Lieferant (LZ4-Termin)	täglich, pro Artikelnr.	Ø-Abweichung des vom Lieferanten neu bestätigten Liefertermins zum letzten bestätigten Termin (ohne einen Änderungswunsch des Kunden)	50 %
Mengenstabilität Lieferant (LZ4-Menge)	täglich, pro Artikelnr.	Ø-Abweichung der vom Lieferanten neu bestätigten Menge zur letzten bestätigten Menge (ohne einen Änderungswunsch des Kunden)	50 %

Tabelle 9-10: Übersicht über die Subkriterien im Bereich Lieferflexibilität LZ3

Die Berechnungsformel für das Teilkriterium LZ4 lautet:

$$LZ2 = \frac{0{,}5 \times LZ4_{Ter\min} + 0{,}5 \times LZ4_{Menge}}{0{,}5 + 0{,}5}$$

Formel 9-36: Berechnung des Teilkriteriums LZ4

9.1.6.4.1 Terminstabilität Lieferant (LZ4-Termin)

Das Subkriterium LZ4-Termin wird auf Basis der Terminabweichung des Lieferanten berechnet. Die Berechnungsformel dafür lautet:

Das Subkriterium LZ4-Termin wird auf Basis der Terminabweichung des Lieferanten berechnet. Die Berechnungsformel dafür lautet:

$$\Delta^{Lieferant}_{Ter\min abweichung} = \frac{\sum_{Artikel} \sum_{Periode} Tag^{n}_{Bestätigt} - Tag^{n+1}_{Bestätigt}}{Anzahl_{NeuBestätigt\_Lieferant}}$$

Formel 9-37: Terminabweichung des Lieferanten

- $Tag^{n}_{Bestätigt}$: Vom Lieferanten bislang bestätigter Liefertermin. Wird aus der bislang aktuellen AB zu einer Position entnommen.

- $Tag^{n+1}_{Bestätigt}$: Vom Lieferanten neu bestätigter Liefertermin ohne einen vorhergehenden Änderungsauftrag des Kunden (Es folgt also auf eine AB direkt eine weitere AB).

- $Anzahl_{NeuBestätigt\_Lieferant}$: Alle Einträge mit dem Status „neu bestätigt" in der Periode ohne einen vorangegangenen Änderungsauftrag.

Aus der Kennzahl ergibt sich das Subkriterium wie folgt:

$$LZ4_{Termin} = 100 - C(\Delta^{Lieferant}_{Terminabweichung})$$

Formel 9-38: Berechnung des Subkriteriums LZ4-Termin

- C(TS_l): Abgelesener Wert aus Tabelle 9-12 für die Terminabweichung

9.1.6.4.2 Mengenstabilität Lieferant (LZ4-Menge)

Das Teilkriterium LZ4-Menge wird auf Basis der „Mengenabweichung durch den Lieferanten" berechnet:

$$\Delta^{Lieferant}_{Mengenabweichung} = \frac{\sum_{Artikel} \sum_{Periode} Menge^{n}_{Bestätigt} - Menge^{n+1}_{Bestätigt}}{Anzahl_{NeuBestätigt\_Lieferant}} \times 100$$

Formel 9-39: Mengenabweichung des Lieferant

- $Menge^{n}_{Bestätigt}$: Vom Kunden im Änderungsauftrag neu gewünschte Liefermenge.

- $Menge^{n+1}_{Bestätigt}$: Vom Lieferanten neu bestätigte Liefermenge. Wird aus der auf den jeweiligen Änderungsauftrag folgenden AB entnommen.

Die Berechnung des Teilkriteriums erfolgt auf Basis von Tabelle 9-14 wie folgt:

$$LZ4_{Menge} = D(\Delta^{Lieferant}_{Mengenabweichung})$$

Formel 9-40: Berechnung des Teilkriteriums LZ4-Menge

9.1.7 Bewertungstabellen

Preissenkung (%)	Punkte	Erhöhung (%)	Punkte
0	0	0	0
≤1	5	≤1	-5
≤2	10	≤2	-10
≤3	15	≤3	-15
≤4	20	≤4	-20
≤5	25	≤5	-25
≤6	30	≤6	-30
≤7	35	≤7	-35
≤8	40	≤8	-40
≤9	45	≤9	-45
≥10	50	≤10	-49
>27	50	>27	-49

Tabelle 9-11: Gewichtung von Preisveränderungen (A)

zu spät (Tage)	Punkte	zu früh (Tage)	Punkte
-1	100	≤3	100
-2	95	4	95
-3	90	5	90
-4	85	6	85
-5	80	7	80
-6	75	8	75
-7	70	9	70
-8	65	10	65
-9	60	11	60
≥ -12	50	≤14	50
≥ -14	40	≤16	40
≥ -16	30	≤18	30
≥ -18	20	≤20	20
≥ -20	10	≤22	10
≥ -25	5	≤27	5
< -25	1	>27	1

Tabelle 9-12: Punkteverteilung für das Kriterium „Termintreue“ (C)

Umwandlungs-rate (%)	Punkte		Umwandlungs-rate (%)	Punkte
0	1		≤60	70
≤10	5		≤70	80
≤20	20		≤80	90
≤30	35		≤90	95
≤40	50		≤100	100
≤50	60			

Tabelle 9-13: Gewichtung des Kriteriums „Umwandlungsrate“ (B)

Überlieferung (%)	Punkte		Unterlieferung (%)	Punkte
0	0		0	0
≤2	1		≤2	2
≤4	2		≤4	4
≤6	3		≤6	5
≤8	4		≤8	9
≤10	5		≤10	11
≤12	6		≤12	15
≤14	7		≤14	19
≤16	8		≤16	23
≤18	9		≤18	27
≤20	10		≤20	31
≤22	15		≤22	35
≤24	20		≤24	39
≤26	25		≤26	43
≤28	30		≤28	47
≤30	35		≤30	51
≤32	40		≤32	55
≤34	45		≤34	59
≤36	50		≤36	63
≤38	55		≤38	67
≤40	60		≤40	71
≤42	65		≤42	75

≤44	70		≤44	79
≤46	75		≤46	83
≤48	80		≤48	87
≤50	85		≤50	91
≤52	90		≤52	95
≤54	95		≤54	100
>55	100		>55	100

Tabelle 9-14: Punkteverteilung für das Kriterium „Mengentreue" (D)

9.2 Kriterien zur Messung der Lieferantenfähigkeit

9.2.1 Einkauf

9.2.1.1 Preisgestaltung

Transparenz und Verständlichkeit des Konditionsmodells Komplexe Konditionsmodelle können überaus unübersichtlich für den Einkäufer sein und bei der Abrechnung in der Buchhaltung mehr Kosten als Einsparungen verursachen. Die Konditionen des Lieferanten sollten deshalb sowohl für den Einkauf, die Stammdatenpflege, als auch die Rechnungsprüfung übersichtlich und nachvollziehbar sein.[396]

Verlangen die Konditionen nach echten Gegenleistungen: Das Konditionsmodell des Lieferanten sollte für alle seine Abnehmer gleich und gerecht gestaltet sein. Konditionen auf Basis freundschaftlicher Beziehungen, Alibi-Funktionen oder Angst-Mechanismen ohne das Verlangen echter Gegenleistungen (z.B. die Abnahme einer bestimmten Menge) sollten nicht gewährt werden. Dies fördert das Vertrauen in ein gerechtes, objektives und transparentes Konditionsmodell. Der Einkäufer fühlt sich im Wettbewerb fair behandelt.[397]

Durchschnittliche Folgekosten: Summe der Folgekosten / Menge der eingekauften Leistung: Neben dem eigentlichen Einkaufspreis und der Berücksichtigung von Rabatten sind auch die durch das Konditionsmodell des Lieferanten verursachten Folgekosten für die Bewertung des Durchschnittspreises zu berücksichtigen. U.a. sind dies, neben den administrativen Kosten im Bestell- und Rechnungswesen, auch die in der Logistik anfallenden Kosten. Beispiele hierfür sind Lagerhaltungskosten durch den Bezug einer mit einem Rabatt versehenen größeren Menge oder Verteilungskosten bei einer zentralen Anlieferung großer Mengen anstelle einer direkten dezentralen

396 Vgl. Disselkamp (2004), Lieferantenrating, S.85f.
397 Vgl. Disselkamp (2004), Lieferantenrating, S.87.

Bereitstellung. Im Idealfall findet für die Beurteilung der Folgekosten eine Gesamtkostenbetrachtung auf Basis einer TCO-Analyse statt. Die Folgekosten sind auf die gleiche Periode wie der durchschnittliche Einkaufspreis zu beziehen.[398]

Durchschnittspreis: (Summe der Einkaufspreise + Folgekosten) / Menge der eingekauften Leistungen: Im Durchschnittspreis werden sowohl der durchschnittlich final gezahlte Einkaufspreis nach Abzug aller Rabatte als auch die durchschnittlichen Folgekosten für eine Periode berücksichtigt. Er unterstützt somit die Gesamtkostenbetrachtung für die Zusammenarbeit mit dem Lieferanten und sollte somit im Rating der Preisgestaltung eine deutliche Gewichtung besitzen.[399]

Entwicklung des Durchschnittspreises: (Durchschnittspreis der letzten Periode - Durchschnittspreis der vorletzten Periode) / Durchschnittspreis der vorletzten Periode[400]: Die Entwicklung des Durchschnittspreises gibt eine Aussage über die Preisstabilität[401] der bezogenen Leistung und stellte einen Indikator für die Preisbindungs- oder Preissicherungsbereitschaft[402] des Lieferanten dar. Über eine positive oder negative Kostenentwicklung lassen sich auch Maßnahmen des Lieferanten zur Kostensenkung bewerten.

9.2.1.2 Initiativen zur Kostensenkung

Bereitschaft zur gemeinsamen Wertanalyse: Zur Reduzierung von Kosten kann eine mit dem Lieferanten gemeinsam durchgeführte Wertanalyse dienen. Ziel ist es, die bezogene Leistung in gleicher oder besserer Funktionalität zu geringeren Kosten herzustellen.[403]

Weitergabe von Produktivitätssteigerungen: Der Lieferant realisiert i.d.R. infolge von Skalen- und Lerneffekten mit der Zeit Produktivitätssteigerungen in seiner Fertigung. Zu prüfen ist, ob er auch willig ist, die damit einhergehenden Kosteneinsparungen an den Abnehmer weiterzugeben.[404]

---

398 Vgl. ebenda, S.88, siehe auch S.85 für eine Übersicht verschiedener Kosten, die aus der Zusammenarbeit mit dem Lieferanten entstehen.

399 Vgl. ebenda, S.89.

400 Vgl. ebenda, S.90.

401 Vgl. Hartmann (2008), Lieferantenbewertung, S.35.

402 Vgl. Glantschnig (1994), Lieferantenbewertung, S.89.

403 Vgl. ebenda, S.88.

404 Vgl. ebenda, S.89.

Maßnahmen zur Senkung der Logistikkosten und Qualitätskosten: Neben dem allgemeinen Streben des Lieferanten die Kosten zu senken, können auch spezifische Maßnahmen zur Kostenoptimierung der Logistik- und Qualitätssicherungsprozesse bewertet werden.

9.2.1.3 Erfüllung strategischer Anforderungen

Bereitschaft zur Kostentransparenz: Ein aussagefähiges Angebot mit einer nachvollziehbaren Offenlegung der einzelnen Kostenbestandteile und der Kalkulationsmethode ist für den Abnehmer eine entscheidende Voraussetzung, um im Rahmen einer umfangreichen Kostenanalyse die einzelnen Kosten- und Gewinnbestandteile des Lieferanten beurteilen zu können.[405]

Bereitschaft zum Target Costing: Ziele des Target Costing sind neben der unternehmensübergreifenden Kostensenkung die marktorientierte Entwicklung in reduzierter Zeit und erhöhter Qualität.[406] Hierbei ist es von Bedeutung, ob der Lieferant bereit ist, frühzeitig mit dem Abnehmer zusammenzuarbeiten und dabei seine Kosten (z.B. Material-, Produktions- und Distributionskosten) offen zu legen. Außerdem muss er sich an den Zielkosten messen lassen und bereit sein, diese in Kooperation mit dem Abnehmer zu realisieren.[407]

Können mit dem Lieferanten Gegengeschäfte durchgeführt werden: Gegengeschäfte wirken sich positiv auf den eigenen Umsatz und auf die kooperative Beziehung zum Lieferanten aus.[408]

Zahlungsziele / Zahlungsbedingungen: Zur Sicherstellung der Liquidität des Abnehmers kann dieser auf gewisse strategisch orientierte Zahlungsziele oder –bedingungen bestehen. Dies spielt besonders im Handel eine wichtige Rolle.[409]

9.2.2 Qualität

9.2.2.1 Angebotene Qualitätsleistung

Qualität der angebotenen Leistung im engeren Sinne: Die Qualität der angebotenen Leistungen setzt sich aus einer Vielzahl von Merkmalen zusammen. Dies sind z.B. Inhalt (Zusammensetzung, Materialart und -menge); physische Merkmale (Größe, Gewicht, Form, Farbe, Lagerfähigkeit, Haltbarkeit, Stabilität, ...); emotionale Merkmale

---

[405] Vgl. Glantschnig (1994), Lieferantenbewertung, S.87f.
[406] Vgl. Gleich (1999).
[407] Vgl. Disselkamp (2004), Lieferantenrating, S.92f.
[408] Vgl. ebenda, S.94.
[409] Vgl. Glantschnig (1994), Lieferantenbewertung, S.90.

(Marke, Individualität); Nutzen (Grundnutzen, Zusatznutzen); sonstige Eigenschaften (Design, Klang/Lärm, Geruch, Performance, Sicherheit, ...). Zur Beurteilung der angebotenen Qualität im engeren Sinne können die Erfüllungsgrade der einzelnen Merkmale gewichtet zu einer Gesamtbewertung zusammengefasst werden.

Als übergeordnetes Merkmal für die Qualität kann auch der Kundennutzen herangezogen werden. Der Lieferant bringt einen Nutzenvorteil, wenn durch die von ihm bezogene Leistung die Kosten des Abnehmers sinken oder dessen Leistungserstellung gefördert bzw. überhaupt erst ermöglicht wird.[410]

Know-how und Erfahrung des Lieferanten: Die Einschätzung der Leistungsfähigkeit (Know-how, Erfahrung) eines Lieferanten ist insbesondere bei der Lieferantenneuauswahl oder einer Veränderung der zu beziehenden Leistungsinhalte wichtig. Beispiele für Bewertungskriterien sind z.B. Erfahrung mit dem Abnehmer; Material-Know-how; Fertigungs-Know-how; Kreativität; Kompetenz der Ansprechpartner; Rechte; Patente; Qualifikation der Beschäftigten und des Managements.[411]

Sortiment: Die „Attraktivität" eines Lieferanten ist nicht nur von der eigentlichen Qualität seiner Produkte abhängig sondern auch vom Umfang und der Gestaltung seines Sortiments. Unterschieden werden kann dabei in die Sortimentsbreite (wie viele Produkte stehen zur Auswahl) und die Sortimentstiefe (wie viele Versionen sind pro Produkt verfügbar). Bewertungskriterien für das Sortiment könnten somit die Sortimentsbreite, die Sortimentstiefe sowie die Sortimentsgestaltung sein.[412]

Garantie: Bewertungskriterien für die Garantie sind: Art der Gewährleistung; Recht auf Wandlung; Schadensersatzansprüche; Dauer und Umfang der Garantie.[413]

9.2.2.2 Qualitätssystem / Qualitätsfähigkeit

Zur langfristigen Sicherung der Leistungskonstanz sollte der Lieferant über ein durchgängiges Qualitätssicherungssystem in allen Unternehmensbereichen und Wertschöpfungsstufen verfügen. Kriterien zur Beurteilung der Qualitätsfähigkeit sind: Qualitätssicherungssystem (z.B. Ultraschallprüfung oder Röntgen); Qualitätssicherung in der Entwicklung, Produktionsvorbereitung; Fertigung; Qualitätssicherung bei Transport und Verpackung; Dokumentation; Sicherheitsmaßnahmen bei Ge-

---

410 Vgl. Disselkamp (2004), Lieferantenrating, S.99ff.

411 Vgl. ebenda, S.104f, Hartmann (2008), Lieferantenbewertung, S.36.

412 Vgl. Disselkamp (2004), Lieferantenrating, S.110f.

413 Vgl. Disselkamp (2004), Lieferantenrating, S.115, Glantschnig (1994), Lieferantenbewertung, S.101.

fahrgut, Wissenstransfer, Datenaustausch; Zertifizierung (z.B. HACCP, ISO 900x, TÜV); Prüfmittelüberwachung; Qualitätsphilosophie.[414]

9.2.2.3 Qualitätsvereinbarungen

Ein Abnehmer kann an die von einem Lieferanten bezogene Leistung besondere Qualitätsanforderungen haben. Diese können in gesonderten Qualitätsvereinbarungen festgehalten werden. Im Rahmen dieser Bewertungskategorie kann zum einen die Fähigkeit des Lieferanten, eine gesonderte Qualität zu liefern, untersucht werden und zum anderen die Einhaltung von Qualitätsvereinbarungen sichergestellt und kontrolliert werden. Die detaillierten Bewertungskriterien sind unternehmensspezifisch festzulegen.

9.2.3 Logistik

9.2.3.1 Angebotene Logistikleistung

Die Kriterien zur Beurteilung der angebotenen Logistikleistung wurden bereits bei der Vorstellung der Lieferantenleistung dargestellt. Sie sind im Rahmen der Untersuchung der Lieferantenfähigkeit nicht neu zu erfassen sondern ergänzen das Gesamtbild der Lieferantenqualität.

9.2.3.2 Logistikstrategie und –system

Beherrschung von Belieferungskonzepten[415]: Abhängig von der bezogenen Leistung kann der Abnehmer verschiedene Anforderungen an das Belieferungskonzept des Lieferanten stellen. Zu unterscheiden sind hierbei die Just-in-Time-Belieferung, die Direktanlieferung und die Lagerbelieferung.[416]

Infrastruktur[417]: Zur Erfüllung logistischer Anforderungen muss der Lieferant über eine gewisse Infrastruktur verfügen. Bewertungskriterien hierfür können die Folgenden sein: Logistikeinrichtungen und Handhabungshilfen; Zustand und Alter der Einrichtungen; Maßnahmen der Instandhaltung; Automatisierung; Einsatz von Logistikdienstleister; Lagerfläche; Entfernung zum Abnehmer; Verkehrsanbindung; eigene Transportmittel; Behälterkreislauf (Mehrwegverpackungen).

Beherrschung der Logistikprozesse[418]: Neben dem Angebot gewisser Belieferungskonzepte und dem Vorhandensein der benötigten Infrastruktur sollte auch eine Bewer-

---

[414] Vgl. Disselkamp (2004), Lieferantenrating, S.109, Hartmann (2008), Lieferantenbewertung, S.36.
[415] Vgl. Appelfeller (2005), Supplier Relation Management, S.48.
[416] Vgl. Burckhardt (2001), S.302ff.
[417] Vgl. Appelfeller (2005), Supplier Relation Management, S.48.
[418] Vgl. Appelfeller (2005), Supplier Relation Management, S.48.

tung des gesamten logistischen Prozesses stattfinden. Hieraus kann auf die Lieferzuverlässigkeit des Lieferanten geschlossen werden.

9.2.3.3 Umweltaspekte

Es ist wünschenswert, dass der Lieferant sein Produkt und seine Wertschöpfungsprozesse nach ökologischen Gesichtspunkten gestaltet.[419] Zur Beurteilung dieser Aspekte können z.B. die folgenden Kriterien herangezogen werden: Reduzierung von Materialvolumen und Energie; Reduzierung von Emissionen und Abfall; Einsatz recyclebarer und erneuerbarer Ressourcen; Einsatz biologisch abbaubarerer Rohstoffe; Einsatz von ökologischen, recyclebaren Verpackungen oder Mehrwegverpackungen.[420]

9.2.4 Technologie

9.2.4.1 Gegenwärtige Technologieposition

Angebotene Produktion: Zur Beurteilung der allgemeinen gegenwärtigen Produktionseinrichtung und des Produktionsprozesses können beispielhaft folgende Kriterien herangezogen werden und gewichtet (sehr gut, gut, ausreichend, ungenügend) bewertet werden: Fertigungseinrichtung; Zustand und Alter der Einrichtungen und Gebäude; Maßnahmen der Instandhaltung; Einsatz von Technologien; Automatisierung; Eigen- und Fremdfertigung; Planung, Steuerung, Überwachung.[421]

Sonstige technologische Infrastruktur[422]: Neben der technologischen Ausstattung der Produktion kann auch die technische Unterstützung anderer Unternehmensbereiche von Bedeutung sein. Beispiele für Bewertungskriterien sind: technologische Ausstattung in der F&E; durchgängiges ERP-System; Softwareeinsatz (CIM, CAx, PPS)[423]; EDI-Fähigkeit.

Angebotene Kapazität: Zur Beurteilung der allgemeinen Kapazität eines Lieferanten können z.B. folgende Kriterien herangezogen werden: Anzahl Mitarbeiter; Produktionsvolumen; Produktionstiefe; Größe des Maschinenparks; Lagerkapazität; Elastizität (mehrere Schichten); Auslastung; Vertriebslogistik.[424]

Angebotene Flexibilität: Neben den kapazitiven Einschränkungen eines Lieferanten ist insbesondere seine Flexibilität in Bezug auf die Bereitstellung von zeitlich und

[419] Vgl. Hartmann (2008), Lieferantenbewertung, S.36.
[420] Vgl. Disselkamp (2004), Lieferantenrating, S.199, Glantschnig (1994), Lieferantenbewertung, S.101.
[421] Vgl. Disselkamp (2004), Lieferantenrating, S.106.
[422] Vgl. Appelfeller (2005), Supplier Relation Management, S.48.
[423] Vgl. Glantschnig (1994), Lieferantenbewertung, S.72.
[424] Vgl. Disselkamp (2004), Lieferantenrating, S.107, Hartmann (2008), Lieferantenbewertung, S.35.

mengenmäßig schwankenden Bedarfen von Bedeutung. Zur Beurteilung der Reaktionsfähigkeit auf Veränderungen können u.a. folgende Kriterien betrachtet werden: Sonderaufträge; Volumensteigerung; Kapazitätsanpassung; Änderungen.[425]

9.2.4.2 Innovations- und Technologie-Roadmap

Aufwandsquote für Innovationen: Summe der Forschungs- und Entwicklungsaufwendungen / Umsatzerlös) * 100: Die Innovations-Aufwandsquote liefert einen von der Unternehmensgröße unabhängigen Benchmarking-Wert, der für den Vergleich unterschiedlicher Lieferanten herangezogen werden kann. Obwohl dieser keinen Innovationsaufwand berücksichtigt, der in anderen Organisationseinheiten (z.B. Marketing, Produktion, Vertrieb) entsteht, bietet er einen ersten Anhaltspunkt über den Umfang der vom Lieferanten eigenständig entwickelten Lösungsansätze.[426]

Getrennt von der Betrachtung aller F&E-Aufwände kann der Aufwand für Grundlagenforschung auch als langfristiger Indikator für die Innovationsfähigkeit herangezogen werden.[427] Außerdem kann die separate Erfassung des Aufwands für die Marktforschung ein Indikator für das Marktwissen des Lieferanten sein. Dieses ist für die gezielte Positionierung von Innovationen unabdingbar.[428]

Häufigkeit von Innovationen: Zur Beurteilung der Art und Häufigkeit von Innovationen eines Lieferanten können zwei Kennzahlen, die Anzahl neuer Produkte oder neuer Prozesse (z.B. der Einsatz neuartiger Fertigungsverfahren oder die Einführung von EDI) über einen vorher gewählten Zeitraum (z.B. ein Jahr) betrachtet werden.

Häufigkeit von Produktinnovationen: Anzahl von Produktinnovationen / Betrachtungsperiode

Häufigkeit von Prozessinnovationen: Anzahl von Prozessinnovationen / Betrachtungsperiode[429]

Erfolgsquote von Innovationen (*Anzahl neuer Lösungen, die nach 24 Monaten noch im Markt sind / Anzahl aller neuen Lösungen der letzten beiden Jahre)*

Neben der bloßen Anzahl von Innovationen sind insbesondere die Durchsetzungskraft und das Nachfragepotenzial dieser von Bedeutung. Hält sich eine vom Lieferan-

[425] Vgl. Disselkamp (2004), Lieferantenrating, S.108f, Hartmann (2008), Lieferantenbewertung, S.36.
[426] Vgl. Disselkamp (2004), Lieferantenrating, S.145f.
[427] Vgl. Hartmann (2008), Lieferantenbewertung, S.36.
[428] Vgl. Hartmann (2008), Lieferantenbewertung, S.36.
[429] Vgl. Disselkamp (2004), Lieferantenrating, S.146f.

ten eingeführte Neuerungen über viele Jahre auf dem Markt, so stellt dies die langfristige Verfügbarkeit für den Abnehmer sicher.[430]

Güte der Innovationen (für den Abnehmer): Die bisherigen Beurteilungskriterien spiegeln nur unzureichend die Innovationskraft des Lieferanten in Bezug auf die Bedürfnisse des Abnehmers wider. Für das einkaufende Unternehmen sind Innovationen, die die eigenen Kosten senken oder die Leistungsdifferenzierung auf der Vertriebsseite verbessern, besonders wertvoll. Mit Hilfe einer Bewertung der Innovationsgüte (ungenügend, ausreichend, gut, sehr gut) in Bezug auf den Abnehmer durch verschiedene Fachbereiche (Einkauf, Produktion, Qualitätsmanagement, Vertrieb, Logistik, Service), kann diese Perspektive berücksichtigt werden.[431]

Anzahl Patente: Die Anzahl der gehaltenen Patente eines Lieferanten kann im Verhältnis zu seiner Unternehmensgröße als Indikator für seine Innovationskraft dienen.[432]

Ausgaben für Personalentwicklung: Die Ausgaben für Personalentwicklungsmaßnahmen können im Bezug auf den Unternehmensumsatz die zukünftige Innovationsfähigkeit des Lieferanten widerspiegeln.[433]

9.2.4.3 Erfüllung spezifischer technologischer Anforderungen

Abhängig von der zu beziehenden Leistung stellt der Abnehmer spezifische technologische Anforderungen an den Lieferanten. Diese können z.B. die Kompetenz zur Verarbeitung eines speziellen Materials, das Vorhandensein spezifischer Produktionsanlagen und -prozesse oder technologische Anforderungen an das Endprodukt sein. Im Rahmen dieses Bewertungskriteriums sind unternehmensspezifische Fragen zu definieren, die die Erfüllung der technologischen Anforderungen an den Lieferanten kontrollieren und sicherstellen.

9.2.5 Kooperation, Service, Support

Die Bewertungsteilkriterien Kooperation sowie Service und Support sind in jeder der vier Hauptkategorien (Einkauf, Qualität, Logistik, Technologie) abzufragen und zu bewerten. Die Zusammenarbeit mit dem Lieferanten spielt in all diesen Bereichen eine Rolle, wenn auch mit unterschiedlicher Bedeutung. Die Höhe der Gewichtung dieser Dimension in den einzelnen Hauptkategorien kann variieren und ist der ange-

---

[430] Vgl. ebenda, S.148.
[431] Vgl. ebenda, S.149.
[432] Vgl. ebenda, S.150.
[433] Vgl. ebenda, S.150.

strebten Beziehung mit dem Lieferanten anzupassen. Im Folgenden werden einige Subkriterien vorgestellt, mit deren Hilfe diese Evaluation durchgeführt werden kann. Nicht alle diese Kriterien sind dabei für jede Hauptkategorie relevant.

9.2.5.1 Kooperation

Insbesondere durch die abnehmende Fertigungstiefe produzierender Unternehmen und die dadurch steigende Bedeutung der Beschaffung nimmt der Stellenwert der Kooperationsbereitschaft von Lieferanten stetig zu.[434] Speziell an Zulieferer, mit denen partnerschaftliche Beziehungen gepflegt werden sollen, z.B. bei Entwicklungskooperationen oder Systemlieferanten, werden hohe Ansprüche an die unternehmensübergreifende Zusammenarbeit gestellt. Zur Beurteilung der Kooperationsfähigkeit können u.a. folgende Kriterien herangezogen werden: Antwortverhalten bei Problemen; Antwortverhalten bei Änderungen; offene Kommunikation auch in Krisen; Kontinuität der Ansprechpartner; Erreichbarkeit der Ansprechpartner; Verhalten bei Mängeln und Reklamationen;[435] Einhaltung von Zusagen; Vorabinformation bei Störungen;[436] Bereitschaft zur Zusammenarbeit (Konstruktion, F&E, QS, ...); Unternehmens- und Managementphilosophie.[437]

9.2.5.2 Service und Support

Der Service und Support eines Zulieferers stellt eine ergänzende Nebenleistung zur eigentlichen Hauptleistung dar. Sein Stellenwert nimmt für beide Marktseiten stetig zu. Auf der einen Seite nutzen Lieferanten diese Zusatzleistungen als Differenzierungsmerkmal im Wettbewerb und auf der anderen Seite verlangen Abnehmer aufgrund steigender Produktkomplexität und voranschreitender Fokussierung auf Kernkompetenzen zunehmend nach ergänzenden Serviceleistungen. Allgemeine Kriterien zur Beurteilung des Service und Supports eines Lieferanten sind z.B.: Beratung; Außendienst; Kundendienst; Vor-Ort-Service; Vor-Ort-Wartung; Notrufdienst; schnelle Reaktion; schnelle Bearbeitung; Gründlichkeit; Kulanz; Austauschteile; Muster; Zusammenarbeit bei der Einführung; Schulungen; EDV-Anbindung.[438]

---

434 Vgl. Glantschnig (1994), Lieferantenbewertung, S.93.

435 Vgl. Disselkamp (2004), Lieferantenrating, S.157-167.

436 Vgl. Hartmann (2008), Lieferantenbewertung, S.35.

437 Vgl. Glantschnig (1994), Lieferantenbewertung, S.93.

438 Vgl. Disselkamp (2001), S.112f, 123f, Hartmann (2008), Lieferantenbewertung, S.36, Glantschnig (1994), Lieferantenbewertung, S.101.

9.3 Liste der verwendeten Materialgruppen

Ebene 1	Ebene 2	Ebene 3
Antriebstechnik	Motoren	Servomotoren
		Getriebemotoren
	Kupplungen	
	Getriebe	
Automatisierungstechnik	CNC/SPS	
	Schalt- und Anzeigegeräte	
	Schaltschränke	
	Feldbus	
Handhabungstechnik		
Transport-/Förderanlagen		
Halbzeuge	Stahl	
	Guss	
	Nichteisenmetalle	
	Kunststoffe	
	Sinterwerkstoffe	
	Holz	
	Drähte, Gitter Roste	
Zeichnungsteile	Drehteile	
	Frästeile	
	Schweißkonstruktionen	
	Wellen	
	Zahnräder	
	Baugruppen	
	Blech- und Stanzteile	
	Schmiedeteile	
Fertigungstechnologie	Oberflächenbehandlung	
	Mechanische Bearbeitung	
	Verzahnung	
Montage		
Lacke und Farben		
Leuchtmittel		
Pumpen		
Verbindungselemente		

Wälzlager		
Hydraulik		
Pneumatik		
Werkzeuge	Handwerkzeuge	
	Elektrowerkzeuge	
	Spanabhebende Werkzeuge	
	Stanz- u.Schneidewerkzeuge	
	Vorrichtungen/Halterungen	
Mess-, Prüftechnik		
Elektronische Bauteile	Aktive Bauelemente	
	Passive Bauelemente	
Energie	Elektrische Energie	
	Heizöle	
Kabel		
Dichtungen		
Schutzeinrichtungen		
Software		
IT-Hardware		
Transportdienstleister		
Arbeitsschutz		
Büroartikel		
Maschinen u. Aggregate		
Hilfs- und Betriebsstoffe	Schmier-/Tribotechn./Fette	
	Schleif- u. Poliermittel	
	Sägen, Sägeblätter u. -bänder	
Brenn-, Schweiß-, Lötgeräte		
Technische Gase		
Personalleasing		
Fuhrparkmanagement		
Travelmanagement		
Miete und Leasing		
Entsorgung		
Reinigung		
Verpackungsmaterial		

Tabelle 9-15: Unternehmensübergreifende Warengruppeliste

9.4 Lieferantenselbstauskunft

Objekt	Listenelement	Anzahl	Typen/Datenelemente
Firmenname		1	Typ "Address" des myOpen-Factory-Standards 3.1[439]
Konzernstruktur	Konzernmutter	N	Typ "Address" des myOpen-Factory-Standards 3.1[439]
			Beteiligungsverhältnis in %
	Tochter-unternehmen	N	Typ "Address" des myOpen-Factory-Standards 3.1[439]
			Beteiligungsverhältnis in %
Anschrift	Lieferanschrift	1	Typ "Address" des myOpen-Factory-Standards 3.1[440]
	Rechnungs-anschrift	1	Typ "Address" des myOpen-Factory-Standards 3.1[440]
Kontaktdaten	Geschäftsleitung	N	Typ "Contact" myOpen-Factory-Standards 3.1[441]
	Vertrieb	N	Typ "Contact" des myOpen-Factory-Standards 3.1[441]
	Qualität	n	Typ "Contact" des myOpen-Factory-Standards 3.1[441]
	Logistik	n	Typ "Contact" des myOpen-Factory-Standards 3.1[441]
Geschäftsart	Hersteller (eigenes Produkt)	1	true/false
	Lohnfertiger	1	true/false
	Dienstleister	1	true/false
	Händler	1	true/false
Branchen-schwerpunkte	Maschinenbau	1	true/false
	Automotiv	1	true/false
	Elektroindustrie	1	true/false
	Chemie	1	true/false
Umsatz	Vorjahr	1	Wert in €

439 ohne die Felder: "Legal", "OFID", "AddressID-Customer", "AdressID-Supplier"

440 mit dem Feld: „wie Firmenanschrift", ohne die Felder aus Fußnote 439

441 ohne das Feld „InCharge"

	Vor zwei Jahren	1	Wert in €
Umsatzverteilung im Vorjahr	Deutschland	1	Anteil in %
	Rest von Europa	1	Anteil in %
	USA/Kanada	1	Anteil in %
	Asien	1	Anteil in %
	Südamerika	1	Anteil in %
Anzahl ihrer Mitarbeiter	Aktuell	1	Wert
	Vorjahr	1	Wert
Referenzkunden		1	Freitext
Produktspektrum	Warengruppen	1	true/false
F&E-Aufwand		1	% vom Umsatz
Unterstützte myOpenFactory-Belege	Anfrage	1	true/false
	Angebot	1	true/false
	Bestellung	1	true/false
	AB	1	true/false
	Änderungsauftrag	1	true/false
	Lieferavis	1	true/false
	Reklamation	1	true/false
	Rechnung	1	true/false
Unterstützung von Anliefersystemen	Konsignation	1	true/false
	Just-In-Time	1	true/false
	Sonstiges	1	Freitext
Qualitätszertifizierungen	ISO-9001	1	Felder des Typs siehe[442]
	Mehr Zertifikate	1	Felder des Typs siehe[442]
Umweltmgmt.-zertifizierungen		1	Felder des Typs siehe[442]

Tabelle 9-16: Lieferantenselbstauskunft

[442] Datenelemente des Typs „Zertifizierung“: „Aussteller“ (Text), „Erstdatum der Zertifizierung“ (Date), „Ablaufdatum“ (Date), „Registrier-Nr. des Zertifikates“ (Text), „Upload des Zertifikats als PDF“

Lebenslauf

von Claus Narr,

geboren am 03. Januar 1977 in Rheda-Wiedenbrück.

Ausbildung

1997-2002	Studium des Maschinenbaus an der RWTH Aachen
2002	Stipendiat als Heinz Prechter Fellow, University of Michigan (USA)
2003-2005	Wirtschaftswissenschaftliches Zusatzstudium an der RWTH Aachen

Beruf

2002-2007	Wissenschaftlicher Mitarbeiter und Gruppenleiter „Produktionslogistik" am Werkzeugmaschinenlabor (WZL), Lehrstuhl für Produktionssystematik der RWTH Aachen
2007-2010	myOpenFactory GmbH, Aachen
seit 2011	Laserline GmbH, Mülheim-Kärlich

Aachen, im Dezember 2011

Zeitfracht Medien GmbH
Ferdinand-Jühlke-Straße 7
99095 Erfurt, Deutschland
produktsicherheit@kolibri360.de